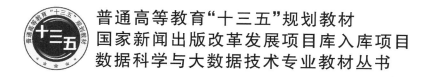

普通高等教育"十三五"规划教材
国家新闻出版改革发展项目库入库项目
数据科学与大数据技术专业教材丛书

网络科学与计算

吴　斌　宋晨光　白　婷　编著

北京邮电大学出版社
www.buptpress.com

内 容 简 介

　　本书以网络科学为核心内容,并结合大数据相关计算技术,介绍了网络科学基础知识和与之相关的计算方法。本书重点内容包括网络科学引言、网络基本特征、典型网络模型、网络过程模型、网络特征计算方法、图计算重要算法、图计算框架、大数据下的网络计算等。本书突出介绍在现今大规模网络和相关数据不断涌现的背景下与网络科学相关的基本理论和计算技术。本书可作为计算机学科相关专业,特别是数据科学与大数据技术专业的专业教材。

图书在版编目(CIP)数据

网络科学与计算 / 吴斌,宋晨光,白婷编著. – – 北京:北京邮电大学出版社,2019.8(2023.8重印)
ISBN 978-7-5635-5840-7

Ⅰ. ①网… Ⅱ. ①吴… ②宋… ③白… Ⅲ. ①计算机网络—高等学校—教材 Ⅳ. ①TP393

中国版本图书馆 CIP 数据核字(2019)第 172641 号

书　　　名:	网络科学与计算
作　　　者:	吴　斌　宋晨光　白　婷
责任编辑:	徐振华　王小莹
出版发行:	北京邮电大学出版社
社　　　址:	北京市海淀区西土城路 10 号(100876)
发 行 部:	电话:010-62282185　传真:010-62283578
E-mail:	publish@bupt.edu.cn
经　　　销:	各地新华书店
印　　　刷:	唐山玺诚印务有限公司
开　　　本:	787 mm×1 092 mm　1/16
印　　　张:	15.25
字　　　数:	394 千字
版　　　次:	2019 年 8 月第 1 版　2023 年 8 月第 2 次印刷

ISBN 978-7-5635-5840-7　　　　　　　　　　　　　　　　　定价:48.00 元

大数据顾问委员会

大数据专业教材编委会

2016 年 2 月，教育部公布新增数据科学与大数据技术专业。截至 2019 年 3 月，获批此专业的院校已经达 400 多所，这随之而来的就是专业课程的建设。数据科学与大数据技术关注的对象是数据，即体量大而复杂的数据。图数据或者说网络数据是典型的数据类型，其方便用于建模但计算复杂，近年来一直是大数据技术领域重点研究的对象，同时也是技术发展较快的一个领域。因此，在数据科学与大数据技术专业培养方案中，设置了"网络科学与计算"这门重要的专业课程。本书就是为这门课程编写的一本参考教材。

图（graph）或者网络（network）是一种重要的数据结构，它由节点 V（或称为顶点，即个体）集合与边 E（即个体之间的联系）集合构成，我们一般将图或网络表示为 $G(V, E)$。图数据的典型例子有英特网、网页链接关系、社会关系网络、交易网络等。对应英特网来说，可以把计算机看作顶点，机器之间物理连接看作边；对应互联网来说，可以把 Web 网页看作顶点，页面之间的超链接关系看作边；对应社会关系网络来说，可以把人看作顶点，人与人通过通信、交往、亲情等建立的关系看作边。例如，微信的社交网络是由节点（用户、公众号）和边（关注、点赞）构成的图；淘宝的交易网络是由节点（用户、商品）和边（购买、收藏）构成的图。网络科学与计算一方面研究众多网络其及相关社会、生物、物理现象的共性特征及科学规律，另一方面研究如何高效建模、存储、管理和分析大规模图相关数据。由于传统的关系型数据模型存在建模缺陷、水平伸缩等问题，有专家认为"如果把关系数据模型比作火车的话，那么现在的图数据建模可比作高铁"。

人类社会的日益网络化需要我们对各种人工和自然的复杂网络有更加深刻的认识。事物之间是相互联系的，这种联系可以用网络来进行描述。在数据密集型科学即"第四范式"迅猛发展的今天，培养学生的网络思维显得尤为重要。"网络科学与计算"课程旨在培养学生运用网络思维去思考现实问题的能力，让学生掌握网络科学计算的基本知识和网络分析方法，并能够结合现实问题，从网络分析的角度提出自己的观点看法，提高学生的创新意识，开阔学生的研究视野。

在本书出版之前，国内已经相继出版了多部关于网络科学的著作，但这些书大多侧重于网络科学的基本理论和方法。然而，近年来数据密集型科学蓬勃发展，过去关于实际网络结构的研究常常仅着眼于包含几十个,至多几百个节点的网络,而近年,关于复杂网络的研究常常可以见到包含几万个到几百万个节点的网络。网络规模尺度上的变化促使网络分析方法做出相应的改变,甚至于很多问题的求解方法也都要有相应的改变。在介绍网络科学基本理论和方法的同时,本书还给出了一些经典算法的具体实现。为了顺应图计算飞速发展的趋势,本书还介绍了在当前主流的图计算框架以及大数据背景下图计算重要算法的并行实现。伴随着图计算技术的发展,基于网络科学理论的应用系统不断涌现。为了激发读者进一步研究的兴趣,在本书的最后一个章节介绍了近年来网络科学理论的应用领域以及一些实际应用系统。

本书共分为 9 章。

第 1 章为网络科学引言。这一章首先介绍复杂性科学与复杂网络的定义,然后引出网络科学的发展史,即从一开始的七桥问题到如今复杂网络研究的新纪元再到大数据计算科学。

第 2 章为网络基本特征。这一章主要介绍网络科学理论的一些基础数学知识,这些内容与图论和统计有紧密的关系,是后续章节的基础。这一章仅仅介绍基础概念和定义,避免涉及过多的理论推导。

第 3 章为典型网络模型。这一章介绍一些经典网络模型及其拓扑性质,主要有随机图模型、小世界模型、无标度模型、自相似网络以及局域世界演化模型。

第 4 章为网络过程模型。这一章主要介绍复杂网络上典型的传播模型,对特定网络上的传播临界值进行分析,并研究对应的控制方法;同时,介绍网络的同步现象和对应的数学模型,给出网络同步的判断依据,分析各种网络的同步能力。

第 5 章为网络特征计算方法。这一章主要介绍网络特征的计算方法。这些计算方法涉及第 2 章提到的一些网络基本特征。将这些相关特征的计算分为四类:节点统计特征计算、节点排序特征计算、子图特征计算、全图特征计算。这一章介绍的这些基本特征的计算方法是后续介绍大规模网络数据计算的基础。

第 6 章为图计算重要算法。这一章介绍图结构上的几种重要算法,包括社区发现、链路预测、信息传播以及面向图的表示学习,并分别针对其中的经典算法进行简要介绍。

第 7 章为图计算框架。在当前的大数据分析领域,需要处理的图数据规模往往高达数十亿以上,并且图数据结构复杂多变,图算法难以在传统计算系统中进行高效的处理,因此需要设计支持大规模、高效图计算的计算模型,以应对上述挑战。这一章将着重介绍图计算模型以及相关计算软件。

第 8 章为大数据下的网络计算。这一章详细介绍了图计算框架 Spark GraphX,包括其弹性分布式属性图的特点和处理大规模属性图的计算模式以及内置算法。此外,这一章还详细介绍了北京邮电大学数据科学与服务中心利用现有技术开发的大规模社交网络挖掘系统和大规模多维网络分析框架。

第 9 章为网络科学的应用。随着"第四范式"时代到来,围绕数据进行的科学研究以及一些应用系统不断涌现。这一章主要介绍网络科学理论的一些应用领域以及应用系统,如社交网络分析、知识图谱、用户画像等。

本书可以作为数据科学与大数据技术专业的本科高年级专业课教材,也可以作为研究生相关课程的参考材料。实际上,本书部分内容取材于北京邮电大学研究生课程"复杂网络"。"复杂网络"课程从 2007 年开始作为北京邮电大学研究生课程已经被讲授了 12 年,该课程教学目标也是让学生了解网络科学与计算的基础知识、基本方法和技术,了解学科前沿发展动态,扩展学生研究视野。

本书的编写得到了北京邮电大学计算机学院数据科学与服务中心教师和研究生的支持,他们是宋晨光、滕一阳、龙飞宇、朱奎、赵凯、宁念文、张云雷、刘子荷和孙俊威。作者在此一并表示感谢。同时,在此感谢北京邮电大学出版社姚顺编辑、刘纳新编辑;感谢国家重点研究基础发展计划项目"社交网络分析与网络信息传播的基础研究"、国家自然科学基金项目"面向社会媒体大数据的异质信息网络分析的关键技术研究"、国家重点研发计划项目"司法行政跨区域联合执法协同支撑技术研究"的支持。

作者作为在计算机领域从事科研和教学的教师,在专业知识的深度和广度上都有局限性,因此本书难免存在不足之处,在此热烈欢迎广大读者反馈对本书的意见和建议,作者将随着"网络科学与计算"专业课程的建设,不断改进。

作　者

目 录

第1章
网络科学引言

本章思维导图

　　如今,我们的身边到处充满着复杂网络的例子。人类社会的网络化是一把双刃剑,它既给人类社会的生产与生活带来了极大的便利,提高了生产效率和生活水准,也带来了一定的负面冲击,如局部动荡或传染病等更容易向全球扩散。因此,人类社会的日益网络化需要我们对各种人工和自然的复杂网络的行为有更好的认识。本章我们首先介绍复杂性科学与复杂网络的定义,然后引出网络科学的发展史。本章思维导图如图1.1所示。

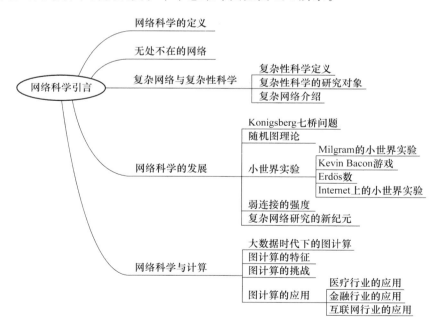

图 1.1　本章思维导图 1

1.1　网络科学定义

2005 年 11 月，美国科学院发表了研究报告《网络科学》，给出了网络科学的一种定义："网络科学是研究利用网络来描述物理、生物和社会现象，建立这些现象预测模型的科学。"

2006 年我国提出了建设自主创新国家的战略决策。为了落实和推进这个历史性的重大部署，为国民经济持续健康发展提供重要的研究支撑和科学决策，并为繁荣我国基础研究，全面提升国家自主创新能力，我国制定了第二个《国家中长期科学和技术发展规划纲要（2006—2020 年）》和《十一五规划》。这两大计划中，国家分别提出了一批重大"学科发展和科学前沿重大问题"和"国家重大战略需求的基础研究领域"。值得指出的是，在这两大计划中均把复杂系统、下一代信息网络、信息安全理论等定为重大（点）项目和科学前沿的研究课题，为科学工作者指明了今后的研究方向。

当前国内外网络科学研究方兴未艾，我们面临巨大的挑战。一系列经典网络模型的发现极大地改变和丰富了人们对复杂世界的认识，揭示了前所未有的理论和技术问题，这些网络模型不仅适用于自然网络，而且适用于人造网络，无论对自然界，还是对人类社会，都具有实用价值。但是网络科学的规律尚未完全揭开，进一步探索网络科学奥秘，不仅具有理论意义，而且具有巨大的应用潜力，有助于解决人类面临的一些重要问题，促进整个社会的物质文明和精神文明的建设。

一门崭新的交叉科学：网络科学

总的来说，网络科学（network science）是研究利用网络来描述物理、生物和社会现象，建立这些现象的预测模型的科学。

1.2　无处不在的网络

地球上任意两个人之间要通过多少个朋友才能互相认识？万维网（WWW）上从一个页面到另一个页面平均需要点击多少次鼠标？层出不穷的计算机病毒是如何在互联网（Internet）上传播的？各种传染病（艾滋病、非典型性肺炎和禽流感等）是如何在人类和动物中流行的？为什么流言蜚语会散布得很快？全球或地区性金融危机是如何发生的？局部故障是如何导致大面积停电事故的？大城市的交通阻塞问题是如何引起的？应该如何建立合理的公共卫生与安全网络？为什么大脑能够具有思考的功能？这些问题尽管看上去各不相同，但每一个问题中都涉及很复杂的网络，包括万维网、互联网、社会关系网络、经济网络、电力网络、交通网络、神经网络等。更为重要的是，越来越多的研究表明，这些看上去各不相同的网络之间有着许多惊人的相似之处。

20 世纪 90 年代以来，以互联网为代表的信息技术的迅猛发展使人类社会大步迈入了网络时代。从 Internet 到 WWW，从大型电力网络到全球交通网络，从生物体中的大脑网络到各种新陈代谢网络，从科研合作网络到各种经济、政治、社会关系网络等，可以说，人们已经生活在一个充满着各种各样复杂网络的世界中。人类社会的网络化是一把"双刃剑"，它既给人类社会生产与生活带来了极大的便利，提高了人类生产效率和生活质量，也给人类社会生活带来了一定的负面冲击,如传染病和计算机病毒的快速传播以及大面积的停电事故等。因此,人类社会的日益网络化需要人类对各种人工和自然的复杂网络的行为有更好的认识。长期以来,通信网络(如图 1.2 所示)、电力网络、生物网络和社交网络[1](如图 1.3 所示)等分别是通信科学、电力科学、生命科学和社会学等不同学科的研究对象,而复杂网络理论所要研究的是各种看上去互不相同的复杂网络之间的共性和处理它们的普适方法。从 20 世纪末开始,复杂网络研究正渗透到数理学科、生命学科和工程学科等众多不同的领域,对复杂网络的定量与定性特征的科学理解已成为网络时代科学研究中一个极其重要的挑战性课题,甚至被称为"网络的新科学(new science of networks)"。

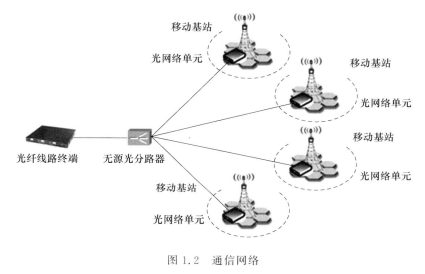

图 1.2　通信网络

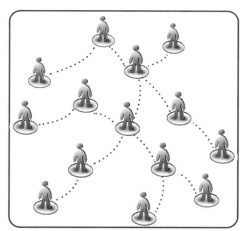

图 1.3　社交网络

以生命科学为例,20 世纪的生命科学研究主流是建立在还原论基础上的分子生物学。还原论的基本前提是,在由不同层次组成的系统内,高层次的行为是由低层次的行为所决定的。认同还原论观点的生物学家通常认为,只要认识了构成生命的分子基础(如基因和蛋白质)就可以理解细胞或个体的活动规律,而组分之间的相互作用常常可以忽略不计。尽管基于还原论的分子生物学极大地促进了人类对单个分子功能的认识,然而绝大多数生物特征都来自细胞的大量不同组分,如蛋白质、DNA、RNA 和小分子之间的交互作用。对这些极其复杂的交互作用网络的结构和力学的理解已成为 21 世纪生命科学的关键研究课题和挑战之一。

1.3　复杂性科学与复杂网络

1.3.1　复杂性科学定义

随着科学技术的飞速发展和社会的进步,越来越多的复杂事物和现象进入人们的视野,如生态、环境、可持续发展、工程技术与人文社会相结合等社会经济问题。学者和决策者们采用传统的理论、技术和方法处理这些问题时,遇到许多根本性的困难。其中重要的一点在于,近代科学学科划分过细以及条块分割反而模糊了人们对事物总体性、全局性的认识。德国著名物理学家、量子力学之父马克斯·普朗克(1858—1947)认为:"科学是内在的整体,它被分解为单独的整体不是取决于事物本身,而是取决于人类认识能力的局限性。实际上存在从物理学到化学,通过生物学和人类学到社会学的连续的链条,这是任何一处都不能被打断的链条。"

面对这一现状,许多研究者开始探索从整体出发的研究方法,试图寻找那条被打断的"沟通链条"。正是在这样的背景下,复杂性科学开始孕育、萌芽,并受到越来越多学者的关注。复杂性科学是用以研究复杂系统和复杂性的一门交叉学科。虽然它还处于萌芽时期,但已被有些科学家誉为"21 世纪的科学"。

复杂性科学研究的复杂系统涉及的范围很广,包括自然、工程、生物、经济、管理、政治与社会等各个方面。它探索的复杂现象从一个细胞呈现出来的生命现象,到股票市场的涨落、城市交通的管理、自然灾害的预测,乃至社会的兴衰等,目前,关于复杂性科学的研究受到了世界各国科学家们的广泛关注。1999 年,美国《科学》杂志出版了一期以"复杂系统"为主题的专辑,这个专辑分别就化学、生物学、神经学、动物学、自然地理学、气候学、经济学等学科领域中的复杂性研究进行了报道。由于各学科对复杂性的认识和理解都不一样,所以该专辑避开术语上的争论,采用了"复杂系统"这个名词。概括起来,复杂系统都有一些共同的特点,就是在变化无常的活动背后,呈现出某种捉摸不定的秩序,其中演化、涌现、自组织、自适应、自相似被认为是复杂系统的共同特征。

科学的科学

复杂性科学就是运用非还原论方法研究复杂系统产生的复杂性机理及其演化规律的科学。凡是不能用还原论处理或不宜用还原论方法处理的问题,而要用或宜用新的科学方法处理的问题都是复杂性问题。

1.3.2　复杂性科学的研究对象

沃尔德罗普认为,"复杂性科学的研究领域至今尚显得模糊不清,那便是因为这项研究正在试图解答的是一切常规科学范畴无法解答的问题。"[2]复杂性科学是研究复杂系统行为与性质的科学,其研究重点是探索宏观领域的复杂性及其演化问题。它涉及数学、物理学、化学、生物学、计算机科学、经济学、社会学、历史学、政治学、文化学、人类学和管理科学等众多学科[3]。

复杂性科学的研究对象是复杂系统,在这种系统中,许多组成的因素在许多方面发生着错综复杂的相互作用。这些相互作用的结果使整体与其中的组成成分具有不同的性质。整体产生组织能力,并从而获得了智能乃至生命。复杂性科学正在冲破以牛顿力学为代表的、统治科学界达几百年的传统线性和还原论的思维方式。复杂性科学被称为整体论科学或非还原论科学,也有人认为它是与简单性科学相对立的科学。复杂性科学的产生是为了避免传统还原论科学的局限性。传统还原论科学的方法论是还原论的。

这种方法论具备三个特征:

- **本体层面。** 事物有组成结构和层次。
- **认识层面。** 能从关于部分(或低层次)的概念、定律、理论和学科中推导出关于整体(或较高层次)的概念、定律、理论和学科,当然完成这样的推导需要一些条件。
- **方法层面。** 对事物进行研究时,把整体分解为部分,或把较高层次的物质结构分解为较低层次的物质结构。

在这种方法论指导下,传统还原论科学虽然取得了巨大成就,但在解释生物机体的秩序、目的性和精神等方面仍遇到不少困难,特别在解决经济、社会等复杂问题时,更是困难重重。自 20 世纪以来,科学的迅猛发展使还原论方法和简单性思维受到了多方面的冲击。面对这些困境,复杂性科学应运而生,它为科学的发展提供了一个运用“整体”或“系统”,以处理复杂性问题的新方向。

对于复杂性问题的研究并不是突然出现的一门新科学。诺贝尔奖获得者、人工智能的先驱、中科院外籍院士司马贺(H. Simon)从历史发展的角度论述了与复杂性研究有关的几次热潮及其内容:第一次世界大战后,关注的是整体论(holism)、格式塔理论(gestalts)以及创造性的演化(creative evolution);第二次世界大战后,热点问题是信息论(information theory)和一般系统理论(general systems);当前人们热衷的是混沌理论(chaos)、自适应系统(adaptive systems)、遗传算法(genetic algorithms)以及元胞自动机(cellular automata)等。

人们普遍认为贝塔朗菲创立一般系统论标志着复杂性科学的诞生,而且依据研究对象的变化,我们可把复杂性科学的发展历史大致划分为三个阶段:第一阶段——研究存在;第二阶段——研究演化;第三阶段——综合研究。下面,我们对复杂性科学的演进历史以及现状做简单介绍和评述。

(1)第一阶段——研究存在。

第一阶段即早期阶段,复杂性科学的主要成就表现为一般系统论、控制论、人工智能。贝塔朗菲于 20 世纪 40 年代创立了一般系统论,在 1968 年出版了《一般系统论:基础、发展和应用》,此书全面总结了他 40 年的理论研究工作,是说明其一般系统论思想、内容和理论框架的代表性著作。我们从这部著作中可以看到,贝塔朗菲的一般系统论的主要内容包括系统的若干概念及初步的数学描述、视为物理系统的有机体、开放系统的模型、生物学中的若干系统论问题、人类科学中的系统概念、心理学和精神病学中的一般系统论[4]。

与一般系统论同时兴起的另一复杂性科学形态是控制论,其代表性成果是于 1948 年出版的《控制论》。维纳的《控制论》有技术科学的色彩,但主要还是研究在动物和机器中控制与通信的理论问题,属于科学的范围。维纳的《控制论》的内容包括导言和 8 个章节的内容,1961年又在此基础上增加了两章内容。其中,第 8 章“信息、语言和社会”集中讨论如何把控制论的观点应用于社会的问题[5]。该书主要研究有目的行为、组织性和整体性。控制论的基础是反馈调节的概念,系统通过反馈调节维持某一状态或趋向于某一目标。

与一般系统论和控制论同时兴起的复杂性科学的是人工智能。人工智能与控制论的关系非常密切,有的学者甚至认为它是控制论的一部分。人工智能的奠基者麦卡洛克、匹茨与维纳在控制论的发展过程中曾经有过密切的合作,他们于 1943 年构造的第一个神经网络模型就应用了反馈机制[6]。从人工智能的历史发展来看,其学者形成了三大学派,它们分别是符号主义学派、联结主义学派、行为主义学派。虽然三大学派在研究方法上有差别,但它们都是利用人造装置去模拟人或动物的思维过程、智能活动与心理过程。

总之,在复杂性科学第一阶段中出现的一般系统论、控制论和人工智能三门学科中,一般系统论是具有代表性的成果,因为它的新思维方式和科学方法论促成了复杂性科学的诞生。但一般系统论发展缓慢,甚至出现了停滞局面,控制论也转向工程技术层次,只有人工智能仍不断发展,至今仍是复杂性科学的重要组成部分。

（2）第二阶段——研究演化。

在此期间产生的复杂性科学理论主要有耗散结构理论、协同学、超循环理论、突变论、混沌理论、分形理论和元胞自动机理论。除元胞自动机理论外,上述科学理论均产生和形成于 20 世纪 60 年代和 70 年代,它们都是从时间发展的角度研究系统的演化行为和性质。元胞自动机理论在 20 世纪 50 年代由冯·诺伊曼创立,其产生和形成时间虽早于其他理论,但也是从离散时间的角度研究演化的行为,故我们把它归入复杂性科学的第二阶段。元胞自动机理论近年来仍发展很快,圣塔菲研究所的朗顿(C. G. Langton)所研究的人工生命就是一种元胞自动机模型。在第二阶段,复杂性科学研究演化,研究系统从无序到有序或从一种有序结构到另一种有序结构进行演变,其研究方法不是还原分解,而是通过物理实验或模型、数学模型、计算机模拟等,因此其方法论是非还原论的方法。

（3）第三阶段——综合研究。

进入第三阶段后,复杂性科学研究不再是分门别类地进行,而是打破以前的学科界限,进行综合研究,而且有了专门从事复杂性科学研究的机构——美国圣塔菲研究所。圣塔菲研究所的成立是为了适应科学发展中的综合趋势。它成立于 1984 年 5 月,其建所的理念之一是促进知识统一和消除两种文化(即斯诺所说的科学文化和人文文化)之间的对立。最值得注意的是,该研究所认为复杂性科学的研究内容包罗万象,几乎包括传统自然科学和人文社会科学的全部领域。圣塔菲研究所在复杂性科学研究方面所涉及的主要内容有复杂适应系统、非适应系统(如元胞自动机)、标度、自相似、复杂性的度量等[7]。其中复杂适应系统是圣塔菲研究所集中研究的对象,而且复杂适应系统理论也是第三阶段复杂性科学的主要成果[8]。

在第三阶段,复杂性科学的研究对象是复杂系统,主要研究工具是计算机,研究方法是采用隐喻和类比。这些特点是第一、二阶段的复杂性科学所不具备的。圣塔菲研究所认为,在科学研究中使用计算机所产生的革命,类似于生物学中使用显微镜所导致的科学革命,计算机使许多复杂系统第一次成为科学的研究对象[9]。

第三阶段的复杂性科学仍然主要研究演化,即研究生命的进化、人的思想的产生、物种的灭绝、文化的发展等。前两阶段的复杂性科学主要以自然科学为基础,以数学和自然科学为背景。而在圣塔菲研究所,社会科学在复杂性科学研究中起了重要作用,如经济学、文化学和人类学。特别是在经济学能使复杂性科学更成功地研究复杂的经济和社会系统,而且经济学家(如阿罗·阿瑟等)也成为圣塔菲研究所的主要研究成员。阿瑟努力创立新经济学,研究报酬递增率、锁定和不可预测性等。前两阶段的复杂性科学研究基本上是嫁接在传统科学研究之上,如物理学、化学和生物学等,没有形成统一的复杂性科学研究团体。而在圣塔菲研究所成立之后,有了专门的、独立的复杂性科学研究组织,并形成了统一的复杂性科学研究团体,而且还出版了专门的刊物《复杂性》(*Complexity*)。这在一定程度上表明复杂性科学正在形成统一的范式。

目前,复杂性研究的重心集中在生命系统、大脑神经系统和社会经济系统。1999 年在波士顿成立的新英格兰复杂系统研究所主持出版了研究组织管理中的复杂性问题的杂志《突现》,推动着复杂性科学向更深更广的领域发展,并且具有更大的综合性[10]。

1.3.3　复杂网络的介绍

在自然界中存在的大量复杂系统都可以通过形形色色的网络加以描述。一个典型的网络是由许多节点与节点之间的连边组成,其中节点用来代表真实系统中不同的个体,而边则用来表示个体间的关系,往往是两个节点之间具有某种特定的关系则连一条边,反之则不连边,有边相连的两个节点在网络中被看作是相邻的。例如,神经系统可以看作大量神经细胞通过神经纤维相互连接形成的网络[11];计算机网络可以看作是自主工作的计算机通过通信介质,如光缆、双绞线、同轴电缆等,相互连接形成的网络[12]。类似的还有电力网络[13]、社会关系网络[14]、交通网络等[15]。

复杂网络的研究由其学科交叉性和复杂性的特点,涉及了众多学科的知识和理论基础,尤其是系统科学、统计物理、数学、计算机与信息科学等,常用的分析方法和工具包括图论、组合数学、矩阵理论、概率论、随机过程、优化理论和遗传算法等。复杂网络的主要研究方法都是基于图论的理论和方法开展的,并已经取得了可喜的成果。但近几年,统计物理的许多概念和方法也已成功地用于复杂网络的建模和计算,如统计力学、自组织理论、临界和相变理论、渗流理论等。复杂网络模型在很多科学领域都得到广泛的应用。

1.4　网络科学的发展

网络科学已经存在了很长一段时间,特别是当我们把图论看作是网络科学的起源时。但由于网络科学的动态性以及在其他一些学科中的应用,网络科学不仅仅是图论。网络科学起源于图论、社会网络分析、控制论以及物理和生物科学。从某种意义上说,网络科学是许多其他领域趋同的结果。

1.4.1　Konigsberg 七桥问题

近年来复杂网络研究的兴起,使得人们开始广泛关注网络结构复杂性及其与网络行为之间的关系。要研究各种不同的复杂网络在结构上的共性,首先需要有一种描述网络的统一工具。这种工具在数学上称为图。任何一个网络都可以看作是由一些节点按某种方式连接在一起而构成的一个系统。具体网络用抽象图表示,就是用抽象的点表示具体网络中的节点,并用节点之间的连线来表示具体网络中节点之间的连接关系。

实际网络的图表示方法可以追溯到 18 世纪伟大的数学家欧拉对著名的"Konigsberg 七桥问题"的研究。Konigsberg 镇是东普鲁士(现俄罗斯)的一个城镇,城中有一条横贯城区的河流,河中有两个岛,两岸和两岛之间共架有七座桥,如图 1.4 所示。传说当地居民常常议论这样一个有趣的问题:一个人能否在一次散步中走过所有的七座桥,而且每座桥只经过一次,最后返回原地?这个问题看起来似乎相当简单,但长期以来小镇上没有一个人能走出这样一条路径。

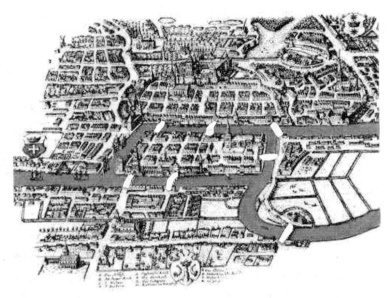

图 1.4　Konigsberg 镇

　　1736 年,欧拉仔细地研究了这个问题。他利用数学抽象法,将被河流分隔开的四块陆地抽象为四个点,分别用 A,B,C 和 D 表示,而将连接这四块陆地之间的七座桥抽象为连接四个点的七条线,分别用 a,b,c,d,e,f,g 表示。这样就得到了由四个点和七条线构成的一个图,如图 1.5 所示。于是"Konigsberg 七桥问题"就转化为如下的数学问题:从图 1.5 中任一点出发,经过每条边一次而后返回原点的回路是否存在?欧拉给出了存在这样一条回路的充要条件,并由此推得"Konigsberg 七桥问题"是没有解的。

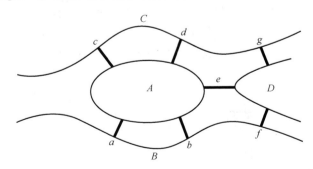

图 1.5　"Konigsberg 七桥问题"的图示 1

　　那么欧拉当时是怎么解决这个问题的呢?他考虑图 1.5 如果能够一笔画成,则"Konigsberg 七桥问题"迎刃而解。于是,欧拉转而研究一笔画成的图形应该具备的性质。可以想象,能一笔画出的图形,一定只有一个起点和一个终点(这里图 1.5"Konigsberg 七桥问题"的图示要求起点和终点重合,如图 1.6 所示),中间经过的每一点总是包含进去的一条线和出来的一条线,这样除起点和终点外,每一点都只能有偶数条线与之相连。因此,如果要求起点和终点重合的话,那么能够一笔画出的图形中所有的点都必然有偶数条线与之相连。而从图 1.6 中四个点来看,每个点都是有三条或五条线通过,所以不能一笔画出这个图形。这就是说,不重复地一次走遍图 1.4 中的七座桥是不可能的。

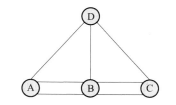

图 1.6　"Konigsberg 七桥问题"的图示 2

欧拉对"Konigsberg 七桥问题"的抽象和论证思想,开创了数学中的一个分支——图论的研究。因此,欧拉被公认为是图论之父,而图 1.6 也被称为欧拉图。事实上,今天人们关于复杂网络的研究与欧拉当年关于"Konigsberg 七桥问题"的研究在某种程度上是一脉相承的,即网络结构与网络性质密切相关。

1.4.2　随机图理论

在欧拉解决七桥问题之后的相当长一段时间里,图论并未获得足够的发展。直到 1936 年才出版了图论的第一部专著,此后图论开始进入发展与突破阶段。20 世纪 60 年代,由两位匈牙利数学家 Erdös 和 Rényi 建立的随机图理论(random graph theory)被公认为是在数学上开创了复杂网络理论的系统性研究。在 Erdös 和 Rényi 研究的随机图模型(称为 ER 随机图)中,任意两个节点之间有一条边相连接的概率为 p。因此,一个含 N 个节点的 ER 随机图中边的总数是一个期望值为 $p[N(N-1)/2]$ 的随机变量。由此可以推得,产生一个有 N 个节点和 M 条边的 ER 随机图的概率为 $p^M(1-p)^{\frac{N(N-1)}{2}-M}$。Erdös 和 Rényi 系统性地研究了当 $N \to \infty$ 时 ER 随机图的性质(如连通性等)与概率 p 之间的关系。他们采用了如下定义:几乎每一个 ER 随机图都具有某种性质 Q,当 $N \to \infty$ 时产生具有这种性质 Q 的 ER 随机图的概率为 1。Erdös 和 Rényi 的最重要的发现是,ER 随机图的许多重要的性质都是突然涌现的。也就是说,对于任一给定的概率 p,要么几乎每一个图都具有某个性质 Q(如连通性等),要么几乎每一个图都不具有该性质。

1.4.3　小世界实验

1. Milgram 的小世界实验

一个社会网络就是一群人或团体按某种关系连接在一起而构成的一个系统。这里的关系可以多种多样,如个人之间的朋友关系、同事之间的合作关系、家庭之间的联姻关系和公司之间的商业关系等。以朋友关系为例,很多人可能都有这样的经历:偶尔碰到一个陌生人,同他聊了一会儿后发现你认识的某个人居然他也认识,然后一起发出"这个世界真小"的感叹。那么对于地球上任意两个人来说,借助第三者、第四者这样的间接关系来建立起两个人的联系,平均需要通过多少人呢?20 世纪 60 年代美国哈佛大学的社会心理学家 Stanley Milgram 通过一些社会调查后给出的推断是,地球上任意两个人之间的平均距离是 6。也就是说,平均中间只要通过 5 个人,你就能与地球上任何一个角落的任何一个人发生联系。这就是著名的"六度分离(six degrees of separation)"理论。1990 年在美国上演的一部名为《六度分离》的戏剧,使 Milgram 的推断得到进一步传播。

下面介绍 Milgram 的社会实验是怎么做的。首先,他选定了两个目标对象:一个是美国马萨诸塞州(Massachusetts)沙朗(Sharon)的一位神学院研究生的妻子;另一位是波士顿(Boston)的一个证券经纪人。然后他在遥远的堪萨斯州(Kansas)和内布拉斯加州(Nebraska)招募了一批志愿者。Milgram 要求这些志愿者通过自己所认识的人,用自己认为尽可能少的传递次数,设法把一封信最终转交到一个给定的目标对象手中。Milgram 在发表于1967年5月美国出版的《今日心理学》杂志上的一篇论文中,描述了一份信件是如何仅用3步就从堪萨斯州的一位农场主手中转交到马萨诸塞州的那位神学院学生的妻子手中的:农场主将信件寄给一个圣公会教父,教父将其转寄给住在沙朗的一位同事,然后信就到了神学院学生妻子的手中。尽管并不是每一个实验对象都如此成功,但 Milgram 根据最终到达目标者手中的信件的统计分析发现,从一个志愿者到其目标对象的平均距离只有6。实验结果在某种程度上反映了人际关系的“小世界”特征。Milgram 的小世界实验在社会网络分析中具有重要影响。然而在 Milgram 的实验中,实际上只有少部分的信件最终送到了收信人手中,因此实验的完成率很低。而 Milgram 总共只送出了300封信,即使这些信全都成功送到了收信人的手中,用这么少的数据量来统计人际关系网的性质,其可信度也是非常低的。

2. Kevin Bacon 游戏

在 Milgram 的实验之后,为检验“六度分离”理论假设的正确性,人们又做了其他一些小世界实验。其中一个著名的实验就是“Kevin Bacon 游戏(game of Kevin Bacon)”。这个游戏的主角是美国电影演员 Bacon。游戏的目的是把 Bacon 和另外任意一个演员联系起来。在该游戏里为每个演员定义了一个 Bacon 数:如果一个演员和 Bacon 一起演过电影,那么他(她)的 Bacon 数为1;如果一个演员没有和 Bacon 演过电影,但是他(她)和 Bacon 数为1的演员一起演过电影,那么该演员的 Bacon 数就为2;以此类推。这个游戏就是通过是否共同出演一部电影作为纽带建立起演员和演员间的关系网。而 Bacon 数描述了这个网络中任意一个演员到 Bacon 的最短路径。

美国 Virginia 大学计算机系的科学家建立了一个电影演员的数据库,放在网上供人们随意查询。网站的数据库里目前总共存有近60万个世界各地的演员的信息以及近30万部电影信息。通过简单地输入演员名字就可以知道这个演员的 Bacon 数。例如,输入 Stephen Chow(周星驰)就可以得到如下结果:周星驰在《豪门夜宴》中与洪金宝(Sammo Hung Kam-Bo)合作,而洪金宝又在《死亡的游戏》中与 Colleen Camp 合作,Colleen Camp 在《陷阱》中与 Bacon 合作,这样周星驰的 Bacon 数就为3。

3. Erdös 数

在“Kevin Bacon 游戏”中是计算每个演员的 Bacon 数,而在数学界流行一个计算每个数学家的 Erdös 数的游戏。某个人的 Erdös 数刻画了他或她与 Erdös 之间的距离。凡是跟 Erdös 合作写过文章的人的 Erdös 数均为1,凡是跟 Erdös 数为1的人合作写过文章的人的 Erdös 数均为2,以此类推。

4. Internet 上的小世界实验

尽管电影演员合作网络和数学家合作网络的定义明确而且很容易检验,但它们的规模尺度仍然相对太小。也就是说,电影界和数学界的“小世界现象”并不能直接推广到拥有几十亿人口的整个世界。

2001年秋天,已在美国哥伦比亚大学社会学系任教的 Watts 组建了一个研究小组,并建立了一个称为小世界项目(small world project)的网站,开始在世界范围内进行一个检验“六度分离"理论是否正确的网上在线实验。他们选定了一些目标对象,其中包括各种年龄、种族、职业和社会经济阶层的人。志愿者在网站注册后会被告知关于目标对象的一些信息,志愿者的任务就是把一条消息用电子邮件的方式传到目标对象那里。类似 Milgram 的小世界实验,如果志愿者不认识指定的目标对象的话,就给网站提供他觉得比较合适的一个朋友的电子邮件地址。网站会通知他这个朋友关于这个实验的事情,如果这个朋友同意的话,就可以继续这个实验。该研究小组于 2003 年 8 月在 *Science* 杂志上报道了他们的初步实验结果。在一年多时间里,总共有 13 个国家的 18 名目标对象和 166 个国家和地区的 6 万多名志愿者参与实验,最后有 384 个志愿者的电子邮件抵达了目的地。其中每封邮件平均转发 5～7 次,即可到达目标对象。但是,这项研究也存在一些不可控的因素。例如,志愿者的朋友对于该实验可能没有兴趣,而且一般人对陌生的电子邮件往往抱有戒心,从而使得这个实验的进行变得很困难。

1.4.4　弱连接的强度

人们是如何找到他们所需要的工作呢?是靠亲朋好友的帮忙还是通过各种招聘广告或招聘会? 20 世纪 60 年代末,哈佛大学的研究生 Mark Granovetter 带着这些问题,开始了他的研究课题。他在波士顿地区采访了近 100 个人,并向 200 多个人发出了问卷。这些被调查者,要么刚刚改变了工作,要么最近才被雇佣,而且都是专业技术人士,也就是说,他的调查范围不包括蓝领工人。

Granovetter 发现,人们在找寻工作时,那些关系紧密的朋友(强连接)反倒没有那些关系一般的甚至只是偶尔见面的朋友(弱连接)能够发挥作用。事实上,关系紧密的朋友也许根本帮不上忙。下面是 Granovetter 论文中给出的一个例子,类似的例子在我们身边也非常多,例如,Edward 在上高中的时候,他认识的一个女孩邀请他参加了一个聚会。在聚会上,Edward 遇到了比他大十岁的那个女孩大姐的男朋友。三年以后,当 Edward 辞去了工作后,他在当地的住所偶遇到了这位只有一面之交的朋友。在交谈中,这个人提起说他所在的公司现在需要一个制图员,于是 Edward 申请了这个工作,并顺利地被聘用了。

Granovetter 的标题为"弱连接的强度(Strength of Weak Ties)"的论文最初于 1969 年 8 月投给了《美国社会学评论》杂志,但 4 个月后就被退稿。四年之后,这篇论文才在《美国社会学》杂志发表。现在它已被认为是有史以来最有影响的社会学论文之一。

1.4.5　复杂网络研究的新纪元

20 世纪 60 年代以来,随机图理论在将近 40 年的时间里一直是研究复杂网络结构的基本理论,但绝大多数实际的复杂网络结构并不是完全随机的。例如,两个人是否是朋友,Internet 中两个路由器之间是否有光纤连接,WWW 上两个页面之间是否有超文本链接等都不会是完全靠抛硬币来决定的。

在 20 世纪末,对复杂网络的科学探索方法发生了重要的转变,复杂网络理论研究不再局限于数学领域。人们开始考虑节点数量众多,连接结构复杂的实际网络的整体特性,在从物理学到生物学的众多学科中掀起了研究复杂网络的热潮,复杂网络甚至于被称为"网络的新科学"。

有两篇开创性的文章可以看作是复杂网络研究新纪元开始的标志:一篇是美国康奈尔

(Cornell)大学理论和应用力学系的博士生 Watts 及其导师——非线性动力学专家 Strogatz 教授于 1998 年 6 月在 *Nature* 杂志上发表的题为"'小世界'网络的集体动力学(Collective Dynamics of 'Small World'Networks)"的文章[16];另一篇是美国 Notre Dame 大学物理系的 Barabási 教授及其博士生 Albert 于 1999 年 10 月在 *Science* 杂志上发表的题为"随机网络中标度的涌现(Emergence of Scaling in Random Networks)"的文章。这两篇文章分别揭示了复杂网络的小世界特征和无标度性质,并建立了相应的模型,以阐述这些特性的产生机理。

复杂网络研究取得突破性进展的主要原因包括:

(1)越来越强大的计算设备和迅猛发展的 Internet,使得人们开始能够收集和处理规模巨大且种类不同的实际网络数据。

(2)学科之间的相互交叉使得研究人员可以广泛比较各种不同类型的网络数据,从而揭示复杂网络的共性。

(3)以还原论和整体论相结合为重要特色的复杂性科学的兴起,也促使人们开始从整体上研究网络的结构与性能之间的关系。

过去关于实际网络结构的研究常常着眼于包含几十个,至多几百个节点的网络,而近年关于复杂网络的研究中则常可以见到包含几万个到几百万个节点的网络。网络规模尺度上的变化也促使网络分析方法做出相应的改变,甚至于很多问题的提法都要有相应的改变。就目前而言,复杂网络理论的主要研究内容可以归纳为:

(1)发现:揭示刻画网络系统结构的统计性质,以及度量这些性质的合适方法。

(2)建模:建立合适的网络模型,以帮助人们理解这些统计性质的意义与产生机理。

(3)分析:基于单个节点的特性和整个网络的结构性质分析与预测网络的行为。

(4)控制:提出改善已有网络性能和设计新的网络的有效方法,特别是稳定性、同步和数据流通等方面。

1.5　网络科学与计算

1.5.1　大数据时代下的图计算

信息社会的快速发展引发了数据规模的爆炸式增长,使网络信息空间大数据成为继人力、资本之后一种新的非物质生产要素,甚至被认为是关系国家经济发展、社会安全和科技进步的重要战略资源,蕴含巨大价值。

图作为一种表示和分析大数据的有效方法,正成为学术界和工业界广泛关注的焦点,基于图数据的图算法成为社交网络、推荐系统[17]、网络安全和生物医疗等领域分析和挖掘数据的重要方法。图计算指的是以图论为基础的对现实世界的一种"图"数据结构的抽象表达,以及在这种数据结构上的数据计算模式。图数据结构很好地表达了数据之间的关联性,而关联性计算是大数据计算的核心——通过获得数据的关联性,可以从噪音很多的海量数据中抽取有用的信息。近年来,图数据规模呈指数级增长,可能达到数十亿的顶点和数万亿的边,且还在不断增长,单机模式下的图计算已经不适用,传统的分布式大数据处理平台,如 MapReduce[18]、Spark[19] 等,也出现网络和磁盘读写开销大、运算速度慢、处理效率极低的问题。

1.5.2　图计算的特征

图计算技术解决了传统的计算模式下关联查询的效率低、成本高的问题,在问题域中对关系进行了完整的刻画,并且具有丰富、高效和敏捷的数据分析能力,其特征有如下三点:

(1)是基于图抽象的数据模型。

图计算系统将图结构化数据表示为属性图,它将用户定义的属性与每个顶点和边相关联。属性可以包括元数据(如用户简档和时间戳)和程序状态(如顶点的 PageRank 值或相关的亲和度)。源自社交网络和网络图等自然现象的属性图通常具有高度偏斜的幂律度分布和比顶点更多的边数。

(2)图数据模型并行抽象。

图的经典算法中,从 PageRank 算法到潜在因子分析算法都是基于相邻顶点和边的属性迭代地变换顶点属性,这种迭代局部变换的常见模式形成了图并行抽象的基础。在图并行抽象中,用户定义的顶点程序同时为每个顶点实现,并通过消息(如 Pregel[20])或共享状态与相邻顶点程序交互。每个顶点程序都可以读取和修改其顶点属性,在某些情况下可以读取和修改相邻的顶点属性。

(3)可使图模型系统得到优化。

对图数据模型进行抽象和对稀疏图模型结构进行限制,使一系列重要的系统得到了优化。例如,GraphLab[21]的 GAS 模型更偏向共享内存风格,允许用户的自定义函数访问当前顶点的整个邻域,可抽象成 Gather、Apply 和 Scatter 三个阶段。GAS 模型的设计主要是为了适应点分割的图存储模式,从而避免 Pregel 模型对于邻域具有很多的顶点或需要处理的消息非常庞大时会发生的假死或崩溃问题。

1.5.3　图计算的挑战

图计算领域面临大数据环境带来的巨大挑战。随着图数据量上升速度的加快,图数据库和图计算受关注程度也在不断提高。虽然各类图计算系统在不断优化,但是挑战依然存在。

图可以用于描述离散对象之间的关系。科学计算、数据分析和其他领域的许多实际问题可以通过图的形式建模,并通过适当的图算法求解。随着图的问题规模越来越大,复杂性越来越大,它们很容易超过单处理器的计算能力和内存容量。鉴于并行计算在许多科学计算领域取得了成功,并行处理似乎可以克服图计算中单个处理器资源受到的限制。

当整体计算问题得到很好的平衡时,应用程序可以更好地执行和扩展,即当需要解决的问题、用于解决问题的算法、用于表达算法的软件以及运行软件的硬件都能很好地相互匹配。在很大程度上,并行科学计算的成功归功于这些方面,与典型的科学应用完全匹配。

解决科学领域中典型问题(通常涉及求解偏微分方程系统)的常用习语已经发展成为科学计算界的标准实践。同样,适用于典型问题的硬件平台和编程模型也变得很普遍。世界各地的机房都包含用 MPI 编码运行的商用集群。不过,对于开发主流并行科学应用程序而言,效果良好的算法、软件和硬件对于大规模图问题并不一定有效。图问题具有一些固有的特征,使它们与当前的计算问题解决方法不匹配。大图计算是大数据计算中的一个子问题,除了满足大数据的基本特性之外,大图计算还有着自身的计算特性,相应地面临着新的挑战。特别是图问题的以下属性对高效并行性提出了重大挑战。

(1)局部性差。

图表示着不同实体之间的关系,而在实际的问题当中,这些关系经常是不规则和无结构的,因此图的计算和访存模式都没有好的局部性,而在现有的计算机体系架构上,程序的性能获得往往需要利用好局部性。所以,如何对图数据进行布局和划分,并且提出相应的计算模型来提升数据的局部性,是提高图计算性能的重要方面,也是我们面临的关键挑战。

(2)数据及图结构驱动的计算难度大。

图计算基本上是由图中的数据所驱动的。当执行图算法时,算法是依据图中的点和边来进行指导,而不是直接通过程序中的代码展现出来。所以,不同的图结构在相同的算法实现上,将会有着不同的计算性能。因此,如何使得不同图结构在同一个系统上都有较优的处理结果,也是一大难题。

(3)图数据具有非结构化特性。

图计算中图数据往往是非结构化和不规则的,在利用分布式框架进行图计算时,首先需要对图进行划分,将负载分配到各个节点上,从而达到存储、通信和计算的负载均衡,而图的这种非结构化特性很难实现对图的有效划分。一旦划分不合理,节点间不均衡的负载将会使系统的拓展性受到严重的限制,处理能力也将无法符合系统的计算规模。

(4)访存/计算比高。

对于绝大部分的大图计算规模,内存中无法存储下所有的数据,计算中磁盘的 I/O 必不可少,而且大部分图算法呈现出迭代的特征,即整个算法需要进行多次迭代,每次迭代需要遍历整个图结构,而且每次迭代时所进行的计算又相对较少。因此,呈现出高的访存/计算比。另外,图计算的局部性差,使得计算机在等待 I/O 上花费了巨大的开销。

1.5.4　图计算的应用

图就在我们身边,它们遍布各地,如 Facebook、谷歌、Twitter、电信、生物、医药、营销和股票市场等各方面。同时,它们影响计算机科学的众多领域,包括软件工程、数据库和集成电路的设计。目前,图计算已应用于医疗、金融、社交分析、自然科学以及交通等领域,很多互联网公司以及很多年轻的人工智能领域创业公司也都开展了图计算相关的业务。以下我们就图计算的主要应用场景进行介绍。

1. 医疗行业的应用

图计算的出现使得对病人的智能诊断成为可能。对病人开具处方时需要依据病人的病情特征与以往的健康情况以及药物的相关情况。然而,过去的医疗大多依赖于医生的个人经验与病人的自我描述,传统的数据处理系统无法一次性调出多个与病人情况、保险情况、药物情况相关的数据库,因为信息必须由多个在线资源拼凑而成。这些信息来源于列出疾病和治疗的电子病历、医疗保险或其他跟踪医疗服务的数据库、描述药物的数据库,在某些情况下,还来源于跟踪临床试验的独立数据库。该场景是经典的链接网络,每个节点之间具有相互依赖性。传统的 SQL 数据库实际上不可能计算这样的问题,因为传统的软件图无法提供应用所需的深度嵌套的连接,而图分析系统的出现使这样的场景成为可能。

2. 金融行业的应用

在金融实体模型中,存在着许许多多不同类型的关系。有些关系是相对静态的,如企业之间的股权关系、个人客户之间的亲属关系等;有些关系是不断地在动态变化的,如转账关系、贸易关系等。这些静态或者动态的关系背后隐藏着很多以前我们不知道的信息。

之前,我们在对某个金融业务场景进行数据分析和挖掘过程中,通常都是从个体(如企业、个人、账户等)本身的角度出发,去分析个体与个体之间的差异和不同,很少从个体之间的关联关系角度去分析,因此会忽略很多原本的客观存在,也就更无法准确对该业务场景进行数据分析和目标挖掘。而图计算和基于图的认知分析正是在这方面弥补了传统分析技术的不足,帮助我们从金融的本质角度来看问题,从实体和实体之间的经济行为关系出发来分析问题。

3. 互联网行业的应用

目前大数据在互联网公司主要应用在广告、报表、推荐系统等业务上。在广告业务方面需要大数据做应用分析、效果分析、定向优化等;在推荐系统方面需要大数据进行优化相关排名、个性化推荐以及热点点击分析等。图计算的出现满足了这些计算量大、效率要求高的应用场景的需求。

图计算模型在大数据公司,尤其是 IT 公司是非常流行的一大模型,它是很多实际问题最直接的解决方法。近几年,随着数据的多样化,数据量的大幅度提升和算力的突破性进展,超大规模图计算在大数据公司发挥着越来越重要的作用,尤其是以深度学习和图计算结合的大规模图表征为代表的系列算法。图计算的发展很迅速,各大公司都相应推出图计算平台,如 Google Pregel[23]、Facebook Graph、腾讯星图、华为图引擎服务 GES[24] 等。

习　　题

1. 在生活中,你遇见过哪些网络？这些网络有什么特征？节点和边由什么组成？
2. 简述复杂网络的发展历史。
3. 叙述"Konigsberg 七桥问题"不能"一笔画"的原因。
4. 小世界实验是否具有普遍性？叙述其原因。

本章参考文献

[1] Lv Jinna,Wu Bin,Zhou Lili, et al. StoryRoleNet:social network construction of role relationship in video[J]. IEEE Access,2018(6):25958-25969.

[2] Waldrop M M. Complexity:the emerging science at the edge of order and chaos[M]. New York:Simon and Schuster,1993.

[3] 金吾伦,郭元林. 复杂性科学及其演变[J]. 复杂系统与复杂性科学,2004,1(1):1-5.

[4] 贝塔朗菲. 一般系统论:基础,发展和应用[M]. 林康义,魏宏森,等,译. 北京:清华大学出版社,1987.

[5] 维纳. 控制论:或关于在动物和机器中控制和通信的科学[M]. 科学出版社,2009.

[6] 李佩珊,等. 20 世纪科学技术简史[M]. 北京:科学出版社,1999.

[7] Cowan G，Pines D，Meltzer D E. Complexity：Metaphors，models，and reality[M]. New York：Addison-Wesley，1994.

[8] Heylighen F，Bollen J，Riegler A. The evolution of complexity[M]. Berlin：Springer Netherlands，1999.

[9] Pagels H R. The dreams of reason the computer and the rise of the sciences of complexity [M]. New York：Bantam Books，1988.

[10] Lissack M R. Complexity：the science，its vocabulary，and its relation to organizations[J]. Emergence，1999，1(1)：110-126.

[11] Gosak M，Markovič R，Dolenšek J，et al. Network science of biological systems at different scales：a review[J]. Physics of Life Reviews，2018(24)：118-135.

[12] Lu xiaoqing，Lai Jiangang，Yu xiaohuo，et al. Distributed coordination of islanded microgrid clusters using a two-layer intermittent communication network[J]. IEEE Transactions on Industrial Informatics，2018，14(9)：3956-3969.

[13] Lim G J，Kim S，Cho J，et al. Multi-UAV pre-positioning and routing for power network damage assessment[J]. IEEE Transactions on Smart Grid，2018，9(4)：3643-3651.

[14] Kim J，Hastak M. Social network analysis：characteristics of online social networks after a disaster[J]. International Journal of Information Management，2018，38(1)：86-96.

[15] An K，Chiu Y C，Hu X，et al. A network partitioning algorithmic approach for macroscopic fundamental diagram-based hierarchical traffic network management[J]. IEEE Transactions on Intelligent Transportation Systems，2018，19(4)：1130-1139.

[16] Watts D J，Strogatz S H. Collective dynamics of 'small-world' networks [J]. Nature，1998，393(6684)：440.

[17] Zheng Jing，Liu Jian，Shi Chuan，et al. Dual similarity regularization for recommendation [C]//Pacific-Asia Conference on Knowledge Discovery and Data Mining. Auckland：Springer，Cham，2016.

[18] Apache Hadoop[EB/OL]. [2019-03-28]. https：//hadoop. apache. org/.

[19] Spark[EB/OL]. [2019-03-28]. https：//spark. apache. org/.

[20] Malewicz G，Austern M H，Bik A J C，et al. Pregel：a system for large-scale graph processing[C]//Proceedings of the 2010 ACM SIGMOD International Conference on Management of Data. New York：ACM，2010.

[21] Low Y，Bickson D，Gonzalez J，et al. Distributed GraphLab：a framework for machine learning and data mining in the cloud[J]. Proceedings of the VLDB Endowment，2012，5 (8)：716-727.

[22] 图引擎服务 GES[EB/OL]. [2019-03-28]. https：//www. huaweicloud. com/product/ ges. html.

[23] 人工智能之图计算[EB/OL]. [2019-03-28]. https：//www. aminer. cn/research_report/ 5c75eb54d1ea9ca237c9c204？download＝true&pathname＝GraphComputing. pdf.

本章思维导图

本章主要介绍网络科学研究基础知识,这些内容与图论有紧密的关系,是后续章节的基础。首先,本章介绍了网络及其图的表示以及常见的图,如简单图和完全图、子图和完全子图等;然后,按从节点、边、子图再到全图的顺序介绍了节点与边的统计特征、节点的排序特征、子图特征以及全图特征;最后,介绍了实际网络的相关统计性质。本章思维导图如图 2.1 所示。

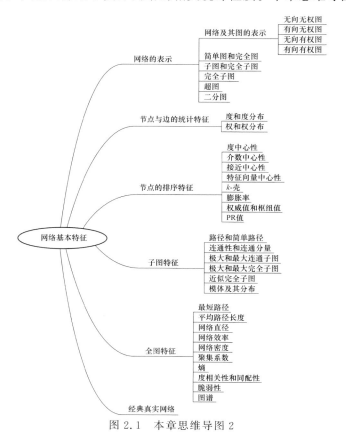

图 2.1　本章思维导图 2

2.1　静　态　网　络

2.1.1　网络的表示

1. 网络及其图的表示

一个具体的网络可以抽象为一个图,图是由顶点的有穷非空集合和顶点之间边的集合组成,记为 $G=(V,E)$。其中,V 是节点集合,E 是边的集合,而一条边是两个节点的有序或者无序对,节点的数目为 $|V|=N$。按照图中的边是否有向和是否有权,图可以分为四种类型:有向有权图、无向有权图、有向无权图、无向无权图[1]。

（1）有向有权图。图中的边是有向且有权的,每条边可以用一个三元组 (i,j,w) 表示,其中,节点 i 表示起始点,节点 j 表示终点,w 表示边的权值。边的权值既可以代表两点之间的距离,也可表示两点之间的流量。所有类型的网络都可以通过有向有权图转化得到。图 2.2 是一个有向有权图的简单例子。

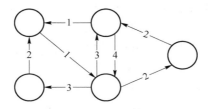

图 2.2　一个简单的有向有权图

（2）无向有权图。图中的边是无向且有权的。边 (i,j) 与边 (j,i) 对应同一条边。无向有权图可以通过将有向有权图对称化得到。首先,把有向图转化为无向图,规则可以这样定义:无向图中的节点 A 和节点 B 之间有一条无向边当且仅当有向图中同时存在边 (A,B) 和边 (B,A)。其次,给出每一条无向边的权值,确定无向边权值的常见方式为:无向图中节点 A 和节点 B 之间无向边的权值取有向图中 A 和 B 两点之间有向边的权值之和,或者是取两点之间有向边的权值最大值或最小值(如果节点 A 和节点 B 之间存在两条有向边)。图 2.3 是一个无向有权图的简单例子。

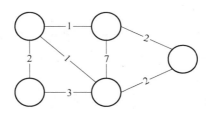

图 2.3　一个简单的无向有权图

（3）有向无权图。无权图可能是图中边的权值都为 1 的等权图。无权图可以通过将有权图做阈值化处理得到。具体方法如下:我们假定一个阈值为 s,仅保留图中权值大于 s 的边并将其权值重新设置为 1,去掉图中所有权值小于或等于 s 的边。当 $s=1$ 时,可以由图 2.1 得到

图 2.4。

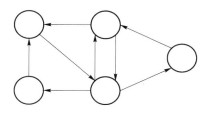

图 2.4　一个简单的有向无权图

（4）无向无权图。图中的边是无向且无权的。无向无权图可以通过将有向有权图做无向化和阈值化得到。图 2.5 是一个无向无权图的简单例子。

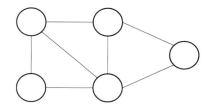

图 2.5　一个简单的无向无权图

2. 简单图和完全图

在无向图中，两个节点之间多于一条边，则称这些边为平行边，平行边的条数称为重数。在有向图中，如果两个节点之间多于一条边，且这些边的方向相同，则称这些边为平行边。含平行边的图称为多重图。起点和终点重合的边称为"环"。既不包含平行边又不包含自环的图称为简单图[2]。

如果一个简单图中每一对节点之间都存在边，则称该图为完全图。有 n 个节点的无向完全图记作K_n。n 个节点的无向完全图K_n 的边数为 $n(n-1)/2$。对于任意一个含有 n 个节点的图G，总可以把它补成一个具有同样节点的完全图，方法是把那些没有连上的边添加上去。

3. 子图和完全子图

给定一个无权无向的简单图 $G=(V,E)$，如果存在一个图 $G'=(V',E')$，当且仅当 $V'\subseteq V$ 且 $\forall v_i,v_j\in V'$，$E'\subseteq E$ 且 $(v_i,v_j)\in E'$，有 $G'\subseteq G$，或者称 G 包含 G'，则称图 $G'=(V',E')$ 为 $G=(V,E)$ 的子图。即图 G' 中的节点是图 G 中的部分节点，图 G' 中的节点间连边是图 G 中的部分节点间连边[3]。

在无向图 G 中，存在一个子图 G'_i 且子图 G'_i 中每一对节点之间都恰好有一条连边，则子图 G'_i 称为完全子图。

4. 超图

对于我们熟悉的图而言，它的一个边只能和两个顶点连接。而对于超图来讲，人们定义它的边〔超边（hyperedge）〕可以和任意个数的顶点连接。超边的概念扩充了图中边的概念，它将图中的边延伸到了可以包含两条或两条以上的边之间的连接关系。超图 H 可以定义为一对边和顶点的集合，记为 $H=(X,E)$，其中，X 是节点集合，E 是超边的集合。对于超图而言，还有一个 k-均匀超图的概念（k-uniform hypergraph）。它指超图的每个边连接的顶点个数都是相同的，即为个数 k。所以 2-均匀超图就是我们传统意义上的图，3-均匀超图就是一个三元组的集合，以此类推[4]。

图 2.6 是一个超图的示例,图中包含 7 个节点和 4 条超边,其中,$X = \{v_1, v_2, v_3, v_4, v_5, v_6, v_7\}$,$E = \{e_1, e_2, e_3, e_4\} = \{\{v_1, v_2, v_3\}, \{v_2, v_3\}, \{v_3, v_5, v_6\}, \{v_4\}\}$。

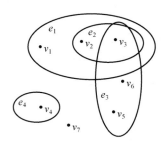

图 2.6　一个超图的示例

5. 二分图

若 $G = (V, E)$ 中,可以把节点集合 V 分割为两个互补的非空子集 S、T,并且图中的每条边的两个端点分别属于这两个不同的顶点子集,则称 G 为二分图(bipartite graph)。如果子集 S 中的任意顶点与 T 中的每一个顶点有且仅有一条边相连,那么称图 G 为完全二分图(complete bipartite graph)。图 2.7(a)给出的是一个包含 9 个顶点的非完全二分图,集合 X 包含 5 个顶点,集合 Y 包含 4 个顶点。图 2.7(b)给出的是一个包含 7 个顶点的完全二分图,集合 X 包含 3 个顶点,集合 Y 包含 4 个顶点。

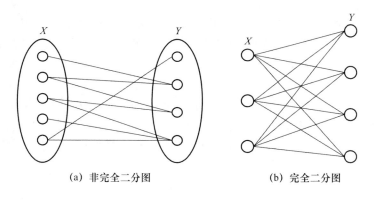

(a) 非完全二分图　　　　　　　　　(b) 完全二分图

图 2.7　非完全二分图和完全二分图

2.1.2　节点与边的统计特征

1. 度和度分布

在无向图 $G = (V, E)$ 中,与节点 v 关联的边数称作是该节点的度数,记作 $\deg(v)$,我们约定每个环在其对应节点上度数增加 2。此外,我们记 $\Delta(G) = \max\{\deg(v) \mid v \in V(G)\}$,$\delta(G) = \min\{\deg(v) \mid v \in V(G)\}$,$\Delta(G)$ 和 $\delta(G)$ 分别称为 G 的最大度和最小度。

在有向图中,节点的度包括入度和出度。射入一个节点的边数称为该节点的入度(in-degree),由一个节点射出的边数称为该节点的出度(out-degree)。可以证明,在任何有向图中,所有节点的入度之和等于所有节点的出度之和。

对于加权网络而言,网络中的节点有强度(strength)的概念。对于一个含有 N 个节点的加权网络 G,其权值矩阵为 $\mathbf{W} = (w_{ij})$。如果 G 是无向网络,那么节点 i 的强度为

$$S_i = \sum_{j=1}^{N} w_{ij}$$

如果 G 是有向网络,定义节点 i 的出强度(out-strength)为

$$S_i^{\text{out}} = \sum_{j=1}^{N} w_{ij}$$

定义节点 i 的入强度(in-strength)为

$$S_i^{\text{in}} = \sum_{j=1}^{N} w_{ji}$$

在确定了各个节点的度值之后,可以进一步研究整个网络的性质。网络中所有节点度数的平均值称为网络节点的平均度,记作 $\langle k \rangle$。从概率统计的角度出发,我们用分布函数 $P(k)$ 来描述网络中节点度的分布情况。在无向图中,$P(k)$ 表示的是网络中随机选择一个节点,它的度恰好为 k 的概率。对于有向网络而言,既有出度分布又有入度分布的概念。出度分布(out-degree distribution)是指网络中随机选取一个节点的出度恰好为 k 的概率;入度分布(in-degree distribution)是指网络中随机选取一个节点的入度恰好为 k 的概率。

完全随机网络的度分布近似泊松分布,泊松分布满足 $P(k) = \dfrac{\lambda^k e^{-\lambda}}{k!}$,其中参数 $\lambda > 0$。泊松分布均值和方差都是 λ,其形状在远离峰值 $\langle k \rangle$ 处呈指数下降,且随着 λ 增大,分布形状迅速接近正态曲线(如图 2.8 所示)。也就是说,并不存在这样的 k 使得 $k \gg \langle k \rangle$。因此,这类网络也称为均匀网络或匀质网络(homogeneous network)[5]。

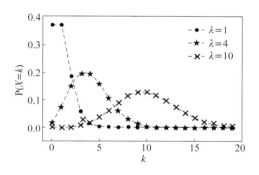

图 2.8　泊松分布

然而大量的研究表明,许多网络的度分布明显区别于泊松分布。例如,把网络上的曲目按照下载量排序,可近似地得到一条递减曲线,如图 2.9 所示。在曲线的头部,热门曲目被大量下载。接下来,随着流行程度的降低(对应为序号的增大),曲线徒然下降。但有趣的是,在尾部曲线并没有迅速坠落到零,而是极其缓慢地贴近于横轴,粗看上去几乎与横轴平行延伸,这说明很不热门的曲目仍然保持着一定的下载率。这种特殊的排序(即排名)与下载量之间的对应关系就是长尾分布(long tail distribution)。长尾分布意味着大部分个体的取值比较小,但是有少数个体的取值非常的大。考察全球的个人财富分布情况也是这样,少数人拥有富可敌国的财富,而多数人是穷人。类似地,许多这种网络的度分布可以用幂律形式更好地描述。幂律分布曲线比泊松指数分布曲线下降要缓慢很多,与泊松分布存在一个明显的特征标度不同,幂律分布往往不存在一个单一的特征标度,因此也被称为无标度分布(scale-free distribution)。具有幂律度分布的网络可以称为无标度网络。

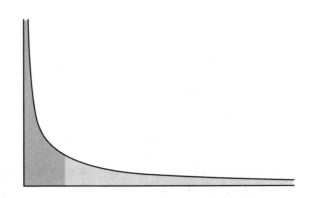

图 2.9　长尾分布

2. 权和权分布

对于一个含有 N 个节点的加权网络 G，其权值矩阵为 $\boldsymbol{W}=(w_{ij})$，w_{ij} 表示节点 i 和节点 j 之间边的权重，节点 i 的点强度(vertex strength)也称为点权，定义为 S_i。

$$S_i = \sum_{j \in N(i)} w_{ij}$$

其中，$N(i)$ 为与节点 i 相连的所有节点的集合[6]。

单位权表示节点连接的平均权重，它定义为节点的点权与度之比，即 $U_i = s_i/k_i$。边权越大，它的点权越大于于它的度，单位权也就越大。

权重分布的差异性表示与节点 i 相连的边权分布的离散程度，定义为 Y_i。

$$Y_i = \sum_{j \in N(i)} \left[\frac{w_{ij}}{S_i}\right]^2$$

若这些邻点的权重差别不大，则权差异性 Y_i 与 $1/k_i$ 成正比，差异性最小；若只有一条边的权不为零，其他近似为零，即只有一条边的权重起主要作用，则 $Y_i \approx 1$，差异性最大[7]。在研究过程中，我们通常更关心所有度为 k 的节点权差异性的平均值 $Y(k)$。

$$Y(k) = \frac{1}{|M_k|} \sum_{i \in M_k} Y_i$$

其中，M_k 表示度为 k 的节点的集合，$|M_k|$ 表示该集合中节点个数。

2.1.3　节点的排序特征

1. 度中心性

社会网络分析中，节点的重要性也称为中心性，其主要观点是节点的重要性等价于该节点与其他节点的连接使其具有的显著性[8]。也就是说，一个节点在网络中所处的位置决定了这个节点的价值，位置越中心的节点价值越大。节点中心性的研究在不同的领域都具有重要意义。例如，对于下列问题：

全球经济体系中哪些国家或地区对体系的健康发展至关重要？

雇佣各种社会关系网络(如微博)来做产品的宣传营销有用吗？如果有用，如何挑选合适的人？

在艾滋病等疾病传播网络中，人是最危险的吗？

在通信网络和交通网络中,哪些节点承受的流量最大?

随着网络科学的发展,我们已经可以定量化地描述和解决,几乎所有的复杂系统都可以表示成网络。诸如此类的问题都与如何刻画节点在网络中所处的位置有关。在社会网络分析中,常用中心性(centrality)来表示节点所处的位置。度中心性(degree centrality)是在网络分析中刻画节点中心性的最直接度量指标。度中心性认为一个节点的度越大就意味着这个节点影响力越大。度中心性刻画的是一个节点的直接影响力,但是不同规模的网络中有些有着相同度的节点的影响力不同,为了便于比较,我们定义节点的归一化度中心性指标 DC(i)。一个包含 N 个节点的网络中,节点最大可能的度为 $N-1$,度为 k_i 的节点的归一化的度中心性值定义为

$$\text{DC}(i) = \frac{k_i}{N-1}$$

对于有向网络而言,入度和出度具有不同的含义。例如,在社交网络中,入度表现一个人的被关注程度,入度高的人有可能在这个社交网络中拥有更高的声望和吸引力。出度表现一个人关注他人的程度,可以体现一个人的活跃性和交际性。

2. 介数中心性

通常提到的介数中心性(betweenness centrality,BC)一般指最短路径介数中心性(shortest path BC),以网络中所有节点对的最短路径中(一般情况下一对节点之间存在多条最短路径),经过一个节点的最短路径数目来刻画节点的重要性。经过一个节点的最短路径越多,这个节点就越重要。介数中心性刻画了节点对网络中沿最短路径传输的网络流的控制力[9]。节点 i 的介数定义为 BC(i)。

$$\text{BC}(i) = \sum_{s \neq i \neq t} \frac{n_{st}^i}{g_{st}}$$

其中,g_{st} 为从节点 s 到节点 t 的所有最短路径的数目,n_{st}^i 为从节点 s 到节点 t 的 g_{st} 条最短路径中经过节点 i 的最短路径的数目。显然,当一个节点不在任何一条最短路径上时,这个节点的介数中心性为 0,如星形图的外围节点。对于一个包含 **N** 个节点的连通网络,节点度的最大可能值为 $N-1$,节点介数的最大可能值是星形网络中心节点的介数,因为所有其他节点对之间的最短路径是唯一的并且都会经过该中心节点,即为$(N-1)(N-2)/2$。一个包含 N 个节点的网络中的节点 i 的归一化介数定义为 BC$'(i)$。

$$\text{BC}'(i) = \frac{2}{(N-1)(N-2)} \sum_{s \neq i \neq t} \frac{n_{st}^i}{g_{st}}$$

3. 接近中心性

接近中心性(closeness centrality)通过计算节点与网络中其他所有节点的距离的平均值来消除特殊值的干扰。一个节点与网络中的其他节点的平均距离越小,该节点的接近中心性就越大。接近中心性也可以理解为利用信息在网络中的平均传播时长来确定节点的重要性。一般来说,接近中心性最大的节点对于信息的流动具有最佳的观察视野。

对于网络中的节点 i,可以计算节点 i 到网络中所有节点的距离的平均值,记为 d_i,有

$$d_i = \frac{1}{N} \sum_{j=1}^{N} d_{ij}$$

其中,d_{ij} 表示节点 i 和节点 j 之间的距离。因此可以计算网络平均路径长度:

$$L = \frac{1}{N} \sum_{i=1}^{N} d_i$$

d_i 值的大小在某种程度上反应了节点 i 在网络中的相对重要性，d_i 越小，节点 i 更接近其他节点。我们用 d_i 的倒数定义节点 i 的接近中心性，简称接近数，记作 CC_i，有

$$CC_i = \frac{1}{d_i} = \frac{N}{\sum\limits_{j=1}^{N} d_i}$$

4. 特征向量中心性

特征向量中心性（eigenvector centrality）认为一个节点的重要性既取决于其邻居节点的数量（即该节点的度），也取决于每个邻居节点的重要性[10]。记 x_i 为节点 i 的重要性度量值，即有

$$EC(i) = x_i = c \sum_{j=1}^{N} a_{ij} x_j$$

其中，c 为一个比例常数，记 $\boldsymbol{x} = (x_1, x_2, \cdots, x_N)^T$，经过多次迭代到稳态时可以写成矩阵形式，如下：

$$\boldsymbol{x} = c\boldsymbol{Ax}$$

其中，$\boldsymbol{A} = (a_{ij})$ 是网络的邻接矩阵。$\boldsymbol{x}$ 是矩阵 $\boldsymbol{A}$ 的特征值 c^{-1} 对应的特征向量，因此称为特征向量中心性。计算向量 $\boldsymbol{x}$ 的基本方法是给定初值 $\boldsymbol{x}(0)$，然后采用如下迭代算法：

$$\boldsymbol{x}(t) = c\boldsymbol{Ax}(t-1) \quad t = 1, 2, \cdots$$

直到归一化的 $\boldsymbol{x}'(t) = \boldsymbol{x}'(t-1)$ 为止，可以证明，每一步迭代过程中，如果给 $\boldsymbol{x}$ 除以邻接矩阵 $\boldsymbol{A}$ 的主特征值 λ，这一方程就能得到一个收敛的非零解，即 $\boldsymbol{x} = \lambda^{-1}\boldsymbol{Ax}$，于是常数 $c = \lambda^{-1}$。特征向量中心性更加强调节点的环境，即节点的邻居节点的数量和质量。因此，一个节点可以通过连接很多其他重要的节点来提高自身的重要性。特征向量中心性在理论上可以直接推广于有向网络。

5. k-壳

度中心性仅考察节点最近邻居的数量，认为度相同则节点的重要性相同。然而，节点在网络中的位置也是刻画节点重要性的重要因素。在网络中，如果一个节点处于网络的核心位置，即使度较小，往往也有较高影响力，而处在边缘的度较大的节点影响力往往有限。基于此，Kitsak 等人提出一种基于节点度的粗粒化排序方法，即 k-壳分解法（k-shell decomposition）。具体分解过程如下：网络中如果存在度为 1 的节点，从度中心性的角度看它们就是最不重要的节点。如果把这些度为 1 的节点及其所连接的边都去掉，剩下的网络中会新出现一些度为 1 的节点，再将这些度为 1 的节点去掉，循环操作，直到所剩的网络中没有度为 1 的节点为止。此时，所有被去掉的节点以及它们的连边组成一个层，称为 1-壳（1-shell），记为 $k_s = 1$。更广泛地，网络中度为 0 的孤立节点称为 0-壳（0-shell），即 $k_s = 0$。对一个节点来说，剥掉一层之后在剩下网络中节点的度称为该节点的剩余度。按上述方法继续剥壳，去掉网络中剩余度为 2 节点及其相连的边，直到网络中不再有度为 2 的节点为止。依此类推，可以得到指标更高的壳，直至网络中的每一个节点最后都被划分到相应的 k-壳中，就得到了网络的 k-壳分解。网络中的每一个节点属于唯一的 k-壳指标 k_s，显然 k_s 壳中所有节点均满足 $k \geqslant k_s$。

图 2.10 给出一个 k-壳分解的示例。其中，图 2.10(a) 为原网络，图 2.10(b)、图 2.10(c)、图 2.10(d) 分别表示 1-壳、2-壳和 3-壳。可见，度数大的节点既可能拥有较大的 k_s 值从而位于 k-壳分解的核心内层〔如图 2.10(d) 中的深色节点〕，也可能具有较小的 k_s 值而处于边缘 k-壳分解的外层〔如图 2.10(b) 中的深色节点〕。在这个方法下，度数大的节点不一定是重要

节点。k-壳分解的时间复杂度较低,适用于大规模网络,但排序结果粒度较粗,无法比较位于同一层的节点的重要程度[11]。

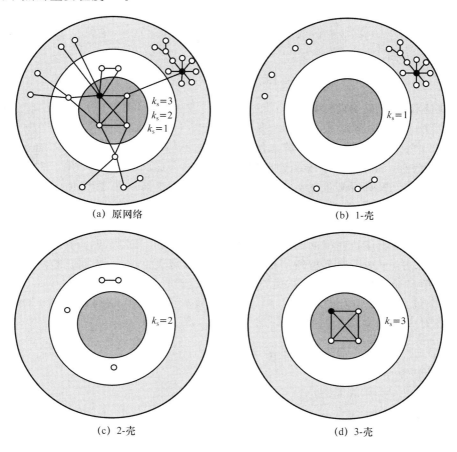

图 2.10　一个可以分解为三层壳的简单网络

在复杂网络的研究中,我们有许多描述节点作用的指标,从简单的指标,如度等,到复杂的指标,如 PageRank 值(PR 值)、基于随机游走的相似性指标等,而很少关注边的角色。实际上,网络中的边可以根据其不同的角色分为两类:一类是提高局部连通性的边,如社团内部的边;另一类是增强全局连通性的边,如连接两个社团的边。连接内容中不太相似节点的边对于维护全局连通性至为重要。我们用桥系数(bridgeness)来衡量一条边在维持网络连通性方面的重要性[12]。边 e 的桥系数定义为

$$B_e = \frac{(S_x S_y)^{\frac{1}{2}}}{S_e}$$

其中,x 和 y 是 e 的 2 个节点,S_x、S_y、S_e 别代表包含节点 x、y 和边 e 最大完全图的规模。桥系数是判断一条边在社团的内部或者社团之间的重要依据,当桥系数较大时,边更可能位于社团之间;当桥系数较小时,边更可能位于一个社团的内部。仅用桥系数来判断一条边是否位于社团内部是不足够的,可以结合 Jaccard 系数共同判断边的属性。

6.膨胀率

位于社区之间的节点的度不一定大,但是若其处于不同社区之间关键连通位置,则能够起到在不同社区之间传播信息的作用。把位于社区之间的节点挖掘出来的常规做法是先对网络

划分社区,连接社区数目越多的节点就越重要。但是划分社区会消耗大量时间,而膨胀率(expansion factor)恰好可以用来将此类节点从庞大的网络中与普通节点区分开来。

给定一个网络 $G=(V,E)$,V 是节点集合,E 是边集合。定义 P 为一个样本路径(sampling path),有 $P\subseteq V$,定义 $N(P)$ 是 P 的邻居集合,$N(P)=\{u\in V-P,\exists v\in P s.t.(v,u)\in E\}$,对于一个样本路径 P,其膨胀率可以表示为[13-14]

$$\text{Expanion}(P)=\frac{|N(P)|}{|P|}$$

7. 权威值和枢纽值:HITS 算法

HITS 算法是由 Cornell 大学的 Jon Kleinberg 博士于 1997 年首先提出的一个用于网页重要性分析的算法。HITS 算法的基本思想是赋予一个网页两个度量值:权威值(authority)和枢纽值(hub)。这两种值是互相依存、互相影响的。权威值衡量网页对信息的原创性,枢纽值反映了网页在信息传播中的作用。枢纽页面是那些指向权威页面的、链接数较多的页面,反映网页上链接的价值。一个页面的权威值等于所有指向该页面的其他页面的枢纽值之和,页面的枢纽值等于该页面指向的其他页面的权威值之和。因而,页面若有高权威值则应被很多枢纽页面关注,页面若有高枢纽值则应指向很多权威页面。简单地说,权威值受到枢纽值的影响,枢纽值又受到权威值的影响,最终通过迭代达到收敛。

HITS 算法

考虑一个包含 N 个节点的有向网络,定义 a_i^t 和 h_i^t 分别为节点 v_i 在时刻 t 的权威值和枢纽值,于是在每一时间步的迭代中:

$$a_i^t=\sum_{j=1}^{N}a_{ji}h_j^{'t-1}$$

$$h_i^t=\sum_{j=1}^{N}a_{ij}a_j^{'t}$$

每一时间步结束后需进行归一化处理:

$$a_i^{'t}=\frac{a_i^t}{\|a^t\|}$$

$$h_i^{'t}=\frac{h_i^t}{\|h^t\|}$$

HITS 算法用不同指标同时对网络中的节点进行排序,HITS 算法除了可以用于确定一个节点上多个相互关联的属性,还可以处理更复杂的排序问题。

8. PR 值:PageRank 算法

网页排序领域中著名的 PageRank 算法是谷歌搜索引擎的核心算法[15]。它的基本思想是:万维网中一个页面的重要性取决于指向它的其他页面的数量和质量。如果一个页面被很多高质量页面指向,那这个页面的质量也高。

PageRank 算法

初始时刻,赋予每个节点(网页)相同的 PR 值,满足 $\sum_{i=1}^{N}\text{PR}_i(0)=1$。然后进行迭代,每一步把每个节点当前的 PR 值平分给它所指向的所有节点。每个节点的新 PR 值为它所获得的 PR 值之和,于是得到节点 i 在 t 时刻的 PR 值为

$$\sum_{j=1}^{N}a_{ji}\frac{\text{PR}_j(t-1)}{t_j^{\text{out}}}\quad i=1,2,\cdots,N$$

迭代至每个节点的 PR 值达到稳定为止,在 PageRank 算法中,网络中所有节点的 PR 值之和总是不变的(这里为 1),因此,无须每一步都做归一化处理。

2.1.4　子图特征

1. 路径和简单路径

设 $G=(V,E)$ 表示一个无向图,则有定义如下:

(1) 路径(path):在无向图 $G=(V,E)$ 中若存在一个顶点序列 $v_1,v_2,\cdots,v_k$,且每两个相邻的顶点 v_i 和 v_{i+1} 之间都有一条边相连,则称这个序列为图 G 的一条路径。该路径所包含的边的数目称为它的长度(length)。

(2) 简单路径(simple path):若某路径中不包含重复的顶点,则该路径是简单路径。

2. 连通性和连通分量

对于一个无向图 $G=(V,E)$,若它的任意一对顶点 v_i 和 v_j 之间均有路径相连,则称其是连通的(connected),否则称其是不连通的(disconnected)。一个不连通图由两个或多个连通分量(connected component)组成。一个连通分量是图中的一个子图,其必然满足以下条件:

(1) 该子图是连通的,即该子图是一个连通子图(connected subgraph);

(2) 原图中不属于该子图的任何顶点与该子图中的任何顶点之间不存在路径,即该子图不是原图中另一个连通子图的子图。

3. 极大和最大连通子图

设 $G=(V,E)$ 表示一个无向不连通图,则有定义如下。

(1) 极大连通子图(maximal connected subgraph):图 G 的连通分量又称为它的极大连通子图。

(2) 最大连通子图(maximum connected subgraph):在图 G 的所有极大连通子图中,顶点数最多的子图称为图 G 的最大连通子图。一个不连通图的最大连通子图可能多于一个。

4. 极大和最大完全子图(极大团和最大团)

对于图 $G=(V,E)$ 的一个完全子图:

(1) 若该子图不能通过再多包含任意一个顶点的方式来进行扩展,即它不被任一其他的完全子图(团)所包含,则称该完全子图(团)为图 G 的一个极大完全子图(极大团,英文为 maximal clique)。

(2) 顶点数最多的极大完全子图,称为图 G 的最大完全子图(最大团,英文为 maximum clique)。最大团可能不止一个。

5. 近似完全子图

近似完全子图目前没有明确的定义,它是一个接近完全子图但并非完全子图的概念。在实际情况下,例如,社交网络中,很多朋友圈子只能形成近似的完全子图,这些圈子中大部分成员彼此熟悉,但并不是任意两个成员都互相认识。这个时候,完全子图的要求对这种子图过于严格,自然会想到如何将这个要求放宽一些。一种方法是定义 K-丛结构。大小为 n 的 K-丛是指网络中顶点数为 n 的最大子集,该子集的每个顶点都至少和子集中的另外 $n-k$ 个顶点相连。当 $k=1$ 时,则与完全子图的定义相符,即 1-丛等价于通常意义上的团。同一个节点可能同时属于多个不同的 K-丛[16]。

6. 模体及其分布

模体(motif)是在网络中出现频率较高的连通子图,例如,在一个社交网络中由影响力较高的人组成的核心小网络可以被看作是一个模体。

为了衡量一个网络中某连通子图的出现频率,我们经常通过生成指定节点数、边数且每个节点的度数相同的随机网络来考察该网络中该连通子图的出现频率。

2.1.5　全图特征

1. 最短路径、平均路径长度和网络直径

对于网络 $G=(V,E)$,有如下定义:

(1) G 的两个节点 i 和 j 之间的最短路径(shortest path)指的是这两个节点之前的路径中边数最少的路径。节点 i 和 j 之间的距离 d_{ij} 指的是这两个节点的最短路径的边的数目。

(2) G 的平均路径长度(average path length)L 指的是 G 中任意两个节点之间距离的平均值,即

$$L = \frac{1}{\frac{1}{2}N(N-1)} \sum_{i \geqslant j} d_{ij}$$

(3) G 的直径(diameter)D 指的是 G 中任意两个节点之间距离的最大值,即

$$D = \max_{i,j} d_{ij}$$

2. 网络效率

网络 G 的效率(efficiency)定义为图 G 中任意两个节点之间距离倒数之和的平均值,即

$$\text{Efficiency}(G) = \frac{1}{N(N-1)} \sum_{i \neq j} \frac{1}{d_{ij}}$$

它反映了网络平均交通的容易程度。

3. 网络密度

网络 G 的密度(density)ρ 定义为 G 中的实际边数与相同节点数的完全图的边数(G 中可能存在的最大边数)之比,即

$$\rho = \frac{M}{\frac{1}{2}N(N-1)}$$

其中,N 为网络 G 的节点数,M 为网络 G 的边数。该式适用于无向网络,对于有向网络,需将式中的 $1/2$ 去掉。

4. 聚集系数

网络 G 的聚集系数(clustering coefficient)C 定义为 G 中所有节点的聚集系数的平均值,即

$$C = \frac{1}{N} \sum_{i=1}^{N} C_i$$

其中,N 代表网络 G 的节点数,C_i 为网络中的节点 i 的聚集系数,其度为 k_i,即

$$C_i = \frac{e_i}{k_i(k_i-1)/2}$$

其中,e_i 和 $k_i(k_i-1)/2$ 分别是节点 i 的 k_i 个邻居之间实际存在的边数及可能存在的最大边数。

5. 熵

熵(entropy)作为一个用于量度无序性的热力学概念,近年来被一些学者应用到复杂网络研究中,如度分布熵、目标熵、搜索信息熵、接受信息熵以及交换信息熵等。它们分别从不同的

方面描述了网络的一些特征。

6. 度相关性和同配性

如果网络中两个节点是否有边相连与这两个节点的度数无关,则称该网络不具有度相关性(degree correlation),或者称该网络是中性的(neutral);反之,则称该网络具有度相关性。对于度相关的网络,如果该相关性是正相关,即度数大的节点倾向于与度数大的节点连接,则称该网络是度正相关的,或者称该网络是同配的(assortativity)。若网络中度数大的节点倾向于与度数小的节点连接,则称该网络是度负相关的,或者称该网络是异配的(disassortativity)。

7. 脆弱性

网络 G 的中的节点 i 的脆弱性(vulnerability)V_i 定义为

$$V_i = \frac{E - E_i}{E}$$

其中,E 代表网络的效率,E_i 代表从网络中去掉节点 i 后网络的效率。网络 G 的脆弱性定义为脆弱性最大的节点的脆弱性,即

$$V_G = \max_i V_i$$

8. 图谱

一个图的特征值就是指其邻接矩阵的特征值。代数图论理论研究发现,图的特征值与图的许多基本拓扑性质密切相关。因此,考察图的特征值分布特征对于了解图的拓扑性质具有重要意义。

对于一个图 $G = (V, E)$,它的谱(spectrum)就是它的邻接矩阵 $\boldsymbol{A}$ 的特征值集合;它的谱密度(spectral density)就是它的邻接矩阵 $\boldsymbol{A}$ 的特征值密度,一般记为 $\rho(\lambda)$。对于一个有限系统,$\rho(\lambda)$ 可以写成关于特征值的 δ 函数的和:

$$\rho(\lambda) = \frac{1}{N} \delta \sum_{j=1}^{N} (\lambda - \lambda_j)$$

当 $N \to \infty$ 时,$\rho(\lambda)$ 收敛于一个连续函数。上式中,δ 为 δ 函数,也称狄拉克函数或者脉冲函数。λ_j 是该图邻接矩阵特征值降序序列中的第 j 个特征值。谱密度与图的拓扑结构有直接的关系。狄拉克函数的定义如下:

$$\delta_l(t) = \begin{cases} 0 & t < 0 \\ \dfrac{1}{t} & 0 \leqslant t \leqslant l \\ 0 & t > l \end{cases}$$

当 $l \to 0$ 时,$\delta(t) = \lim_{l \to 0} \delta_l(t)$ 为狄拉克函数,简称为 δ 函数。即

$$\delta(t) = \begin{cases} 0 & t \neq 0 \\ \infty & t = 0 \end{cases}$$

在工程中 δ 函数常被称为单位脉冲函数。

2.2　经典真实世界网络

近年来,人们研究了大量真实世界的实际网络。图 2.11 中列出了其中一些网络的拓扑特征,包括类型(有向/无向)、节点数 N、边数 M、平均

科研合作网络

度数$\langle k \rangle$、平均路径长度L以及聚集系数C等。并且,如果网络符合幂律分布,对于无向网络给出幂指数γ,对于有向网络给出入度指数和出度指数。这些实证研究对复杂网络理论和应用都具有重要意义。

领域	网络	类型	N	M	$\langle k \rangle$	L	γ	C
社会领域	电影演员网络	无向	449 913	25 516 482	113.43	3.48	2.3	0.78
	公司董事网络	无向	7 673	55 392	14.44	4.60		0.88
	数学家合作网络	无向	253 339	496 489	3.92	7.57		0.34
	物理学家合作网络	无向	52 909	245 300	9.27	6.19		0.56
	生物学家合作网络	无向	1 520 251	11 803 064	15.53	4.92		0.60
	电话呼叫网络	无向	47 000 000	80 000 000	3.16		2.1	
	电子邮件网络	有向	59 912	86 300	1.44	4.95	1.5/2.0	0.16
	电子邮件地址网络	有向	16 881	57 029	3.38	5.22		0.13
	学生关系网络	无向	573	477	1.66	16.01		0.001
	性关系网络	无向	2810				3.2	
信息领域	WWW nd. edu	有向	269 504	1 497 135	5.55	11.27	2.1/2.4	0.29
	WWW Altavista	有向	203 549 046	2 130 000 000	10.46	16.18	2.1/2.7	
	引用网络	有向	783 339	6 716 198	8.57		3.0	
	罗氏词典网络	有向	1 022	5 103	4.99	4.87		0.15
	词汇共现网络	无向	460 902	17 000 000	70.13		2.7	0.44
技术领域	互联网	无向	10 697	31 992	5.98	3.31	2.5	0.39
	电力网络	无向	4 941	6 594	2.67	18.99		0.080
	铁路网络	无向	587	19 603	66.79	2.16		0.69
	软件包网络	有向	1 439	1 723	1.20	2.42	1.6/1.4	0.082
	软件类网络	有向	1 377	2 213	1.61	1.51		0.012
	电子电路网络	无向	24 097	53 248	4.34	11.05	3.0	0.030
	对等网络	无向	880	1 296	1.47	4.28	2.1	0.011
生物领域	代谢网络	无向	765	3 686	9.64	2.56	2.2	0.67
	蛋白质相互作用网络	无向	2 115	2 240	2.12	6.80	2.4	0.074
	海洋食物网	有向	135	598	4.43	2.05		0.23
	淡水食物网	有向	92	997	10.84	1.90		0.087
	神经网络	有向	307	2 359	7.68	3.97		0.28

图 2.11　经典真实世界网络统计数据[5]

习　　题

1. 写出图 2.12 中几个网络的邻接矩阵。

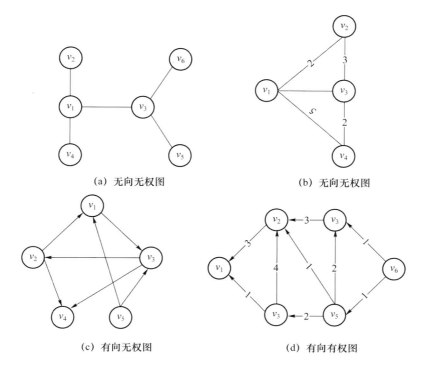

(a) 无向无权图　　　　　　　　　(b) 无向无权图

(c) 有向无权图　　　　　　　　　(d) 有向有权图

图 2.12　4 个网络

2. 计算图 2.13 所示网络的一些特性：

(1) 该网络中各个节点的度；

(2) 网络的度分布；

(3) 网络的平均度。

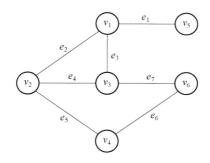

图 2.13　一个简单的无向网络

3. 请计算图 2.14 所示网络的以下特性：

(1) 各节点的点权；

(2) 各节点的单位权；

(3) 各个节点的权重差异性。

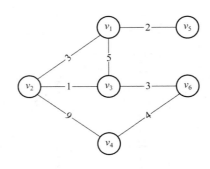

图 2.14　一个简单的赋权网络

4. 考虑一个二分网络 $G=(X,Y)$。假设集合 X 和集合 Y 分别包括 N_x 和 N_y 个节点,并且节点的平均度分别为 $\langle k_X \rangle$ 和 $\langle k_Y \rangle$,请证明:

$$N_x \langle k_X \rangle = N_y \langle k_Y \rangle$$

5. 请计算 N 个节点排成一行组成的最邻近网络中,从左边数起的第 i 个节点的介数。

6. 请证明:对于 PageRank 算法,入度和出度分别为 k_{in} 和 k_{out} 的节点的 PR 值的平均值和出度无关,即有

$$\langle PR(k_{in}, k_{out}) \rangle = \frac{1-\alpha}{N} + \frac{\alpha}{N} \frac{k_{in}}{\langle k_{in} \rangle}$$

7. 请根据图 2.15 完成以下问题:

(1) 写出该网络的度序列;

(2) 写出该网络各个节点的度分布;

(3) 计算网络的平均路径长度;

(4) 计算网络的直径。

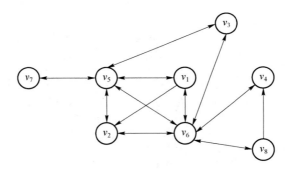

图 2.15　一个社交关系图

本章参考文献

[1]　吴斌. 复杂网络与科技文献知识发现[M]. 北京:科学技术文献出版社,2011.

[2]　崔耀祖. 基于复杂网络边的密度探索社团结构算法研究[D]. 大连:大连理工大学,2016.

[3]　汪小帆,李翔,陈关荣. 网络科学导论[M]. 北京:高等教育出版社,2012.

［4］　Newman M E J．Networks：an introduction［M］．［S. l. ］：Oxford University Press，2010.

［5］　Newman M E J．The structure and function of complex networks［J］．SIAM Review，2003，45(2)：167-256.

［6］　何大韧，刘宗华，汪秉宏．复杂系统与复杂网络［M］．北京：高等教育出版社，2009.

［7］　孙玺菁，司守奎．复杂网络算法与应用［M］．北京：国防工业出版社，2015.

［8］　任晓龙，吕琳媛．网络重要节点排序方法综述［J］．科学通报，2014(13)：1175-1197.

［9］　Wang Xiaofan．Complex networks：topology，dynamics and synchronization［J］．International Journal of Bifurcation and Chaos，2002，12(5)：885-916.

［10］　Bonacich P F．Factoring and weighting approaches to status scores and clique identification ［J］．Journal of Mathematical Sociology，1972，2(1)：113-120.

［11］　Kitsak M．Identifying influential spreaders in complex networks［J］．Nature Physics，2010，6(11)：888-893.

［12］　Cheng Xueqi，Ren Fuxin，Shen Huawei ，et al．Bridgeness：a local index on edge significance in maintaining global connectivity［J］．Jourhal of Statistical Mechanics Theory and Experiment，2010(5).

［13］　荆云．复杂网络重要节点识别方法研究［D］．新乡：河南师范大学，2007.

［14］　王艳辉．电信社群网络分析研究与应用［D］．北京：北京邮电大学，2006.

［15］　Page L，Brin S，Motwani R，et al．The PageRank citation ranking：bringing order to the web［R］．［S. l. ］：Stanford InfoLab，1999.

［16］　张一博．基于社会媒体的社交圈识别研究［D］．哈尔滨：哈尔滨工业大学，2012.

第 3 章

典型网络模型

本章思维导图

要了解网络结构与网络行为之间的关系,并改善网络的行为,需要对实际网络的结构特征有很好的了解,并在此基础上建立合适的网络结构模型。在小世界模型和无标度模型建立之后,人们对存在于不同领域的大量实际网络的拓扑结构特征进行了广泛的实证性研究。在此基础上,人们从不同的角度出发又提出了各种各样的网络拓扑结构模型。本章介绍了几类基本的网络模型,包括规则模型、随机图模型、小世界模型、无标度模型、自相似模型以及局域世界演化模型,并进一步引出各种网络模型的拓扑性质。本章思维导图如图 3.1 所示。

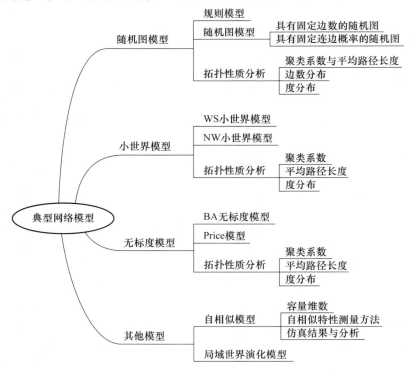

图 3.1　本章思维导图 3

3.1　随机图模型

3.1.1　规则模型

在一个全局耦合网络(globally coupled network)中,任意两个点之间都有边直接相连,如图 3.2(a)所示。因此,在具有相同节点数的所有的网络中,全局耦合网络具有最小的平均路径长度 $L_{gc}=1$ 和最大的聚类系数 $C_{gc}=1$。虽然全局耦合网络模型反映了许多实际网络具有的聚类和小世界性质,但该网络模型作为实际网络模型的局限性是很明显的:一个有 N 个点的全局耦合网络有 $N(N-1)/2$ 条边,然而大多数大型实际网络都是很稀疏的,它们边的数目一般至多是 $O(N)$ 而不是 $O(N^2)$。

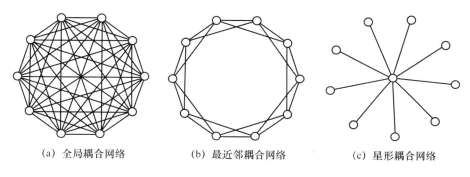

(a) 全局耦合网络　　　(b) 最近邻耦合网络　　　(c) 星形耦合网络

图 3.2　几种规则网络

稀疏的规则网络是最近邻耦合网络(nearest-neighbor coupled network),它的每一个节点只和它周围的邻居节点相连,如图 3.2(b)所示。具有周期边界条件的最近邻耦合网络包含 N 个围成一个环的点,其中每个节点都与它左右各 $K/2$ 个邻居点相连,这里 K 是一个偶数。对较大的 K 值,最近邻耦合网络的聚类系数为

$$C_{nc}=\frac{3(K-2)}{4(K-1)}\approx\frac{3}{4}$$

因此,这样的网络是高度聚类的。然而,最近邻耦合网络不是一个小世界网络,相反,对固定的 K 值,该网络的平均路径长度为

$$L_{nc}\approx\frac{N}{2K}\to\infty\quad(N\to\infty)$$

这可以从一个侧面帮助解释为什么在这样一个局部耦合的网络中很难实现需要全局协调的动态过程(如同步化过程等)。

另外,一个常见的规则网络是星形耦合网络(star coupled network),它有一个中心点,其余的 $N-1$ 个点都只与这个中心点连接,而它们彼此之间不连接,如图 3.1(c)所示。星形耦合网络的平均路径长度为

$$L_{star}=2-\frac{2(N-1)}{N(N-1)}\to2\quad(N\to\infty)$$

星形耦合网络的聚类系数为

$$C_{\mathrm{star}} = \frac{N-1}{N} \to 1 \quad (N \to \infty)$$

星形耦合网络是比较特殊的一类网络。这里假设如果一个节点只有一个邻居节点,那么该节点聚类系数为1。有些研究文献中定义只有一个邻居节点的节点聚类系数为0,若依此定义,星形耦合网络的聚类系数则为0。

NetworkX是一款Python的软件包,可以用来创建、操作和学习复杂网络。利用NetwokX可以以标准化的数据格式存储网络,生成多种随机图和经典网络,分析网络结构,建立网络模型,进行网络绘制等。在NetworkX中,用random_graphs. random_regular_ graph(d, n)方法可以生成一个含有n个节点,每个节点有d个邻居节点的规则网络。下面是一段示例代码,该代码生成了包含20个节点,每个节点有3个邻居节点的规则网络。代码的第5行定义一个生成包含20个节点、每个节点有3个邻居节点的规则网络RG;第6行定义一个布局方式,此处采用了spectral布局方式;第7行绘制规则网络,with_labels决定节点是否带标签(编号),node_size是节点的直径;第8行显示图形。生成的规则网络如图3.3所示。

网络分析工具
NetworkX

算法1　规则网络生成算法

```
1: import networkx as nx
2: import matplotlib.pyplot as plt
3: # 规则网络
4: # 生成一个含有20个节点,每个节点有3个邻居节点的规则网络
5: RG = nx.random_graphs.random_regular_graph(3,20)
6: pos = nx.spectral_layout(RG)
7: nx.draw(RG,pos,with_labels = False,node_size = 30, node_color = 'k')
8: plt.show()
```

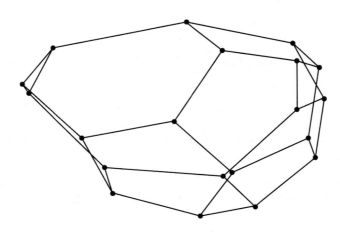

图3.3　使用Python的NetworkX包生成$N=20$,每个节点有3个邻居节点的规则网络

3.1.2　随机图模型

与完全规则的网络相反的是完全随机网络,其中一个典型的模型是 ER 随机图模型。ER 随机图模型的名字源于两个数学家 Paul Erdös 和 Alfréd Rényi,他们在 1959 年首次提出了一个随机图模型[1-2],而几乎在同时期,Edgar Gilbert 又独立提出了另一个随机图模型[3]。在 Erdös 和 Rényi 的模型中,节点集一定,连边数也一定的所有图是等概率的;在 Gilbert 的模型中,每条连边存在与否有着固定的概率,与其他连边无关。在概率方法中,这两种模型可用来证明满足各种性质的图的存在,也可为几乎所有图的性质提供严格的定义。

1. 具有固定边数的 ER 随机图模型

假设有大量的纽扣(个数 $N \gg 1$)散落在地上,每次在随机选取的一对纽扣之间系上一根线。重复 M 次后,就得到一个包含 N 个点、M 条边的随机图。通常我们希望构造的是没有重边和自环的简单图,因此,每次在选择节点对时应该选择两个不同的并且是没有连边的节点对。这样形成的随机图记为 $G(N,M)$。

算法 3-1:ER 随机图 $G(N,M)$ 模型构造算法。

(1) 初始化。给定 N 个节点和待添加的边数 M。

(2) 随机连边。

① 随机选取一对没有边相连的不同的节点,并在这对节点之间添加一条边。

② 重复步骤①,直至在 M 对不同的节点对之间各添加了一条边。

从一个等价的角度看,该模型是从所有的具有 N 个节点和 M 条边的简单图中完全随机地选取出来的。正是由于随机性的存在,尽管给定了网络中的节点数 N 和边数 M,如果在计算机上重复做两次实验,生成的网络一般也是不同的。因此,严格来说,随机图模型并不是指随机生成的单个网络,而是指一簇网络(an ensemble of networks)。$G(N,M)$ 是一种定义在图上的概率分布 $P(G)$:记具有 N 个节点和 M 条边的简单图的数目为 Ω,那么对于任一这样的简单图有 $P(G)=1/\Omega$,而对于任一其他图有 $P(G)=0$。

在讨论随机图的性质时,通常是指这一簇网络的平均性质。例如,$G(N,M)$ 的直径是指该簇网络直径的平均值,即有

$$\langle D \rangle = \sum_G P(G)D(G) = \frac{1}{\Omega}\sum_G D(G)$$

其中 $D(G)$ 为 $G(N,M)$ 的直径。采用这种"平均化"定义的合理性在于许多网络模型的度量值的分布都具有显著的尖峰特征,当网络规模变大时越来越聚集在这簇网络的平均值附近。因此,当网络规模趋于无穷时,绝大部分的度量值都会与均值非常接近。对于涉及随机图的实验,或者涉及随机性的实验,应该考虑多次重复实验,然后再取平均。

Erdös 等数学家们同时证明了,当网络规模趋于无穷大时,随机图的许多平均性质都可以精确地解析计算。不过,已有的关于随机图的绝大部分理论工作都是针对下面介绍的另一个稍有不同的随机图模型 $G(N,p)$ 而展开的。

2. 具有固定连边概率的 ER 随机图模型 $G(N,p)$

在模型 $G(N,p)$ 中不固定边的总数,而是把 N 个节点中任意两个不同的节点之间有一条边的概率固定为 p。

算法 3-2:ER 随机图 $G(N,p)$ 构造算法。

（1）初始化。给定 N 个节点以及连边概率 $p \in [0,1]$。

（2）随机连边。

① 选择一对没有边相连的不同的节点。

② 生成一个随机数 $r \in [0,1]$。

③ 如果 $r < p$，那么在这对节点之间添加一条边；否则就不添加边。

④ 重复步骤①～③，直至所有的节点对都被选择过一次。

算法 3-2 生成的随机图具有如下几种情形：

（1）如果 $p = 0$，那么 $G(N,p)$ 只有一种可能：具有 N 个孤立节点，边数 $M = 0$。

（2）如果 $p = 1$，那么 $G(N,p)$ 也只有一种可能：是由 N 个节点组成的全耦合网络，边数 $M = \frac{1}{2}N(N-1)$。

（3）如果 $p \in [0,1]$，那么从理论上说，N 个节点生成具有任一给定的边数 $M \in \left[0, \frac{1}{2}N(N-1)\right]$ 的网络都是有可能的。

图 3.4 给出了在相同参数 $N = 10$ 和 $p = 1/6$ 情形所生成的 3 个随机图。一般而言，不同边数的网络出现的概率是不一样的。但是，对于固定的概率 p，当网络规模 N 充分大时，每次运行算法 3-2 所得到的边数都会比较接近。

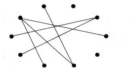 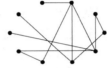 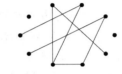

图 3.4　$N = 10$ 和 $p = 0.6$ 时生成的 3 个随机图

NetworkX 中的 random_graphs. erdos_renyi_graph(n,p) 方法可以生成一个含有 n 个节点、以概率 p 连接的 ER 随机图。图 3.5 是我们生成的含有 20 个节点，以 0.2 的概率连接的 ER 随机图，代码如下所示。代码的第 5 行定义生成包含 20 个节点，以 0.2 的概率连接的 ER 随机图；第 6 行定义一个布局方式，此处采用了 shell 布局方式；第 7 行用来绘制 ER 随机图，with_labels 决定节点是非带标签（编号），node_size 是节点的直径；第 8 行显示图形。

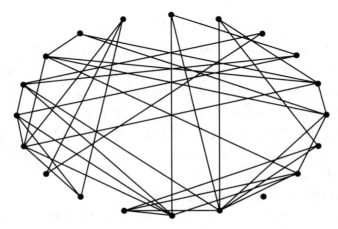

图 3.5　使用 Python 的 NetworkX 包生成 $N = 20, p = 0.2$ 的 ER 随机图

算法 2　ER 随机图生成算法

```
1：import networkx as nx
2：import matplotlib.pyplot as plt
3：♯ Erdos Renyi 随机图
4：♯ 生成含有 20 个节点，以 0.2 的概率连接的 ER 随机图
5：ER = nx.random_graphs.erdos_renyi_graph(20，0.2)
6：pos = nx.shell_layout(ER)
7：nx.draw(ER，pos，with_labels = False，node_size = 30，node_color = 'k')
8：plt.show()
```

3.1.3　模型拓扑性质分析

1. 边数分布

已知网络节点数 N 和连边概率 p 的前提下，生成具有 M 条边的随机图的概率为：

$$P(M) = \binom{\binom{N}{2}}{M} p^M (1-p)^{\binom{N}{2}-M}$$

其中，第一项表示由 N 个节点和 M 条边构成的简单图的数量，$p^M(1-p)^{\binom{N}{2}-M}$ 表示 M 个节点对之间有边，$\binom{N}{2}-M$ 个节点对之间没有边。

边数分布的平均值：

$$\langle M \rangle = \sum_{M=0}^{\binom{N}{2}} MP(M) = \binom{N}{2} p = pN(N-1)/2$$

边数分布的方差：

$$\sigma_M^2 = \langle M^2 \rangle - \langle M \rangle^2 = p(1-p)\frac{N(N-1)}{2}$$

由于网络参数给边数的均值会带来影响，需运用变异系数来更客观地描述实际模型边数偏离平均值的程度。

边数分布的变异系数：

$$\frac{\sigma_M}{\langle M \rangle} = \sqrt{\frac{1-p}{p}\frac{2}{N(N-1)}} \approx \frac{1}{N}$$

从中我们可以看出，当网络规模增大时，边数越接近平均值 $\langle M \rangle$。

2. 度分布

网络中一个顶点连接的边数称为该点的度数。在随机图中，顶点度分布用函数 $P(k)$ 表示，它给出任意顶点连接 k 条边的概率。

$$P(k) = \binom{N-1}{k} p^k (1-p)^{N-1-k}$$

度分布的均值：

$$\langle k \rangle = p(N-1)$$

度分布的方差：

$$\sigma_k^2 = p(1-p)(N-1)$$

度分布的变异系数：

$$\frac{\sigma_k}{\langle k \rangle} = \sqrt{\frac{1-p}{p}\frac{1}{(N-1)}} \approx \sqrt{\frac{1}{N-1}}$$

同样地，我们可以看出，在任意给定连边概率 p 的情况下，当网络规模增大时，各节点度接近均值 $p(N-1)$。于是，这样的度分布可用泊松分布来表示：

$$p_k = \binom{N-1}{k} p^k (1-p)^{N-1-k} \approx \frac{\langle k \rangle^k}{k!} e^{-\langle k \rangle}$$

ER 随机图也称为 Poission 随机图。

尽管 ER 随机图作为实际复杂网络的模型存在明显的缺陷，但在 20 世纪的后 40 年中，ER 随机图理论一直是研究复杂网络拓扑的基本理论，其中的一些基本思想在目前的复杂网络理论研究中仍然很重要。关于随机图理论较为全面的论述可参考 Bollobás 的著作（即本章参考文献[2]）。人们可以从多个角度对 ER 随机图进行扩展，以使其更接近真实的网络。其中一个自然的推广就是具有任意给定度分布的广义随机图（generalized random graph）。给定一个度分布 $P(k)$，它表示了网络中度为 k 的节点所占的比例。基于这一分布可按相同概率产生多个度序列（degree sequence）为 $k_i(i=1,2,\cdots,N)$ 的由 N 个节点组成的网络。这些网络模型的集合称为配置模型（configuration model），详细介绍参见 Newman 的综述（见本章参考文献[4]）。

3. 聚类系数与平均路径长度

真实网络的一个共同特征是"聚团"性，表示在网络中同一个顶点的邻点之间有更大的概率存在边连接的现象。聚类系数定义为一个顶点的两个邻点之间有边连接的平均概率。对于 ER 随机图，由于两个节点的连边概率是 p，所以 ER 随机图的聚类系数为

$$C = p = \langle k \rangle/(N-1)$$

可以看出，ER 随机图的聚类系数很小，也就意味着大规模的稀疏 ER 随机图没有聚类特性。通常，实际网络的聚类系数要比相同规模的 ER 随机图的聚类系数要高很多。

设 L_{ER} 是 ER 随机图的平均路径长度，直观上，对于 ER 随机图中随机选取的一个点，网络中大约有 $\langle k \rangle$ 个其他的点与该点之间的距离为 1；大约有 $\langle k \rangle^2$ 个节点与该点之间的距离为 2；以此类推，网络中大约有 $\langle k \rangle^{L_{ER}}$ 个其他的点与该点之间的距离等于或非常接近于 L_{ER}。因此

$$N \propto \langle k \rangle^{L_{ER}}$$

即

$$L_{ER} \propto \ln N/\ln\langle k \rangle$$

这种平均路径长度为网络规模的对数增长函数的特征就是典型的小世界特征。

在大多数现实网络中，尽管网络规模通常很大，但任意两点之间的平均路径长度却很小。小世界最为通用的表现形式是由社会心理学家 Stanley Milgram 提出的"六度分离"的概念，这个概念指出美国大多数人之间互相认识的途径的典型长度是 6。小世界特性表征了大多数复杂网络的特性。所以，随机图也有小世界的特征。

举个社交网络的例子，基于 ER 随机图模型，假设每个人平均有 100 个朋友，那大约有 100

个朋友与你的距离为 1,有 10 000 个所谓的朋友的朋友与你的距离为 2,以此类推,大约 5 步的距离你就基本可以与世界上的每个人都建立某种联系,如图 3.6 所示。这样理解小世界特性就不足为奇了。"一传十,十传百"说的也是类似的意思。

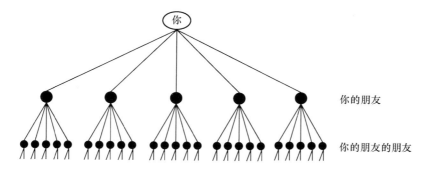

图 3.6　朋友数的指数增长

但是在真实的社交网络中,由于聚类效应的存在,你的朋友们之间互相为朋友的可能性比较高,如图 3.7 所示。这会导致与你距离为 2 的人数远远小于 10 000,这样要想和世界上每个人建立联系就比较困难了。这也意味着与你距离为 3 的人数一般比 100^3 少很多。这也正是为什么很多人对小世界现象觉得惊讶的原因:从每个人的局部视野来看,社会网络是高度聚类的,似乎不太可能在短短几步之内就与全世界的人都建立起联系。

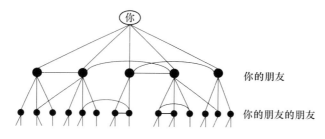

图 3.7　实际社会网络中朋友数的增长

虽然 ER 随机图不能很好地体现实际网络,但某种程度上的随机性仍然被认为是实际网络中小世界现象产生的机理。当 s 值较小时,与某个给定节点的距离为 s 的节点数目大体上是随着 s 的增大而指数增长的,从而网络直径和平均路径长度大体上是网络规模的对数函数。对于 ER 随机图而言,从一个节点出发,平均而言,当 s 值较小时,大体有 $\langle k \rangle^s$ 个节点与该节点的距离为 s,而当 $\langle k \rangle^s$ 与网络规模相当时这种近似就不成立了,因为与一个节点距离为 s 的节点数不可能超过网络节点数。

3.2　小世界模型

3.2.1　WS 小世界模型

1998 年,Watts 和 Strogatz 提出了小世界网络这一概念,并建立了 WS 小世界模型[5]。实证结果表明,大多数的真实网络都具有小世界特性(较小的最短路径)和聚类特性(较大的聚类系数)。传统的规则最近邻耦合网络模型具有高聚类的特性,但并不具有小世界特性;ER 随机图模型具有小世界特性,但却没有高聚类特性。因此这两种传统的网络模型都不能很好地表示实际的真实网络。Watts 和 Strogatz 建立的 WS 小世界模型介于这两种模型之间,即在规则网络模型中引入一定的随机性就可以产生具有小世界特性的网络模型,同时具有小世界特性和聚类特性,这样就可以很好地表示真实网络。图 3.8 表示的是 WS 小世界网络的构造过程以及从规则网络向随机图的过滤。

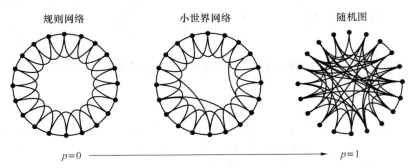

图 3.8　WS 小世界网络的构造过程以及从规则网络向随机图的过渡,其中,$N=20,K=4$

WS 小世界模型具体构造算法如下。

(1) 从规则网络开始,考虑一个含有 N 个点的规则网络,将它们围成一个环,其中每个节点都与它左右相邻的各 $K/2$ 节点相连,K 是偶数。

(2) 随机化重连。以概率 p 随机地重新连接网络中的每个边,即将边的一个端点保持不变,而另一个端点取为网络中随机选择的一个节点。其中规定,任意两个不同的节点之间至多只能有一条边,并且每一个节点都不能有边与自身相连。

在上述模型中,$p=0$ 对应的是完全规则网络,$p=1$ 对应的是完全随机图,通过调节参数 p 的值就可以实现从规则网络到随机图的过渡。图 3.9 就是用 NetworkX 的 random_graphs. barabasi_albert_graph(n, m)方法生成的网络节点数为 20,节点的邻居节点数为 4,随机化重连边概率为 0.3 的 WS 小世界网络,其代码如下所示。代码的第 5 行定义生成一个包含 20 个节点,每个节点 4 个邻居节点,随机化重连概率为 0.3 的小世界网络;第 6 行定义一个布局方式,此处采用了 circular 布局方式;第 7 和第 8 行用于绘制和显示图形。

算法 3　WS 小世界网络生成算法

```
1：import networkx as nx
2：import matplotlib.pyplot as plt
3：# WS 小世界网络
4：# 生成一个含有 20 个节点,节点的邻居节点数为 4,连边概率为 0.3 的 WS 小世界网络
5：WS = nx.random_graphs.watts_strogatz_graph(20, 4, 0.3)
6：pos = nx.circular_layout(WS)
7：nx.draw(WS, pos, with_labels = False, node_size = 30, node_color = 'k')
8：plt.show()
```

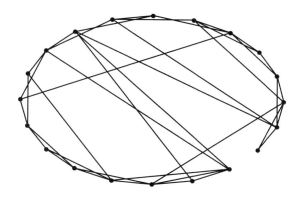

图 3.9 使用 Python 的 NetworkX 包生成 $N=20,K=4,p=0.3$ 的 WS 小世界网络

3.2.2 NW 小世界模型

WS 小世界网络可能在生成过程中产生孤立节点,这不利于对网络特性的分析,因此 Newman 和 Watts 进一步提出了 NW 小世界模型,该模型用"随机化加边"代替了 WS 模型中的"随机化重连",从而避免了在模型生成过程中产生孤立节点的危险,如图 3.10 所示。

NW 小世界模型具体构造算法如下。

(1) 从规则网络开始,考虑一个含有 N 个点的规则网络,将它们围成一个环,其中每个节点都与它左右相邻的各 $K/2$ 个节点相连,K 是偶数。

(2) 随机化加边。以概率 p 在随机选取的一对节点之间加上一条边。其中,任意两个不同的节点之间至多只能有一条边,并且每一个节点都不能有边与自身相连。

在上述模型中,$p=0$ 对应于原来的最近邻耦合网络,$p=1$ 对应于规则最近邻耦合网络和随机图的叠加。当 p 足够小和 N 足够大时,NW 小世界模型本质上等同于 WS 小世界模型。

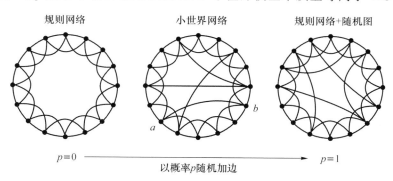

图 3.10 NW 小世界模型

如图 3.11 是用 NetworkX 的 newman_watts_strogatz_graph(n, m, p)方法生成的网络节点数为 20,邻居节点数为 4,以概率 0.3 随机连边的 NW 小世界网络,其代码如下所示。代码的第 5 行定义生成一个包含 20 个节点,每个节点 4 个邻居节点,随机连边概率为 0.3 的 NW 小世界网络;第 6 行定义一个布局方式,此处采用了 circular 布局方式;第 7 和第 8 行用于绘制和显示图形。

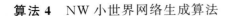

算法 4　NW 小世界网络生成算法

1：import networkx as nx

2：import matplotlib.pyplot as plt

3：♯ NW 小世界网络

4：♯ 生成一个含有 20 个节点,节点的邻居节点数为 4,连边概率为 0.3 的 NW 小世界网络

5：NW = nx.newman_watts_strogatz_graph(20,4,0.3)

6：pos = nx.circular_layout(NW)

7：nx.draw(NW, pos, with_labels = False, node_size = 30, node_color = 'k')

8：plt.show()

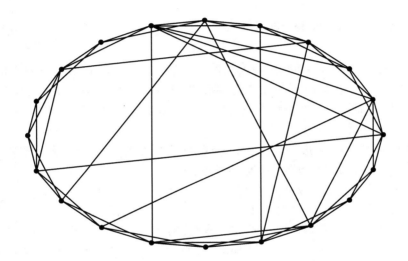

图 3.11　使用 Python 的 NetworkX 包生成 $N=20,K=4,p=0.3$ 的 NW 小世界网络

3.2.3　模型拓扑性质分析

我们引入聚类系数、平均路径长度和度分布三个性质来定量分析网络的小世界特性。

1. 聚类系数

（1）WS 小世界模型的聚类系数

对于一般的无向网络,网络中第 i 节点的聚类系数定义为

$$C_i = \frac{E_i}{k_i(k_i-1)/2}$$

其中,k_i 是第 i 节点的邻居节点数目,亦称为度,E_i 是 k_i 个邻居节点之间的实际连接边数。网络的聚类系数 C 定义为所有节点 i 的聚类系数的平均值。

$$C = \frac{1}{N} \sum_{i=1}^{N} C_i$$

因此,通过估计一个节点的聚类系数的均值可以来估计整个网络的聚类系数。对于分母 N 的均值,我们很容易知道是 $K(K-1)/2$。对于分子 E_i 的均值,也可以通过计算得到。当重

连概率 p 为 0 时,每个节点均有 K 个邻居节点,可以推得这 K 个邻居节点之间的边数为 $3K(K-2)/8$。当 $p>0$ 时,若之前某个节点的邻居节点之间有边连接,则进行重连之后三条边依然相连的概率为 $(1-p)^3$。当然,可能还会出现原本存在的边重连时被除去,但又被邻居节点的其他边重连时被补回的情况,这种可能性发生概率较小,便可以忽略不计。因此,E_i 的均值为 $\dfrac{3K(K-2)}{8}(1-p)^3$。

根据上述均值的计算,可以估计出 WS 网络的聚类系数为

$$\widetilde{C}_{\text{ws}}(p)=\frac{3K(K-2)/8}{K(K-1)/2}(1-p)^3$$
$$=\frac{3(K-2)}{4(K-1)}(1-p)^3$$

(2) NW 小世界模型的聚类系数

除了用邻居节点之间的连接边数来表示网络的聚类特性外,也可以使用网络中三角形的相对数量来表示聚类特性:

$$C=\frac{网络中三角形的数目}{(网络中连通三元组的数目)/3}$$

对于 NW 小世界模型,我们采用网络中三角形的相对数量进行聚类系数的计算。

首先,计算网络中三角形的数目。当 p 为 0 时,我们可以知道最近邻耦合网络中的三角形数量为 $\dfrac{1}{4}NK\left(\dfrac{1}{2}K-1\right)$,其中 K 为邻居节点的数目。当 $p>0$ 时,原本的三角形依旧存在,网络中新添加边的平均数是 $\dfrac{1}{2}NKp$,可添加边的点对数是 $\dfrac{1}{2}N(N-1)$,所以每一对节点之间有新边相连的概率为

$$\frac{\frac{1}{2}NKp}{\frac{1}{2}N(N-1)}=\frac{Kp}{N-1}\approx\frac{Kp}{N}$$

则由新添加边组成的三角形数量为一个常数:

$$N\frac{Kp}{N}=Kp$$

这样,这个常数相较于最近邻耦合网络中的三角形数量,就可以忽略不计。因此,NW 小世界网络中三角形的数量大约为 $\dfrac{1}{4}NK\left(\dfrac{1}{2}K-1\right)$。

然后,计算网络中连通三元组的数目。当 p 为 0 时,最近邻耦合网络中连通三元组数目为 $\dfrac{1}{2}NK(K-1)$。当 $p>0$ 时,新添加边都可以与 N 条边的两个顶点之一形成连通三元组。这样,包含一条新添加边的连通三元组的平均数目为

$$\frac{1}{2}NKp\times K\times 2=NK^2p$$

还有一种情况是一个节点连接多条新添加边,这时从这些新添加边中任选两条便可构成一个连通三元组。由于平均一个节点与 Kp 条新添加边连接,因此网络中包含两条新添加边的连通三元组的平均数目为

$$N\times\frac{1}{2}Kp(Kp-1)\approx\frac{1}{2}NK^2p^2$$

综合起来，NW 小世界网络中连通三元组的数目为：

$$\frac{1}{2}NK(K-1)+NK^2p+\frac{1}{2}NK^2p^2$$

根据上述均值的计算，可以估计出 NW 网络的聚类系数：

$$\bar{C}_{NW}(p)=\frac{3\times\frac{1}{4}NK\left(\frac{1}{2}K-1\right)}{\frac{1}{2}NK(K-1)+NK^2p+\frac{1}{2}NK^2p^2}$$

$$=\frac{3(K-2)}{4(K-1)+4Kp(p+2)}$$

2．平均路径长度

如果 $L_{i,j}$ 表示网络中第 i 节点与第 j 节点之间的最短路径长度，则所有节点对 $L_{i,j}$ 的平均值被称为网络的平均路径长度 L。大量实证研究表明，小世界模型的平均路径长度 L 为

$$L=\frac{N}{K}f(NKp)$$

其中 $f(u)$ 为一个普适标度函数，满足：

$$f(u)=\begin{cases}\text{constant（常数）} & u\ll1\\ \ln u/u & u\gg1\end{cases}$$

Newman 等人基于平均场方法给出了如下近似表达式：

$$f(x)=\frac{2}{\sqrt{x^2+4x}}\text{artanh}\sqrt{\frac{x}{x+4}}$$

通过上述公式，可以推得平均路径长度是网络规模的对数增长函数。

3．度分布

（1）WS 小世界模型的度分布

对于 WS 小世界模型，当重连概率 p 为 0 时，每个节点的度均为 K。当 $p>0$ 时，根据随机重连的规则，我们可以得出每个节点至少与顺时针方向的 $K/2$ 条原有的边相连，也就说明每个节点的度至少为 $K/2$。在此基础上，我们计算重连后对节点度的影响。用 s_i^1 来表示节点与逆时针方向的 $K/2$ 条边中依然相连的数目，其中每条边依然相连的概率为 $1-p$；s_i^2 表示通过随机重连规则连接到节点的新边，其中每条这样的新边产生概率为 p/N。所以我们可以分别表示出 s_i^1 和 s_i^2 出现的概率：

$$P_1(s_i^1)=\binom{K/2}{s_i^1}(1-p)^{s_i^1}p^{K/2-s_i^1}$$

$$P_2(s_i^2)=\frac{(pK/2)^{s_i^2}}{(s_i^2)!}e^{-pK/2}，当 N 充分大时$$

因此，将上述综合起来，当 $k\geqslant K/2$ 时，

$$P(k)=\sum_{n=0}^{\min(k-K/2,K/2)}\binom{K/2}{n}(1-p)^np^{K/2-n}\frac{(pK/2)^{k-(K/2)-n}}{(k-(K/2)-n)!}e^{-pK/2}$$

当 $k<K/2$ 时，$P(k)=0$。

（2）NW 小世界模型的度分布

在基于"随机加边"的 NW 小世界模型中，每个节点的度至少为 K。当 $k<K$ 时，$P(k)=0$。当 $k\geqslant K$ 时，说明有 $k-K$ 条新添加边与某个节点相连。我们知道每一对节点之间有边相连

的概率为 $Kp/(N-1)$，所以一个随机选取的节点的度为 k 的概率为：

$$P(k) = \binom{N-1}{k-K} \left[\frac{Kp}{N-1}\right]^{k-K} \left[1-\frac{Kp}{N-1}\right]^{N-1-k+K}$$

3.3　无标度模型

ER 随机图和 WS 小世界模型的一个共同特征是网络的连接度分布可近似用泊松分布来表示，该分布在度平均值 $\langle k \rangle$ 处有一峰值，然后呈指数快速衰减。Barabási 等在研究万维网的度分布时，发现它并不服从泊松分布。另外，大量研究发现，许多复杂网络的连接度分布函数具有幂律形式，由于这类网络的节点的连接度没有明显的特征长度，因此无标度模型便出现了。

3.3.1　BA 无标度模型

Barabási 和 Albert 指出，ER 随机图模型和 WS 小世界模型忽略了实际网络的两个重要特性。

（1）增长性：网络规模是在不断增大的，在研究的网络中，网络的节点是不断增加的。

（2）优先连接性：网络当中不断产生的新节点更倾向于和那些连接度较大的节点相连接，这种现象称为"马太效应"。

例如，对于研究生对导师的选择问题，在这个网络当中，研究生和导师都是不断增加的，而研究生总是倾向于选择已经带过很多研究生的导师。

根据上述两个特性，Barabási 和 Albert 提出了 BA 无标度模型，其构造算法如下。

（1）增长：从一个具有 m_0 个节点的连通网络开始，每次引入一个新的节点并且连到 m 个已存在的节点上，这里 $m \leqslant m_0$。

（2）择优连接：一个新节点与一个已经存在的节点 i 相连接的概率 Π_i 与节点 i 的度 k_i 之间满足如下关系：

$$\Pi_i = \frac{k_i}{\sum_j k_j}$$

经过 t 时间间隔后，该算法产生一个具有 $N=t+m$ 个节点和 m_t 条边的网络。图 3.12 显示了参数 $m_0=m=2$ 的 BA 无标度网络的演化过程。当新节点（空心圆点）决定建立连接时，总是倾向于和已经拥有较多连接的节点（实心圆点）相连接，增长性和优先连接性这两种基本机制最终会得到由拥有大量连接的集散节点所控制的系统。

我们用 NetworkX 的 random_graphs. barabasi_albert_graph(n，m)方法生成一个含有 20 个节点，每次加入 1 条边的 BA 无标度网络，如图 3.13 所示，代码如下所示。代码的第 5 行定义生成一个含有 20 个节点，每次加入 1 条边的 BA 无标度模型；第 6 行定义一个布局方式，此处采用了 spring 布局方式；第 7 和第 8 行用于绘制和显示图形。

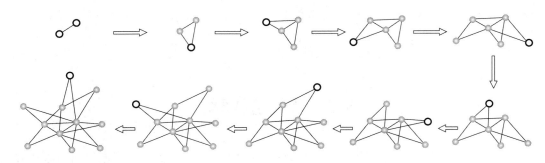

图 3.12　BA 无标度网络的演化

算法 5　BA 无标度网络生成算法

1：import networkx as nx

2：import matplotlib.pyplot as plt

3：# BA 无标度网络

4：# 生成一个含有 20 个节点,每次加入 1 条边的 BA 无标度网络

5：BA = nx.random_graphs.barabasi_albert_graph(20,1)

6：pos = nx.spring_layout(BA)

7：nx.draw(BA, pos, with_labels = False, node_size = 30, node_color = 'k')

8：plt.show()

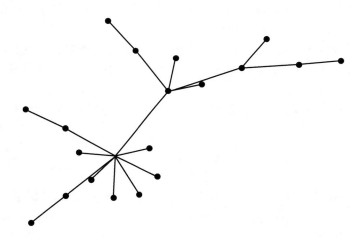

图 3.13　使用 Python 的 NetworkX 包生成含有 20 个节点,每次加入 1 条边的 BA 无标度网络

3.3.2　Price 模型

　　BA 无标度模型的度分布函数可由幂指数为 3 的幂律函数近似描述。其实,许多实际的无标度网络的度分布的幂指数都处于 2 与 3 之间,可以在一定范围内调整幂指数的无标度模型早在 BA 无标度模型提出之前就已经存在了,它称作 Price 模型。

　　物理学家 Price 最早在科学引文网络中发现了无标度网络,他不仅揭示了网络节点的度存在幂律分布,甚至总结出了幂律分布的增长和累积优势机制,其思想与 BA 无标度模型很接近。Price 模型就是 BA 无标度模型的无向形式,它更加一般化。Price 针对文章引用网络的增长和累积优势机制的描述如下。

（1）增长机制:文章的数量是不断增长的,新发表的文章会引用之前发表的文章作为参考文献。

（2）累积优势机制:之前发表的文章被一篇新发表的文章引用的概率与该篇文章已经被引用的次数成正比。

除了上述两个机制,在构建网络模型之前,还要处理一些问题:

（1）确定参考文献数量。实际网络中,不同文章的参考文献数量会与文章的领域、发表时间等因素相关联。所以,为了不考虑这一影响,假设每篇文章的参考文献均为常数。

（2）修改累积优势机制。一般情况下,刚发表的文章被引用的次数为零,即根据累积优势机制,所有文章都不会被引用。所以,我们假设之前发表的文章被一篇新发表的文章引用的概率与该篇文章已经被引用的次数加上一个常数的值成正比,这样所有文章都有被引用的可能。

（3）确定初始网络状态。

Price 模型的构造算法如下。

（1）增长:从一个具有 m_0 个孤立节点的网络开始,每次引入一个新的节点并且通过 m 条有向边指向 m 个已存在的节点上,这里 $m \leqslant m_0$。

（2）累积优势:一个新节点有边指向一个已经存在的入度为 k_i^{in} 的节点 i 的概率 Π_i 满足如下关系(其中 a 为一给定常数):

$$\Pi_i = \frac{k_i^{in} + a}{\sum_j (k_j^{in} + a)}$$

3.3.3　BA 无标度模型拓扑性质分析

1. 平均路径长度

BA 无标度网络的平均路径长度为[6]

$$L \propto \frac{\log N}{\log(\log N)}$$

这表明该网络具有小世界特性。

2. 聚类系数

BA 无标度网络的聚类系数为[8]

$$C = \frac{m^2 (m+1)^2}{4(m-1)} \left[\ln\left(\frac{m+1}{m}\right) - \frac{1}{m+1} \right] \frac{[\ln(t)]^2}{t}$$

这表明与 ER 随机图类似,当网络规模充分大时 BA 无标度网络不具有明显的聚类特征。

3. 度分布

目前对 BA 无标度网络的度分布的理论研究主要有三种方法:连续场理论(continuum theory)、主方程法和速率方程法。这三种方法得到的渐近结果都是相同的。其中,主方程法和速率方程法是等价的。下面介绍由主方程法得到的结果。

定义 $p(k, t_i, t)$ 为在 t_i 时刻加入的节点 i 在 t 时刻的度恰好是 k 的概率。在 BA 无标度网络中,当一个新节点加入系统中时,节点 i 的度增加 1 的概率为 $m\Pi_i = k/2t$,否则该节点的度保持不变。由此得到如下递推关系式：

$$p(k,t_i,t+1)=\frac{k-1}{2t}p(k-1,t_i,t)+\left(1-\frac{k}{2t}\right)p(k,t_i,t)$$

而 BA 无标度网络的度分布为

$$P(k)=\lim_{t\to\infty}\left(\frac{1}{t}\sum_{t_i}p(k,t_i,t)\right)$$

它满足如下的递推方程：

$$P(k)=\begin{cases}\dfrac{k-1}{k+2}P(k-1) & k\geqslant m+1\\[3mm]\dfrac{2}{m+2} & k=m\end{cases}$$

从而求得 BA 无标度网络的度分布函数为

$$P(k)=\frac{2m(m+1)}{k(k+1)(k+2)}\propto 2m^2k^{-3}$$

这表明 BA 网络的度分布函数可由幂指数为 3 的幂律函数近似描述。

需要指出的是，对 BA 无标度模型的构造及其理论分析的严格性等还存在不同的看法。

3.4　其他模型

3.4.1　自相似模型

虽然小世界网络、无标度网络比较准确地把握了现实世界中网络的最基本特性，但它们仍然存在一定的局限性。在现实世界中一些网络常常并不具有幂律特征，如指数中止、小变量饱和等。为了在微观层面更深入研究复杂网络的拓扑结构和演化规律，研究人员做了大量新的尝试和努力，并对网络的演化与建模研究已经有了长足的进展，演化因素包括各种类型的择优连接、局域世界、适应度、竞争等。

尽管众多的网络演化模型已经被用来分析和研究可能潜藏的演化规律，但这些研究仍然忽视了一些重要因素。例如，对于计算机网络节点之间的连接，如果是按照择优连接概率，则新的节点会全部连接到同一个节点上，但现实网络并非如此，新的节点会形成不同的集散节点。这个例子说明了网络节点之间的连接有可能是基于一些相似的性质，节点与节点之间有某种共性才相连。因此建立并研究基于相似性的网络演化模型有利于我们更好地认识现实世界中的复杂网络 。

1. 自相似性网络容量维数

1975 年，曼德布罗特首次提出"分形"概念，意指"不规则的、非整数的、支离破碎的"物体，我们把具有某种自相似性的图形或集合称为分形。不规则的物体可能存在不同尺度上的相似性，称为自相似性。

自相似性就是指局部与整体相似，局部中又有相似的局部，每一小局部中包含的细节并不比整体所包含的少，不断重复地无穷嵌套形成了奇妙的分形图案，它不但包括严格的几何相似性，而且包括通过大量的统计而呈现出的自相似性。

为了解决这类物体的维数计算,发展了计算容量维数的方法。常用的容量维数计算方法有变方法、结构函数法、自仿射法以及盒子覆盖算法。其中盒子覆盖算法简单、快速、精确,得到广泛应用。本文采用盒子覆盖算法来计算网络的容量维数。计算相似比时,采用圆片(或方块)去填充(或覆盖)被测对象,统计覆盖所需的方块数来计算其维数。如此方法计算的维数称为容量维数。

用长度为 r 的尺子去测长度为 L 的线段,设 L 与 r 之比为 N。N 值的大小与 r 长短有关, r 越小,N 越大,即 $N(r) \propto \dfrac{1}{r}$。对于自相似性网络容量维数为 D_c 维的物体有

$$N(r) \propto \left(\frac{1}{r}\right)^{D_c} \rightarrow \lim N(r) = \left(\frac{1}{r}\right)^{D_c}$$

取对数后得自相似容量维数:

$$D_c = \lim \left(\frac{\log N(r)}{\log\left(\dfrac{1}{r}\right)} \right)$$

2.　自相似特性测量方法

现实中的网络是动态增长的,为了测量复杂网络的自相似性,以网络的增长为例来测量不同阶段网络的自相似容量维数。不同阶段的网络为:从起初形成的小局部网络,到增长稍大些的网络,再到最终形成的网络。测量它们的自相似容量维数的具体方法是:

(1)在被测网络上覆盖边长为 r 的小正方形,统计一下有多少个正方形中含有被测对象,将该值记入 $N(r)$ 中。

(2)缩小正方形边长,再统计一下有多少个正方形中含有被测对象,将该值记入 $N(r)$ 中,以此类推。

(3)统计不同 r 的值下记入的值。

分别计算出处于不同阶段网络的自相似容量维数 D_{c1}、D_{c2}、D_{c3} 与 D_{c4}。如果这几个维数有相同或相近值(容量维数具有最小标度与最大标度),则表明网络具有自相似性。

3.　仿真结果与分析

本书分别以网络节点 $n=100$,$n=500$,$n=1\,000$ 与 $n=1\,500$ 时形成的网络为例。以 $n=100$ 时形成的网络作为小局部网络,网络增加节点至 $n=500$ 以及继续增加节点至 $n=1\,000$ 时形成的两类网络为大的局部网络。此后网络继续增长,最终形成的网络的网络节点 $n=1\,500$。用盒子覆盖方法测量这四类网络在不同值下的自相似容量维数,并由实验数据绘出仿真图形,如图 3.14 所示。

根据实验得出的数据采用最小二乘法对:

$$D_c = \lim \left(\frac{\log N(r)}{\log\left(\dfrac{1}{r}\right)} \right)$$

进行线性拟合,得出直线方程的斜率即为自相似容量维数 D_c,网络节点 $n=100$ 时,$D_{c1}=1.56$; $n=500$ 时,$D_{c2}=2.98$;$n=1\,000$ 时,$D_{c3}=2.85$;$n=1\,500$ 时,$D_{c4}=2.41$。D_{c2}、D_{c3} 与 D_{c4} 的值取相近的一系列值,这表明在现实中不断增长的复杂网络的确具有自相似性。

$D_{c1}=1.56$,$D_{c2}=2.98$,$D_{c3}=2.85$ 与 $D_{c4}=2.41$ 有一定的偏差,这也在一定程度上说明了随着网络的增长,其具有的自相似性越来越明显。

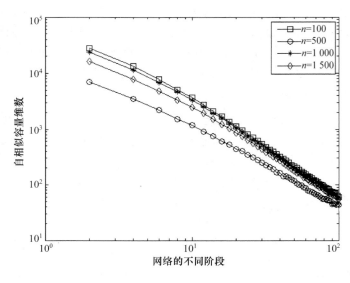

图 3.14　仿真结果图

3.4.2　局域世界演化模型

作者在对世界贸易网(world trade web)的研究中发现,全局的优先连接机制并不适用于那些只与少数(小于 20 个)国家有贸易往来关系的国家。在世界贸易网中,每个节点代表一个国家,若两个国家之间有贸易关系,则相应两个节点之间存在连接边。研究表明,许多国家都致力于加强与各自区域经济合作组织内部的国家之间的经济合作和贸易关系。这些组织包括欧盟(EU)、东盟(ASEAN)和北美自由贸易区(NAFTA)等。在世界贸易网中,优先连接机制是存在于某些区域经济体中的。类似地在互联网中,计算机网络是基于域-路由器的结构来组织管理的,一台主机通常是只与同一域内的其他主机相连,而路由器则代表它内部域的主机与其他路由器相连。其中,优先连接机制不是对整个网络有效,而是在每个节点各自的局域世界(local-world)中有效。甚至于在人们的社团组织中,每一个人实际上也生活在各自的局域世界里。例如,对于北京邮电大学的研究生,如果他(她)打算做复杂动态网络方面的研究,那么他(她)要想在本校取得学位只能在校内寻找导师,而不可能去找国际知名的教授(如 Barabási 等)。所有这些都说明在诸多实际的复杂网络中存在着局域世界。

在许多现实的网络中,由于局域世界连接性的存在,每一个节点都有各自的局域世界,因而只占有和使用整个网络的局部连换信息。作者建立的局域世界演化(local-world evolving)模型就是用来描述这种情形的[9]。模型的构造算法如下:

(1) 增长:网络初始时有 m_0 个节点和 e_0 条边。每次新加入一个节点和附带的 m 条边。

(2) 局域世界优先连接:随机地从网络中已有的节点中选取 M 个节点($M \geqslant m$),将其作为新加入节点的局域世界。新加入的节点根据优先连接概率来选择与局域世界中的 m 个节点相连。新加入的节点的优先连接概率为

$$\Pi_{\text{Local}}(k_i) = \Pi'(i \in \text{LW}) \frac{k}{\sum\limits_{j}^{\text{Local}} k_j} = \frac{M}{m_0 + t} \frac{k_i}{\sum\limits_{j}^{\text{Local}} k_j}$$

其中 LW 由新选的 M 个节点组成。

在每一时刻,新加入的节点从局域世界中按照优先连接原则选取 m 个节点来连接,而不是像 BA 无标度模型那样从整个网络中来选择。构造一个节点的局域世界的法则根据实际不同的局域连接性而不同,上述模型中只考虑随机选择的简单情形。

显而易见,在 t 时刻, $m \leqslant M \leqslant m_0 + t$。因此上述局域世界演化模型有两个特殊情形: $M = m$ 和 $M = t + m_0$。

(1) 特殊情形 A: $M = m$。

这时,新加入的节点与其局域世界中所有的节点相连接。这意味着在网络增长过程中,优先连接原则实际上已经不发挥作用了。这等价于 BA 无标度模型中只保留增长机制而没有优先连接时的特例。此时,第 i 个节点的度的变化率为

$$\frac{\partial k_i}{\partial t} = \frac{m}{m_0 + t}$$

网络的度分布服从指数分布:

$$P(k) \propto e^{-\frac{k}{m}}$$

(2) 特殊情形 B: $M = t + m_0$。

在这种特殊情形,每个节点的局域世界其实就是整个网络。因此,局域世界演化模型此时完全等价于 BA 无标度模型。

图 3.15 是局域世界演化模型($M = 4, m = 3$)与其特殊情形 A($M = m = 3$)在对数坐标系下的度分布对比,其中的插图是在对数-线性坐标系下的度分布对比图示。图 3.16 是局域世界演化模型($M = 30, m = 3$)与特殊情形 B($M = t + m_0, m = 3$)在对数坐标系下的度分布对比。网络的节点数均为 $N = 10\,000$。从图 3.15 和图 3.16 可以看出, $M \approx m_0$ 时的网络度分布曲线与特殊情形 A 的度分布曲线非常接近而且呈指数分布, $M \approx t + m_0$ 时的网络度分布曲线则与特殊情形 B 的很相似,服从幂律分布。当 $m < M < t + m_0$ 时,局域世界演化模型的度分布会在指数分布到幂律分布之间演化。例如,固定 $m = 3$,然后将局域世界的规模 M 从 4 增至 30 时,在对数坐标系中可以观察到网络的度分布从一条指数型的曲线渐渐地被"拉直紧绷",成为一条幂律型的直线,如图 3.17 所示。这意味着局域世界规模 M 越大,相应的演化网络越不均匀。

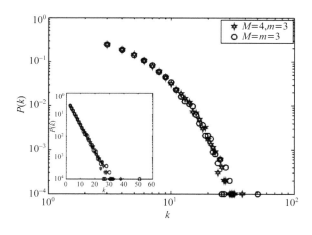

图 3.15　局域世界演化网络模型与其特殊情形 A 的度分布对比

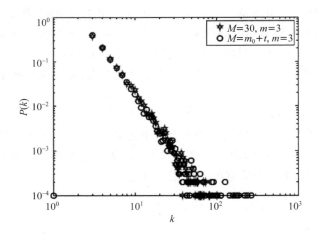

图 3.16　局域世界演化网络模型与其特殊情形 B 的度分布对比

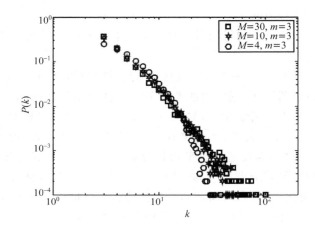

图 3.17　局域世界演化网络模型度分布对比

习　　题

1. 考虑 ER 随机图 $G(N,p)$，其中，$N=2\,000$，$p=0.003$。请计算度值 k 大于 $2\langle k\rangle$ 的节点数量的期望值。

2. 构造一个二分的随机图如下：假设集合 X 和 Y 中分别有 N_X 和 N_Y 个节点，并且对于集合 X 中的任一节点，它和集合 Y 中任一节点之间有边相连的概率均为 p。如果要使得集合 Y 中任一节点都以概率 1 与集合 X 中的至少一个节点有边相连，请给出参数 N_X、N_Y 和 p 应满足的关系式。

3. WS 小世界模型构造算法中的随机化过程有可能破坏网络的连通性：如果原来与一个节点相连的 K 条边在随机重连后都不再与该节点相连，并且也没有其他边通过随机重连与该节点相连，那么该节点就成为一个孤立节点。请证明：WS 小世界模型中任一节点成为孤立节点概率为 $(pe^{-p})^K$。

4. 考虑在无标度模型中引入去除连边机制,即每次在添加一个节点和 m 条连边后,就接着在网络中随机地去除 qm 条边,这里假设 $0 \leqslant q \leqslant 1 - \alpha$。请基于平均场理论推导该模型的度分布。

5. 假设把 Price 模型作为已经有 10 年历史的某个领域的论文引用网络模型。

（1）请分别计算该领域第 1 篇论文和第 10 篇论文在本领域内被引用次数的期望值。

（2）请估计还需要多长时间,第 10 篇论文被引用次数的期望值才能赶上当前第 1 文章被引用的次数。

本章参考文献

[1] Erdös P, Rényi A R. On random graphs [J]. Publicationes Mathematicae, 1959(6): 290-297.

[2] Bollobás B. Random graphs [M]. [S. l.]: Cambridge University Press, 2001.

[3] Gilbert E N. Random graphs [J]. The Annals of Mathematical Statistics, 1959, 30 (4): 1141-1144.

[4] Newman M E J. The structure and function of complex networks [J]. SIAM review, 2003, 45(2): 167-256.

[5] Watts D J, Strogatz S H. Collective dynamics of 'small-world' networks. Nature, 1998, 393 (6684): 440-442.

[6] Bollobás B, Riordan O M. Mathematical results on scale-free random graphs [M]// Bornholdt S, Schuster H G. Handbook of graphs and networks: from the genome to the internet. [S. l.:s. n.], 2003: 1-34.

[7] Cohen R, Havlin S. Scale-free networks are ultrasmall [J]. Physical Review Letters, 2003, 90(5): 058701.

[8] Fronczak A, Fronczak P, Hołyst J A. Mean-field theory for clustering coefficients in Barabási-Albert networks [J]. Physical Review E, 2003, 68(4 Pt 2): 046126.

[9] Li Xiang, Chen Guorong. A local-world evolving network model [J]. Physica A: Statistical Mechanics and its Applications, 2003, 328(1-2): 274-286.

第 4 章

网络过程模型

本章思维导图

第 3 章列举了一些典型的网络模型,这些是研究动力学过程模型的基础。复杂网络上的动力学过程是复杂网络研究的一个重要方向,其主要研究社会和自然界中各种复杂网络的动力学行为、传播机理与同步现象等科学问题,以及对这些过程高效可行的控制方法。本章思维导图如图 4.1 所示。

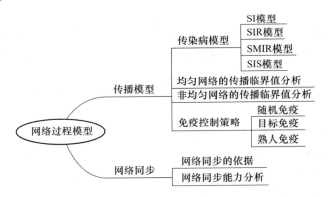

图 4.1　本章思维导图 4

随着时间的推移,复杂网络结构的研究得到了迅速的发展,人们最早认识到的是不同事物在真实系统中的传播现象。例如,疾病在人群中的传播、谣言在社会中的传播、病毒在计算机网络上的蔓延以及信息在社交网络中的分享等都可以看作是复杂网络上服从某种规律的传播行为。通常复杂网络上的传播过程分为两类:服从物质或能量守恒原理的过程和不服从物质或能量守恒原理的过程[1]。在服从物质或能量守恒原理的传播过程中,物质或能量虽然可以分解为若干个小单元进行传递与输运,但既不会增多也不会减少,如网络传输过程中的数据包传递与热能借助于网络结构的输送等。而对于不服从物质或能量守恒原理的过程通常与信息传播有关,属于信息传播的范畴。在传播过程当中,一个节点可以将它的信息同时传给多个节点,也可以将信息消灭,如谣言和辟谣传播、疾病传播、舆论传播等。

随后,人们也开始注意并逐渐关注复杂网络上的另一个动力学过程,即同步现象。例如,演出结束后起初各自的杂乱掌声最终将趋于更加稳定的同步节奏,超导材料的物理特性从局部无序状态向整体有序状态进行转变以及激光系统各自的脉冲同步等都可以看作是复杂网络上特殊的同步行为。现有的研究已经表明,这些大量的同步现象看似巧合,其实是可以用严格的数学模型给出合理的预测与理论的解释:不同的个体之间存在着强弱不一的动力学耦合关系(连接),一个个体在影响邻居的同时也被邻居影响,从而可能逐步达到同步。

复杂网络上的动力学过程带来的结果既可能是有利的,如信息的分享和激光系统的同步,也可能是有害的,如病毒的传播和交通的同步拥塞,因此对这些过程进行有效的控制意义重大。然而各种事物在真实系统中的行为是一个非常复杂的过程,如何用动力学来描述并挖掘它们的特性,从而找到对这些行为进行有效控制的方法,一直都是数学家、物理学家和社会学家关注的重点,也是网络研究的最终目标之一。之所以说事物在真实系统中的行为是一个非常复杂的过程,主要是因为它受到很多因素的影响和制约,如社会自然因素、网络结构因素等,这些影响和制约不仅与事物自身的属性有关,而且也与网络的拓扑结构特征有关。例如,疾病在社会中的传播行为与感染源的数量、易感个体的数量、病毒存活时间的长短以及人们的流动等因素有着紧密的联系;信息在社交网络中的传播行为与传播信息的个体数量、传播者与关注者之间的联系程度、传播概率的大小以及用户心理等因素有着密切的联系;交通的同步拥塞行为与行车数量、道路的拓扑结构、时间上的周期特性以及交通管制等因素有着密切的联系。针对这些复杂的行为过程,很多专家、研究者曾试图从各自学科的角度来进行解释和控制,但都没有达到理想的效果。因此研究网络过程相关的问题,必须对特殊行为在给定网络上的过程进行跨学科的统一建模,而数学在事物中的一个重要作用就是对事实上极为混乱的现象建立简单而不失其主要特征的理想模型,因此,很有必要通过建立数学模型来对复杂网络上的行为过程规律进行模拟和验证,在模型中,通过设置参数的方法将涉及的相关因素考虑进去,进而找到一些普适规律,从而对实践起到有益的指导作用。

本章首先主要介绍复杂网络上典型的传播模型,对特定网络上的传播临界值进行分析,并研究对应的控制方法;然后,介绍网络的同步现象和对应的数学模型,给出网络同步的判断依据,分析各种网络的同步能力。本章内容较多引自文献[22]。

4.1　传　播　模　型

网络上传播行为的一种直接表现形式为信息传播,其行为可追溯到两千年前为传播基督教而建立的基督教网络,它以慕道友为节点,牧师为关键节点,节点相互间的关系为网络连线。另一种表现形式则为类病毒的传播,如疾病、计算机病毒的传播[1]。回顾人类社会历史,每一次传染病的大流行都与人类社会文明的发展密不可分。例如,一方面,人类社会日益网络化、小世界化的同时,现代公共卫生体系不断完善,这降低了传染病的威胁;但另一方面,现代交通、媒体和物流等人类交际手段的空前发展根本性地改变了人际关系网络结构,这种网络化进程使得人员和物资流动日益频繁和便捷,从而极大地加快了传染病的扩散速度,尤其是非典型肺炎造成的恐慌以及各种性疾病(如艾滋病等)的广泛传播等[2-4]。流行病学的研究已有较长的历史,已经提出了许多经典的在复杂网络上的传播理论[5],一些新进展也获得了较大的成功[6-7]。

同时,网络中节点的相继故障也可视为一种传播行为。在电力网络中,断路器、输电线路和电站发电单元等出现故障,常常会导致很大范围内的停电事故,造成大规模的相继故障(cascading failure)[8]。这类故障一旦发生,往往具有极强的传播力和破坏力,并造成巨大的经济损失。在经济网络中,随着经济全球化和一体化的推进,各国之间的贸易与外交愈发密切,但其负面效应之一就是地区性的局部危机得以更快的速度,更广的范围进行传播。1997年因泰国泰铢的大幅贬值造成的泰国经济危机在极短时间内就迅速蔓延至全部东南亚地区,引发了长达数年的金融危机风暴,并紧接着演变为全亚洲的金融危机;2007年年初爆发的美国地区的次贷危机由于美国在经济网络中的重要性和强大影响力,最终演变成为全球性的金融危机,造成的损失不可估量,其影响和危害仍存留至今。因此,如何预防节点的相继故障在各种复杂网络中的传播,是一个极为关键并有待解决的问题[9-10]。对网络上的传播行问题的理论研究,直到1998年后,由于小世界与无标度网络的发现而更加备受重视,并于近年来得到了迅速的发展。随着网络科学的兴起,研究者开始关注网络拓扑结构对于传播行为的影响[11]。研究传播问题,必须针对不同的网络上特定的传播行为特点进行建模,重现传播的真实动力学过程,并设计出对应的控制方法[12-14],例如,人们已经针对电力网络中的节点负荷和容量等特征建立了实用的相继故障模型。本节将重点介绍传染病模型,之后将基于此进行相关分析。一方面是由于对传染病模型已经有相对成熟的研究方法;另一方面是传染病模型可推广用于分析社会、媒体、通信、电力和经济等网络上的传播过程。

4.1.1　传染病模型

在典型的传染病模型中,种群(population)内的全部个体状态可分为如下三类[5,15]:

① 易染状态 S(susceptible)。一个个体在被传染之前是处于易染状态的,即该个体有可能感染病毒。

② 感染状态 I(infected)。一个感染上病毒的个体称为是处于感染状态的个体,该个体还会以一定概率感染其他个体。

③ 移除状态 R(removed 或 refractory 或 recovered)。它也称为恢复状态。有时当一个个体经历过一个完整的感染周期或者痊愈之后,该个体就不再会被感染,此时可以不再考虑该个体。

一些传染病模型的基本假设:能够传播或者感染病毒的个体位于一个复杂网络的节点上,传染只能通过节点相互间的连边进行。在初始时刻,网络中一个或者少数几个个体处于感染状态,其余个体都处于易染状态(否则只需将移除状态的个体从网络中删去)。病毒传染的时间尺度远小于个体生命周期,从而不考虑个体的出生和自然死亡。假设一个个体在单位时间里与网络中任一其他个体接触的机会都是均等的,称此为完全混合

Netlogo

(fully mixed)。传染率 λ(传染概率)由易感人群与感染人群接触而获得感染的概率决定。传染病传播中一个重要的量是传播临界值 λ_c,对于一个给定网络规模巨大时,当传染率 $\lambda < \lambda_c$,受感染的人数所占的比例几乎趋近于零,而当 $\lambda > \lambda_c$ 时,受感染的人数就会达到一个有限大小的比例[5,15]。

实际中,传染病传播是一个极其复杂的过程,其依赖于具体的情形。例如,有些病毒危害巨大,且人体被感染后以如今的技术不能恢复,如艾滋病和黑死病等;有些传染病可以具有免疫能力,人体被感染一次恢复后就不能再被感染,如腮腺炎和麻疹等;有些疾病感染恢复后并不能获得免疫能力,个体可以被反复感染、恢复,如肺结核和淋病等。因此,有必要建立不同的

模型来描述它们。事实上研究者也已经建立了大量的模型来描述不同的传染病传播情形。其中,对应于上述情形划分的典型模型分别为 SI 模型、SIR 模型与 SIS 模型。同时由于无标度网络最能真实反映社会网络的拓扑结构,因此研究中经常使用该结构。下面对三种经典传染病模型做详细介绍。

1. SI 模型

这是最简单的情形,即一个个体一旦被感染就永远不能恢复,一直处于感染状态并可能传染给其他个体[16-18]。记 $S(t)$ 和 $I(t)$ 分别为时刻 t 的易染人数和感染人数,有总个体数 $N=S(t)+I(t)$。更加严格地说,这两个函数都应该是对应状态人数的均值函数,因为即使给定两组完全相同的初始条件,由于传染的随机性,两组实验在任一时刻的感染人数一般不会相等,我们只能得到其期望值。

如图 4.2 所示,假设一个易染个体在单位时间里与感染个体接触并被传染的概率为 λ。由于易染个体的比例为 $S(t)/N$,时刻 t 网络中共有 $I(t)$ 个感染个体,所以易染个体的数目按照如下变化率减小:

$$\frac{\mathrm{d}S}{\mathrm{d}t}=-\lambda\frac{SI}{N}$$

相应地,感染个体的数目按照如下变化率增加:

$$\frac{\mathrm{d}I}{\mathrm{d}t}=\lambda\frac{SI}{N}$$

图 4.2　SI 模型示意图

上述方程即为完全混合假设下的 SI 模型的数学描述。记时刻 t 网络中易染人数的比例 $s(t)$ 和感染人数的比例 $i(t)$ 分别为

$$\begin{cases} s(t)=\dfrac{S(t)}{N} \\[2mm] i(t)=\dfrac{I(t)}{N} \end{cases}$$

则有 $s(t)+i(t)=1$ 恒成立,并且有

$$\begin{cases} \dfrac{\mathrm{d}s}{\mathrm{d}t}=-\lambda si \\[2mm] \dfrac{\mathrm{d}i}{\mathrm{d}t}=\lambda si \end{cases}$$

从而

$$\frac{\mathrm{d}i}{\mathrm{d}t}=\lambda i(1-i)$$

上式也称为 Logistic 增长方程(logistic growth equation),其解为

$$i(t)=\frac{i(0)\mathrm{e}^{\lambda t}}{1-i(0)+i(0)\mathrm{e}^{\lambda t}}$$

对应的 SI 模型的感染比例增长曲线如图 4.3 所示。

2. SIR 模型

SIR 模型假设一个感染个体在单位时间里会随机地感染其余易染个体,如图 4.4 所示,同时假设每一个感染个体以一定的概率 γ 变为移除状态,即该个体恢复,并且具有免疫能力,不再传染其余个体或者被感染[5,15]。

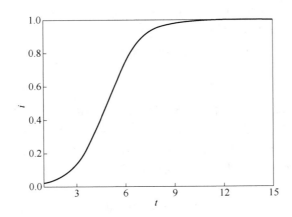

图 4.3　SI 模型的感染比例增长曲线,其中,$s(0)=0.98,i(0)=0.02,\lambda=1$

图 4.4　SIR 模型示意图

记 $s(t)$、$i(t)$ 和 $r(t)$ 分别为时刻 t 易染人数、感染人数和恢复人数占整个人群的比例,有 $s(t)+i(t)+r(t)=1$ 恒成立,该数学模型的微分方程描述如下:

$$\begin{cases} \dfrac{\mathrm{d}s}{\mathrm{d}t}=-\lambda si \\[2mm] \dfrac{\mathrm{d}i}{\mathrm{d}t}=\lambda si-\gamma i \\[2mm] \dfrac{\mathrm{d}r}{\mathrm{d}t}=\gamma i \end{cases}$$

由上式可得

$$\frac{1}{s}\frac{\mathrm{d}s}{\mathrm{d}t}=-\frac{\lambda}{\gamma}\frac{\mathrm{d}r}{\mathrm{d}t}$$

积分可得

$$s(t)=s(0)\mathrm{e}^{-\lambda r/\gamma}$$

将 $i=1-r-s$ 代入可得

$$\frac{\mathrm{d}r}{\mathrm{d}t}=\gamma(1-r-s(0)\mathrm{e}^{-\lambda r/\gamma})$$

虽然上式微分不存在解析解,但可以利用数值计算来展示 SIR 模型传播过程的特征。同时,当该系统达到恢复人数的稳态值时,我们有 $\mathrm{d}r/\mathrm{d}t=0$,代入有

$$r(t)=1-s(0)\mathrm{e}^{-\lambda r/\gamma}$$
$$s(0)\approx1$$
$$i(0)\approx0$$
$$r(0)=1$$

代入有

$$r(t)=1-\mathrm{e}^{-\lambda r/\gamma}$$

可见 $\lambda/\gamma=1$ 是 SIR 模型的传播临界值:如果 $\lambda/\gamma<1$,则有 $r(t)=0$,即病毒最终无法传播;如

果 $\lambda/\gamma>1$，那么 $r(t)$ 将随之增大而增大，虽然最终感染会被消除，但传染病总的扩散程度会更广，波及范围更大。图 4.5 为采用 matlab 绘制的 SIR 模型仿真图，初始 $s(t)$ 设定为 0.98，初始 $i(t)$ 设置为 0.02，初始 $r(t)$ 设置为 0，初始感染率 λ 设定为 1，初始恢复率 γ 定为 0.3。

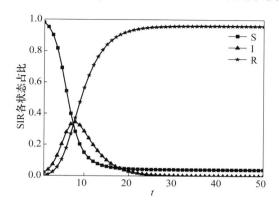

图 4.5　SIR 模型仿真图

3. SMIR 模型

SMIR 模型基于演化博弈和 SIR 模型构建，假定在单位时间内易感个体转变为感染个体的概率受到感染群体比例变化的影响，同时假设每一个感染个体以一定的概率 γ 变为移除状态，即该个体恢复，并且具有免疫能力，不再传染其余个体或者被感染[19-20]。

依据博弈论定义两种博弈策略：主动防护策略 active 和非主动防护策略 inactive，其中个体采用主动防护的策略可以理解为个体主动采取卫生措施远离疾病源。用 p_n 和 p_a 分别表示用户选择策略 inactive 和 active 时感染的概率，其中 $p_a<p_n$。x_n 和 x_a 分别表示选择 inactive 和 active 两种策略用户的比例。两种策略的收益函数如下：

$$\begin{cases} P_n(t)=-m_n M(t) \\ P_a(t)=-k_p-m_a M(t) \end{cases}$$

选择策略 active 的个体要付出一个额外的固定支付 k，m_a 和 m_n 是调节参数（$m_a>m_n$）。$M(t)$ 表示感知感染率，定义如下：

$$\frac{dM(t)}{dt}=\lambda_m\left[p_n x+p_a(1-x)\right]I(t)S(t)-\gamma_m I(t)$$

定义动态演化机制。依据演化博弈论中复制动态的思想，参与人能够通过与遇到的个体的收益进行比较从而动态地改变自己的策略。选择不同策略群体的变化比例与相应的收益成正比（$\Delta P=P_n-P_a$）。定义动态演化机制为

$$\dot{x}_n=\tilde{\omega}x_n(1-x_n)\varphi\Delta P$$

其中，$\tilde{\omega}$ 表示选择不同策略个体相互遇到概率。一种博弈策略只有已经被参与人选择才会被扩散。由于 $x_n=0$ 或者 $x_n=1$ 时，动态演化机制是一种均衡状态，为了避免这种情况，设定有部分个体忽视收益的均衡，采取非理性的策略，改进后的模型为

$$\dot{x}_n=\tilde{\omega}x_n(1-x_n)\Delta P+\tilde{\varepsilon}(1-x_n)-\tilde{\varepsilon}x_n$$

记 $s(t)$、$i(t)$ 和 $r(t)$ 分别为时刻 t 易染人数、感染人数和恢复人数占整个人群的比例，有 $s(t)+i(t)+r(t)=1$ 恒成立。结合 SIR 模型和演化博弈理论，SMIR 模型的微分方程描述如下：

$$\begin{cases} \dfrac{ds}{dt} = -\lambda [p_n x_n + p_a(1-x_n)] si \\[2mm] \dfrac{di}{dt} = \lambda [p_n x_n + p_a(1-x_n)] si - \gamma i \\[2mm] \dfrac{dM}{dt} = \lambda_M [p_n x_n + p_a(1-x_n)] I(t) S(t) - \gamma_m I(t) \\[2mm] \dfrac{dx_n}{dt} = \rho [x_n(1-x_n)(1-mM(t)+\varepsilon(1-2x_n))] \\[2mm] \dfrac{dr}{dt} = \gamma i \end{cases}$$

其中，$m=(m_a-m_n)/k_p$；$\rho=k_p\tilde{\omega}$；$\varepsilon=\tilde{\varepsilon}/\tilde{\omega}$；$1-mM(t)$ 代表收益与两种策略之间的平衡；$1/m$ 表示群体选择不同收益策略的阈值；$\varepsilon(1-2x_n)$ 表示部分群体忽视收益的均衡做出不改变策略的非理性行为；ρ 表示演化过程中整个群体转变策略的速度。

4. SIS 模型

在 SIS 模型中，一个感染个体恢复之后处于仍然会处于易感状态，不能获得免疫能力，即每一个感染个体以一定的概率 γ 变为易感状态[21-22]。记 $s(t)$ 和 $i(t)$ 分别为 t 时刻易染人数和感染人数占整个人群的比例，有 $s(t)+i(t)=1$ 恒成立，该数学模型的微分方程描述如下：

$$\begin{cases} \dfrac{ds}{dt} = \gamma i - \lambda si \\[2mm] \dfrac{di}{dt} = \lambda si - \gamma i \end{cases}$$

由上式可得：

$$\frac{di}{dt} = -\gamma i + \lambda i(1-i)$$

此微分方程的解为：

$$i(t) = \frac{i(0)(\lambda-\gamma)e^{(\lambda-\gamma)t}}{(\lambda-\gamma)+i(0)\lambda e^{(\lambda-\gamma)t}}$$

如果令 $\beta=\lambda/\gamma$，则上式可对应于 Logistic 增长方程。当 $\beta>1$，稳态时的感染人数比例为 $i(t)=1-1/\beta$；当 $\beta<1$，则 $i(t)$ 会趋于零，即病毒不会扩散。

以上介绍的经典的传染病模型都假设完全混合，即意味着一个感染个体把病毒传染给任意一个易染个体的机会都是均等的。但是在现实情况中，往往并不是如此理想化，一个个体通常只能和网络中部分节点相连接，即一个感染个体可能只会把病毒直接传染给相邻的个体节点，因此关注网络拓扑结构对于传播行为的影响是有必要且重要的，以下将分别对均匀网络结构和非均匀网络结构进行介绍。

4.1.2　均匀网络的传播临界值分析

一个网络的度分布在其平均值 $\langle k \rangle$ 处达到顶峰，且两边的度分布呈指数衰减，因此可以假设每个节点的度都近似等于 $\langle k \rangle$，将其看作是均匀的，这样的网络被我们称为均匀网络，如 ER 随机图与 WS 小世界网络等。

考虑 SIS 模型，每个时间段内，易感个体与一个或多个感染个体接触，则易染个体将以概率 v 被感染，而感染个体将以概率 u 恢复为易感状态。令有效传染率 $\lambda=u/v$。现在把时刻 t

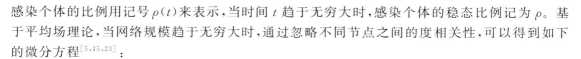

感染个体的比例用记号 $\rho(t)$ 来表示,当时间 t 趋于无穷大时,感染个体的稳态比例记为 ρ。基于平均场理论,当网络规模趋于无穷大时,通过忽略不同节点之间的度相关性,可以得到如下的微分方程[5,15,23]:

$$\frac{\mathrm{d}\rho}{\mathrm{d}t}=-\rho+\lambda\langle k\rangle\rho(1-\rho)$$

上式的直观意义解释为:右边第一项表示每个感染个体以单位速率恢复为易感状态;第二项表示新感染的个体数目,其正比于传染率 λ、节点的平均度 $\langle k\rangle$ 和感染个体和易感个体相连接的概率 $\rho(1-\rho)$。

当系统达到稳态时有 $\frac{\mathrm{d}\rho}{\mathrm{d}t}=0$,可得

$$\rho=\begin{cases}0 & \lambda<\lambda_{\mathrm{c}}\\ \dfrac{\lambda-\lambda_{\mathrm{c}}}{\lambda} & \lambda\geqslant\lambda_{\mathrm{c}}\end{cases}$$

其中,传播临界值为

$$\lambda_{\mathrm{c}}=\frac{1}{\langle k\rangle}$$

这说明,类似于经典的完全混合假设,在均匀网络中也存在一个有限的正的传播临界值 λ_{c},如果传播率 $\lambda<\lambda_{\mathrm{c}}$,那么感染个体数呈指数衰减,即病毒无法扩散;如果传播率 $\lambda>\lambda_{\mathrm{c}}$,病毒将传播扩散,并最终使得整个网络系统的感染个体比例稳定于平衡状态,达到稳态。均匀网络的稳态 ρ 与传播临界值的关系如图 4.6 所示。

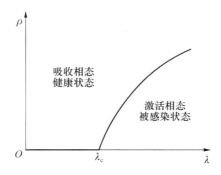

图 4.6　均匀网络的稳态 ρ 与传播临界值的关系

4.1.3　非均匀网络的传播临界值分析

与均匀网络相对应的是非均匀网络,如无标度网络,由于其度分布满足幂律分布,随机选取的任意一个节点都会倾向于连接关键节点(具有更大度的节点),因此度大的节点就更容易感染,进而加速病毒的传播。所以,在非均匀网络中,需要对不同度的节点做出区分,为了刻画网络拓扑结构的影响,可将节点划分为不同度的组,各组中的节点具有相同的度,考虑 SIS 模型,用相对密度 ρ_k 表示度为 k 的节点中被感染个体的比例,ρ_s 表示度为 s 的节点中被感染个体的比例,则满足如下微分方程[21-26]:

$$\begin{cases} \dfrac{\mathrm{d}\rho_k}{\mathrm{d}t} = -\rho_k + \lambda k(1-\rho_k)\Theta(\rho_k) & (4\text{-}1) \\[2mm] \Theta(\rho_k) = \sum_s P(s\,|\,k)\rho_s & (4\text{-}2) \end{cases}$$

式(4-1)的直观意义解释为:右边第一项仍然描述了感染个体以单位速率恢复为易染状态;第二项表示度为 k 的新感染个体数目,其正比于传染率 λ、节点的度 k、易染个体的密度 $1-\rho_k$ 和对应相邻节点被感染的概率 $\Theta(\rho_k)$。

当时间 t 趋于无穷大时,达到稳态时的 $\rho_k(t)$ 记为 ρ_k,此时有 $\dfrac{\mathrm{d}\rho_k}{\mathrm{d}t}=0$,得到

$$\rho_k = \frac{\lambda k\Theta(\rho_k)}{1+\lambda k\Theta(\rho_k)}$$

对非关联网络(度不相关网络),可以得到 $P(s\,|\,k) = \dfrac{sP(s)}{\langle k \rangle}$,代入有

$$\Theta(\rho_k) = \frac{1}{\langle k \rangle}\sum_s sP(s)\rho_s = \frac{1}{\langle k \rangle}\sum_s sP(s)\frac{\lambda s\Theta(\rho_s)}{1+\lambda s\Theta(\rho_s)}$$

而当 λ 大于传播临界值 λ_c 时,ρ_k 有非零解,即 $\Theta(\rho_k)$ 有非零解,因此有[27-28]

$$\frac{\mathrm{d}}{\mathrm{d}\Theta}\left(\frac{1}{\langle k \rangle}\sum_s sP(s)\frac{\lambda s\Theta(\rho_s)}{1+\lambda s\Theta(\rho_s)}\right)\bigg|_{\Theta=0} \geqslant 1$$

解得

$$\frac{1}{\langle k \rangle}\sum_s sP(s)\lambda s = \frac{\langle k^2 \rangle}{\langle k \rangle}\lambda \geqslant 1$$

从而可以得到非均匀网络的传播临界值 λ_c 为

$$\lambda_c = \frac{\langle k \rangle}{\langle k^2 \rangle}$$

考虑幂指数为 $\gamma \leqslant 3$ 的具有幂律度分布的无标度网络,当网络规模无限增大时,有 $\langle k^2 \rangle$ 趋于无穷,即传播临界值 λ_c 趋于零,即在大规模的非均匀无标度网络中,无论病毒的感染概率多小,传染病都能扩散,而不是像均匀网络所对应的有一个正的临界值使得传染病无法蔓延。图 4.7 比较了 WS 小世界模型的均匀网络和 BA 无标度模型的非均匀网络上的稳态 ρ 与传播临界值,可以看出,在 BA 无标度模型的非均匀网络上只要传播率 λ 大于零,就会使得病毒在网络中传播开来,这表明 BA 无标度网络在防御病毒传播上是更脆弱的;同时,也可以看到当 λ 较小时,非均匀网络上病毒的感染范围是很小的(ρ 快速趋于零)。

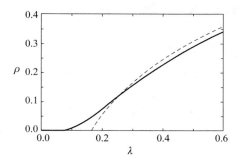

图 4.7　均匀网络(虚线)和非均匀网络(实线)稳态 ρ 与传播临界值的关系

4.1.4　免疫控制策略

对于有害的传播过程,选择合适的预防和免疫控制策略显然是有必要且有意义的,本小节主要介绍三种控制策略:①随机免疫(random immunization)。它也被称为均匀免疫(uniform immunization)。②目标免疫(targeted immunization)。它也被称为选择免疫(selected immunization)。③熟人免疫(acquaintance immunization)。

1. 随机免疫

随机免疫策略是完全随机地从网络中选取一部分节点进行免疫,使得这些节点不会进行接受或传播行为。选取的免疫节点所占比例称为免疫密度 g,则从平均场地角度来看,随机免疫等价于把传播率 λ 缩减为 $\lambda(1-g)$,此时对于均匀网络,随机免疫控制后对应的传播临界值 g_c 为[28]

$$g_c = 1 - \frac{\lambda_c}{\lambda}$$

对应的稳态感染密度 ρ_g 为

$$
\begin{cases}
\rho_g = 0 & g > g_c \\
\rho_g = \dfrac{g_c - g}{1 - g} & g \leqslant g_c
\end{cases}
$$

而对于无标度网络,随机免疫控制后对应的传播临界值 g_c 为

$$g_c = 1 - \frac{\langle k \rangle}{\lambda \langle k^2 \rangle}$$

可见当 $\langle k^2 \rangle$ 趋于无穷时,免疫控制后的传播临界值 g_c 趋于1,这表明对于大规模无标度的现实网络,如果采用随机免疫策略,需要对网络中几乎所有节点都人为实施免疫控制才能保证传播无法进行,因此该策略效率低下且不可行。

2. 目标免疫

目标免疫策略是希望先通过网络分析,然后选择少量的关键节点或重要节点进行部分免疫,并获得尽可能全面有效的免疫效果。例如,一种简单的目标免疫策略如下:我们对于以上介绍的对随机免疫无效的无标度网络,可以根据网络的度分布的单峰非均匀特征,人工选择度数大的少量节点进行部分免疫,一旦这些度大的节点被成功免疫,此时他们不能进行感染或传播,即可从传播网络中去除,大量的连接也一并消失,使得传播途径与传播可能性大大减弱。对于 BA 无标度网络,上述的目标免疫控制策略对应的传播临界值 g_c 为[28]

$$g_c \propto e^{-\frac{2}{m\lambda}} \tag{4-3}$$

式(4-3)表明,即使初始传播率 λ 在很大的范围内取较大的值,我们的目标免疫控制策略都可以得到较小的传播临界值(指数级别)。因此,有针对性地根据网络性质进行目标免疫,其效果比随机免疫要有效很多。

图 4.8 是 SIS 模型在 BA 无标度网络上进行随机免疫与目标免疫的数值仿真对比,其中,横坐标为免疫密度 g,纵坐标为 $\dfrac{\rho_g}{\rho_0}$,ρ_0 为不实施免疫控制时的稳态感染密度,ρ_g 为实施随机免疫和目标免疫后的稳态感染密度。

从图 4.8 中可以看出，目标免疫相比于随机免疫，其传播临界值明显降低，免疫效果明显提升。随着免疫密度 g 的逐渐增大，随机免疫下，最终的被感染程度下降愈来愈缓慢，在 $g=1$ 时才使得病毒无法传播，被感染数为 0；目标免疫下，$g_c \approx 0.16$，即只需要控制少量的节点，就可能使得病毒无法传播扩散。

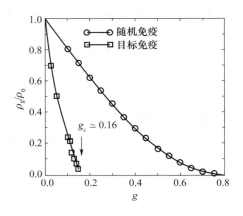

图 4.8　随机免疫与目标免疫的数值仿真对比

以流行感冒病毒传播为例，感染者自己会不断地去接受相应的疫苗，但是流行感冒病毒的生命期很长，会传播很长一段时间。从个体的角度来说，这种随机接受疫苗的措施对自身非常有效，但从全局范围来看，即使大量的个体节点都主动接受免疫，我们仍无法根除流行感冒病毒的传播。

3. 熟人免疫

目标免疫要求我们人工地分析并了解网络的全局信息，以期望找到能够控制传播的中心节点或者重要节点。然而对于庞大的、复杂的，而且在不断动态发展的现实社会网络和互联网络来说，这是很难实时高效地实现的。而熟人免疫策略的基本思想如下：从 N 个节点中随机地选出比例为 p 的部分节点，再从这些被选出的节点中随机选择它的一个邻居（即熟人节点）进行免疫。因此，这种策略只需要知道网络的局部邻居信息，就可以解决上述目标免疫面临的问题，加速我们的处理过程。

对于难以进行免疫控制的无标度网络，度更大的节点意味着有更多的节点倾向与之相连，从而在熟人免疫的第一步骤中，随机选出的节点与度更大的节点相连的概率越大，使得在第二步骤中也就更加可能选中这些重要的节点。因此理论上可以分析，熟人免疫控制比随机免疫控制的效果更好。如图 4.9 所示，我们可以比较三种免疫在幂律分布的无标度网络中的效果，其中，图中实线从上到下分别代表随机免疫、熟人免疫和双熟人免疫的理论分析效果，对应的数值模拟结果由就近的圆圈给出。其中，模拟网络规模为 $N=10^6$，横坐标 λ 表示网络的幂指数，纵坐标 f_c 是对应的传播临界值（其值越小免疫控制效果越好），双熟人免疫是指随机控制选取节点的两个邻居。从图 4.9 中结果可以看出，双熟人免疫的效果要远远好于随机免疫，而熟人免疫的效果仅仅稍微弱于双熟人免疫。从圆圈对应的数值模拟结果，我们也可以看出熟人免疫在现实操作中并不会失效，效果仍然明显优于随机免疫。此外，一些改进的熟人免疫控制相继被提出，可以使得结果更加逼近最优的目标免疫的效果[28]。

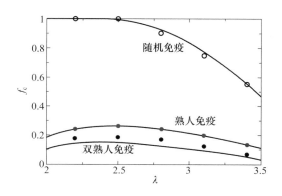

图 4.9 无标度网络中三种免疫控制的临界值

4.2 网络同步

同步的研究可能最早始于 1665 年,荷兰物理学家惠更斯在病床上观察到,同一个横梁上的两个钟摆会出现同步摆动的现象。同时,两态①昆虫的集体行为也已被注意了很长时间[30-31],其中萤火虫的同步发光现象就是许多群体生物网络的集体同步行为的典型代表。1680 年,荷兰旅行家肯普弗在暹罗旅行时发现,森林中的萤火虫会很有规律地同时闪光和熄火。这种同步现象也可以在秋蝉、蟋蟀中观察到,通常秋蝉因其无休无止地鸣叫而臭名昭著,然而,人们发现秋蝉的鸣叫也具有节律性和同步性。

从理论上阐述现实普遍存在的大量同步现象的产生机理,是十分有意义的课题,对同步进行研究,可以更加深入地理解系统中各种关键行为和规律[32-34],而且同步在激光、超导材料和通信等领域也起着重要的作用。研究同步也是必要的,因为同步可能造成危害。例如,互联网中的每一个路由器都要发布路由消息,尽管路由器发布路由消息是随机的,但是研究人员发现,不同的路由器最终会以某种同步的方式同时发送路由消息,从而引发网络阻塞,类似的危害在交通网络上也会出现。还有一个有害的例子是桥梁的坍塌,当车辆行人通过桥梁时,震动如果过于同步,将加剧桥梁的形变,甚至引起倒塌事故。2000 年伦敦千年大桥落地建成,其通行的同步震动使得该座 690 吨钢铁铸造的现代桥梁产生了意外的剧烈晃动,造成行人的恐慌,所以不得不临时关闭该桥梁[24]。

在物理学、数学和理论生物学等领域,基于动力学系统对同步现象的研究已经有较长历史[33-34],但其工作大多集中在具有规则拓扑形状的网络结构上。复杂网络小世界和无标度特性的发现使得网络的拓扑结构得到大量关注,人们开始希望揭示网络的同步化行为与拓扑结构之间的关系,分析拓扑结构在决定网络动态行为特性方面起的作用[35-36]。

本节将介绍 Laplacian(拉普拉斯)矩阵特征值,并基于此给出刻画网络同步化能力的基本判断依据,介绍网络的完全同步能力。

---

① 两态是指从一个研究角度分析,行为可以分为相反的两类,如发光与否,鸣叫与否等。

4.2.1 网络同步的依据

考虑由 N 个节点构成的网络,由于我们研究的是同步问题,即希望每个节点的行为或状态可以被它的邻居节点获得并采用,从而达到一个节点尽可能与邻居节点的行为或状态趋于一致。基于这一想法,我们考虑如下描述的网络中单个节点的动力学状态 x_i 的方程[24]:

$$x'_i = f(x_i) + c \sum_{j=1}^{N} a_{ij} [H(x_j) - H(x_i)]$$

其中,$f(*)$ 为动力函数,$H(*)$ 为输出函数,c 为网络的耦合常数,$A=(a_{ij})$ 是表示网络拓扑结构的邻接矩阵,若节点 i 和节点 j 间有连接,则 $a_{ij}=a_{ji}=1$,否则为 0。记

$$l_{ij} = -a_{ij} (i \neq j)$$

$$l_{ii} = \sum_{j=1}^{N} a_{ij} (i = j)$$

则更新后的动力学状态 x_i 的方程可写为

$$x'_i = f(x_i) - c \sum_{j=1}^{N} l_{ij} H(x_j)$$

其中,$L=(l_{ij})$ 就是该网络的 Laplacian 矩阵。同时可以算出,Laplacian 矩阵的每行元素之和均为 0,称之为耗散耦合条件,因为当所有节点的状态 x_i 都相同时,有

$$\sum_{j=1}^{N} l_{ij} H(x_j) = 0$$

即该系统达到同步稳态。同时可以算出 Laplacian 矩阵的第 i 行对角元为节点 i 的度,既有 $L=D-A$,D 为度对角矩阵 $\mathrm{diag}(k_1, k_2, \cdots, k_N)$。由网络是联通的我们可以得到,Laplacian 矩阵是不可约矩阵,并有如下性质:

(1) 有且仅有一个重数为 1 的特征根 0,且其对应的特征向量为 I。

(2) 其余的 $N-1$ 个特征根均为正实数,且这些特征根对应的特征向量构成的 $N-1$ 维子空间横截(正交)于特征根 0 的特征向量 I。

(3) 记其特征根为

$$0 = \lambda_1 < \lambda_2 \leqslant \cdots \leqslant \lambda_N$$

那么有

$$\lambda_2 \leqslant \frac{N}{N-1} k_{\min} \leqslant \frac{N}{N-1} k_{\max} \leqslant \lambda_N \leqslant 2 k_{\max}$$

其中,$k_{\min}$ 和 $k_{\max}$ 分别为网络节点的最小度和最大度。

基于如上模型,当 $t \to \infty$ 时,如果有

$$x_i(t) - x_j(t) \to 0$$

那么就称该网络是自我完全渐进同步的,简称为完全同步。如果存在 $s(t)$ 使得

$$x_i(t) \to s(t)$$

则称网络的所有节点的状态完全渐进同步于同步状态 $s(t)$,式

$$x_1(t) = \cdots = x_N(t) = s(t)$$

为对应的同步流形。由于耗散耦合条件,同步状态 $s(t)$ 必为单个节点的动力学状态方程的平衡点或者周期轨道或者混沌轨道,即满足 $s(t)' = f(s(t))$。

对于原式的状态方程关于 $s(t)$ 线性化,记 ξ_i 为节点 i 状态的变分,可以得到如下的变分

方程：

$$\xi'_i = \mathrm{Df}(s)\xi_i - c\sum_{j=1}^{N} l_{ij}\,\mathrm{DH}(s)\xi_j \tag{4-4}$$

其中，$\mathrm{Df}(s)$ 和 $\mathrm{DH}(s)$ 分别是 $f(s)$ 和 $H(s)$ 关于 s 的 Jacobi 矩阵，记 $\boldsymbol{\xi}=(\xi_1,\cdots,\xi_N)$，则式 (4-4) 为

$$\boldsymbol{\xi}' = \mathrm{Df}(s)\boldsymbol{\xi} - c\mathrm{DH}(s)\boldsymbol{\xi}\boldsymbol{L}^{\mathrm{T}}$$

记 $\boldsymbol{L}^{\mathrm{T}}=\boldsymbol{U}\boldsymbol{\Lambda}\boldsymbol{U}^{-1}$ 为 Laplacian 矩阵的对角分解，$\boldsymbol{\Lambda}=\mathrm{diag}(\lambda_1,\cdots,\lambda_N)$，记 $\boldsymbol{\eta}=(\eta_1,\cdots,\eta_N)=\boldsymbol{\xi}\boldsymbol{U}$，则有

$$\boldsymbol{\eta}' = \mathrm{Df}(s)\boldsymbol{\eta} - c\mathrm{DH}(s)\boldsymbol{\eta}\boldsymbol{\Lambda}$$

其等价于

$$\begin{cases} \boldsymbol{\eta}'_1 = \mathrm{Df}(s)\boldsymbol{\eta}_1 & (4\text{-}5) \\ \boldsymbol{\eta}'_k = [\mathrm{Df}(s) - c\lambda_k\mathrm{DH}(s)]\boldsymbol{\eta}_k & k=2,\cdots,N \quad (4\text{-}6) \end{cases}$$

式 (4-5) 对应于同步流行平行方向的扰动。为保证同步流形的稳定性，须要求式 (4-6) 描述的 $N-1$ 个子系统是渐近稳定的。注意到除非 $s(t)$ 为平衡点，否则式 (4-6) 的每个子系统都是时变系统。在非线性动力学中发展起来的一个常用的稳定性判据是要求系统的横截 Lyapunov 指数全为负值。定义主稳定方程 (master stability equation) 如下：

$$y' = [\mathrm{Df}(s) - \alpha\mathrm{DH}(s)]y$$

该方程的最大 Lyapunov 指数 $L_{\max}$ 是实数变量 α 的函数，称之为该网络系统的主稳定函数[35-37] (master stability function)。我们把使得最大 Lyapunov 指数 $L_{\max}$ 为负的实数 α 的取值范围 S 称为网络系统的同步化区域，并且它是由单个节点的动力学方程的动力函数 $f(*)$ 和输出函数 $H(*)$ 确定的。如果耦合强度与 Laplacian 矩阵的每个非零特征值之积都属于同步化区域，即

$$c\lambda_k \subseteq S \quad k=2,\cdots,N$$

那么同步流行是渐近稳定的。根据同步化区域 S 的不同情形，可以把网络系统分为Ⅰ类、Ⅱ类、Ⅲ类、Ⅳ类网络，其中Ⅰ类、Ⅱ类、Ⅳ类网络对应的主稳定函数如图 4.10 所示。

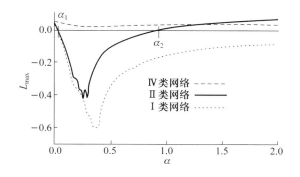

图 4.10　几种类型的网络对应的主稳定函数

4.2.2　网络同步能力分析

1. Ⅰ类网络

该类型网络对应的同步化区域 $S=(\alpha_1,+\infty)$，α_1 为有限正实数。对于该类网络，如果

$$c\lambda_2 > \alpha_1$$

即

$$c > \frac{\alpha_1}{\lambda_2} > 0 \tag{4-7}$$

那么,该类型对应的网络的同步流行是渐近稳定的。因此,Ⅰ类网络关于拓扑结构的同步化能力可以用对应的 Laplacian 矩阵的最小非零特征值 λ_2 来刻画。λ_2 越大,则实现同步所需的耦合强度 c 可以越小,在这个意义下,Ⅰ类网络的同步化能力越强。我们把式(4-7)记为同步判据Ⅰ。

2. Ⅱ类网络

该类型网络对应的同步化区域 $S = (\alpha_1, \alpha_2)$,α_1 和 α_2 均为有限正实数。对于该类网络,如果

$$c\lambda_2 > \alpha_1 \text{ 且 } c\lambda_N < \alpha_2$$

即当耦合强度 c 满足

$$\frac{\alpha_1}{\lambda_2} < c < \frac{\alpha_2}{\lambda_N} \tag{4-8}$$

那么,该类型对应的网络的同步流行是渐近稳定的。我们把式(4-8)记为同步判据Ⅱ,并可以得到

$$R \equiv \frac{\lambda_N}{\lambda_2} < \frac{\alpha_2}{\alpha_1}$$

由此,Ⅱ类网络关于拓扑结构的同步化能力可以用对应的 Laplacian 矩阵的最大非零特征值与最小非零特征值的比 R 来刻画。R 越小,同步判据Ⅱ越容易满足,在这个意义下,Ⅱ类网络的同步化能力越强。

3. Ⅲ类网络

该类型网络对应的同步化区域 S 为几个不相邻区间的并,如 $S = (a_1, a_2) \bigcup (a_3, a_4)$。

4. Ⅳ类网络

该类型网络对应的同步化区域 S 为空集,即对于任意的耦合强度和网络拓扑结构,这类型网络都无法实现自我渐进同步。

值得强调的是,一个给定拓扑结构的网络系统属于上述哪一种类型,是由该网络的单个节点的动力学方程中的动力函数 $f(*)$ 和输出函数 $H(*)$ 确定的,而与其拓扑结构无关。属于哪一类型网络的计算可以用稳定性理论给出一些实用的充分条件[35-37],我们不再进一步进行讨论。

假设网络是连通的,那么只要网络的耦合强度充分大,Ⅰ类型网络就一定可以实现自我渐进同步;只有当耦合强度属于一定范围时,Ⅱ类型网络才会同步,即太弱或太强的耦合强度,都会使Ⅱ类型网络无法实现同步,弱的耦合强度使得网络不能同步是显然的,而强的耦合强度使得网络不能同步的一个解释是,网络节点状态在邻居节点的强影响下总是在反复振荡而不收敛。

习　题

1. 如图 4.11 所示,该图表示包含 17 个人的小型社会网络上的传播过程。我们假设初设

时刻每个人都使用非智能手机 A，之后某公司 S 推出新型智能手机 B，其传播阈值为 $q=0.5$：即一个原本使用非智能手机 A 的节点，如果他的邻居中至少有一半的节点都拥有了新型智能手机 B，那么该节点就会购买 B。

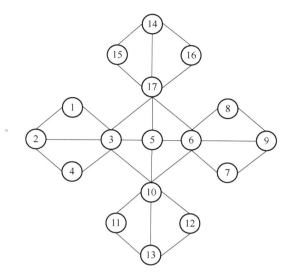

图 4.11　小型社会网络

（1）公司 S 目前只能向该网络群体免费推广赠送 2 部新型智能手机 B，请问如何选择赠送对象，可以使得购买智能手机 B 的人数最多？可以使得其余所有人都购买智能手机 B 吗？

（2）现在假设节点 5 在网络中不存在（对应节点 5 的边也不存在，如图 4.12 所示），则第（1）问的结果能实现吗？

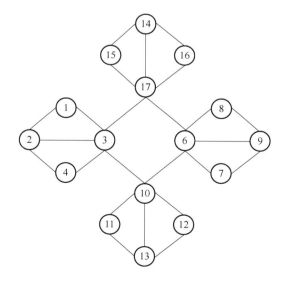

图 4.12　不存在节点 5 的社会网络

（3）在第（2）问的基础上，假设公司 S 加大推广力度，则至少需要免费赠送多少智能手机 B 才能占领此题中的整个市场？

（4）在第（2）问的基础上，假设公司 S 改进自身产品的设计和性能，使得其新型智能手机

B 的传播阈值下降为 p，则在免费赠送 2 部智能手机 B 的条件下，p 需要降到多少才能占领此题中的整个市场？

（5）分析总结网络结构和传播阈值对传播结果的影响。

2. 考虑一个由 N 个节点组成的无向网络，边权值均为 1，假设节点 i 的动力学状态方程为：

$$x'_i = \sum a_{ij}(x_j - x_i)$$

其中，$A = (a_{ij})$ 是邻接矩阵，请证明，对于任意给定的初始状态

$$\boldsymbol{x}(0) = [x_1(0), x_2(0), \cdots, x_N(0)]^T$$

都有

$$x_i(t) \rightarrow \frac{1}{N}\sum x_j(0)$$

本章参考文献

[1]　何大韧，刘宗华，汪秉宏. 复杂系统与复杂网络[M]. 北京：高等教育出版社，2009.

[2]　Albert R，Barabási A L. Statistical mechanics of complex networks[J]. Reviews of Modern Physics，2002，74(1)：47.

[3]　Boccaletti S，Latora V，Moreno Y，et al. Complex networks：Structure and dynamics[J]. Physics Reports，2006，424(4-5)：175-308.

[4]　Liljeros F，Edling C R，Amaral L A N，et al. The web of human sexual contacts[J]. Nature，2001，411(6840)：907.

[5]　Anderson R M，May R M. Infectious diseases of humans：dynamics and control[M]. [S. l.]：Oxford University Press，1992.

[6]　Riley S. Large-scale spatial-transmission models of infectious disease[J]. Science，2007，316(5829)：1298-1301.

[7]　Grassly N C，Fraser C. Mathematical models of infectious disease transmission[J]. Nature Reviews Microbiology，2008，6(6)：477.

[8]　Baldick R，Chowdhury B，Dobson I，et al. Initial review of methods for cascading failure analysis in electric power transmission systems IEEE PES CAMS task force on understanding，prediction，mitigation and restoration of cascading failures[C]//2008 IEEE Power and Energy Society General Meeting-Conversion and Delivery of Electrical Energy in the 21st Century. [S. l.]：IEEE，2008.

[9]　Schweitzer F，Fagiolo G，Sornette D，et al. Economic networks：The new challenges [J]. Science，2009，325(5939)：422-425.

[10]　Garas A，Argyrakis P，Rozenblat C，et al. Worldwide spreading of economic crisis[J]. New Journal of Physics，2010，12(11)：113043.

[11]　Pastor-Satorras R，Vespignani A. Epidemic spreading in scale-free networks[J]. Physical Review Letters，2001，86(14)：3200.

[12] Ferguson N M，Keeling M J，Edmunds W J，et al. Planning for smallpox outbreaks[J]. Nature，2003，425(6959)：681.

[13] Cummings D A T，Irizarry R A，Huang N E，et al. Travelling waves in the occurrence of dengue haemorrhagic fever in Thailand[J]. Nature，2004，427(6972)：344.

[14] Stone L，Olinky R，Huppert A. Seasonal dynamics of recurrent epidemics[J]. Nature，2007，446(7135)：533.

[15] Bailey N T J. The mathematical theory of infectious diseases and its applications[M]. [S. l.]：Charles Griffin & Company Ltd 5a Crendon Street，High Wycombe，Bucks HP13 6LE. ，1975.

[16] Crepey P，Alvarez F P，Barthélemy M. Epidemic variability in complex networks[J]. Physical Review E，2006，73(4)：046131.

[17] Vazquez A. Polynomial growth in branching processes with diverging reproductive number[J]. Physical Review Letters，2006，96(3)：038702.

[18] Zhou Tao，Liu Jianguo，Bai Wenjie，et al. Behaviors of susceptible-infected epidemics on scale-free networks with identical infectivity[J]. Physical Review E，2006，74(5 Pt 2)：056109.

[19] Poletti P，Ajelli M，Merler S. Risk perception and effectiveness of uncoordinated behavioral responses in an emerging epidemic[J]. Mathematical Biosciences，2012，238(2)：80-89.

[20] Xiao Yunpeng，Song Chenguang，Liu Yanbin. Social hotspot propagation dynamics model based on multidimensional attributes and evolutionary games[J]. Communications in Nonlinear Science and Numerical Simulation，2019(67)：13-25.

[21] Eguiluz V M，Klemm K. Epidemic threshold in structured scale-free networks[J]. Physical Review Letters，2002，89(10)：108701.

[22] Liu Zonghua，Bambi H. Epidemic spreading in community networks[J]. EPL (Europhysics Letters)，2005，72(2)：315.

[23] Pastor-Satorras R，Vespignani A. Epidemic dynamics and endemic states in complex networks [J]. Physical Review E，2001，63(6 Pt 2)：066117.

[24] 汪小帆，李翔，陈关荣. 网络科学导论[M]. 北京：高等教育出版社，2012.

[25] Boguná M，Pastor-Satorras R，Vespignani A. Absence of epidemic threshold in scale-free networks with degree correlations[J]. Physical Review Letters，2003，90(2)：028701.

[26] Moreno Y，Pastor-Satorras R，Vespignani A. Epidemic outbreaks in complex heterogeneous networks[J]. The European Physical Journal B-Condensed Matter and Complex Systems，2002，26(4)：521-529.

[27] Pastor-Satorras R，Vespignani A. Epidemics and immunization in scale-free networks[J]. Handbook of graphs and networks：from the genome to the Internet，2002：113-132.

[28] Cohen R，Havlin S，Avraham D B. Efficient immunization strategies for computer networks and populations[J]. Physical Review Letters，2013，91(24)：247901.

[29] Buck J . Synchronous Rhythmic Flashing of Fireflies. II. [J]. The Quarterly Review of Biology，1988，63(3):265-289.

[30] Claridge M F. Acoustic signals in the Homoptera: behavior，taxonomy，and evolution[J]. Annual Review of Entomology，1985，30(1): 297-317.

[31] Néda Z，Ravasz E，Brechet Y，et al. Self-organizing processes: the sound of many hands clapping[J]. Nature，2000，403(6772): 849-850.

[32] Winfree A T. Biological rhythms and the behavior of populations of coupled oscillators[J]. Journal of Theoretical Biology，1967，16(1): 15-42.

[33] Kuramoto Y. Chemical oscillations，waves，and turbulence[M]. [S. l.]: Courier Corporation，2003.

[34] Wang Xiaofang，Chen Guorong. Synchronization in small-world dynamical networks[J]. International Journal of Bifurcation and Chaos，2002，12(01): 187-192.

[35] Wang Xiaofang，Chen Guorong. Synchronization in scale-free dynamical networks: robustness and fragility [J]. IEEE Transactions on Circuits and Systems I: Fundamental Therory and Applications，2002，49(1):54-62.

[36] Barahona M，Pecora L M. Synchronization in small-world systems[J]. Physical Review Letters，2002，89(5): 054101.

第 5 章

网络特征计算方法

本章思维导图

复杂网络相关数据挖掘是网络科学与计算的热点研究领域,本章将主要介绍基于复杂网络理论的社会网络特征计算方法。这些计算方法涉及第 2 章提到的网络基本特征,如度与度分布、度相关性、同配性、聚集系数,最短路径和平均值、连通性和连通分量、介数中心性和接近中心性等。在此将这些相关特征的计算分为四类:点边统计特征计算、点边排序特征计算、子图特征计算、全图特征计算。这些基本特征计算方法是进行大规模网络科学计算的技术基础。本章思维导图如图 5.1 所示。

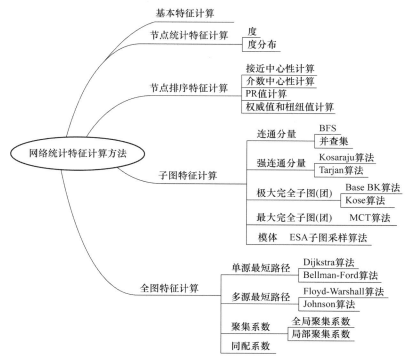

图 5.1 本章思维导图 5

5.1　基本特征计算

复杂网络的基本特征又称为静态特征,图5.2总结了这些特征:节点和边的相关性、子图相关和全图相关。点边相关性既包含基本统计特征,如度与度分布、度度相关性、权与权分布等,也包括可排序特征,如一些中心性和重要性的排序指标等。在子图特征方面,包括连通分量、子图和极大连通子图、模体、极大和最大完全子图等概念。在全图特征方面包括单源最短路径、多源最短路径、平均路径长度、网络直径、网络密度、聚集系数与平均聚集系数、同配系数。

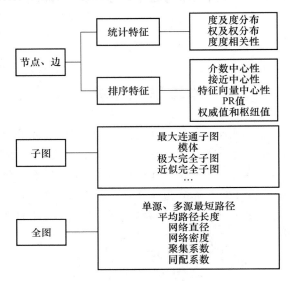

图 5.2　复杂网络基本特征计算

5.2　节点统计特征计算

在复杂网络中,将网络的统计特征称为网络静态几何量。部分静态几何量的定义和集合意义如下:

（1）度

节点度(degree)是刻画节点特征最重要的概念之一[1]。对无向网络中,我们定义节点 i 的度为与节点直接相连的边的数目,因为简单图中不考虑自环与重边,所以节点 i 的度也能定义为与 i 直接相连的其他节点的数量,记为 k_i,则

$$k_i = \sum_{j=1}^{N} a_{ij} = \sum_{j=1}^{N} a_{ji}$$

可得平均度为

$$\langle k_i \rangle = \frac{\sum_{i=1}^{N} k_i}{N} = \frac{\sum_{i,j=1}^{N} a_{ij}}{N}$$

对有向网络,节点度分为出度和入度,节点 i 的出度是从节点 i 指向其他节点的边的数量,节点 i 的入度是从其他节点指向 i 的边的数量。

$$k_i^{\text{out}} = \sum_{j=1}^{N} a_{ij} \quad k_i^{\text{in}} = \sum_{j=1}^{N} a_{ji}$$

无向网络中所有节点的度的平均值记为网络的平均度 $\langle k_i \rangle$。可推出无向网络平均度和网络边的数量 M 关系如下:

$$2M = N\langle k_i \rangle$$

同样地,在有向网络中,网络的平均出度 $\langle k_i^{\text{out}} \rangle$ 和平均入度 $\langle k_i^{\text{in}} \rangle$ 定义为节点出度和入度的平均值,且符合下面公式:

$$\langle k_i^{\text{out}} \rangle = \langle k_i^{\text{in}} \rangle = \frac{M}{N}$$

（2）度分布概念

确定网络中每个节点的度值后,可以进一步得到整个网络的一些性质。度分布是将网络节点的度按从小到大排序,从而统计得到度为 k 的节点占整个网络节点的比例 $P(k)$。$P(k)$ 可表示网络中的随机选择一个节点度为 k 的概率。

网络分析工具 Gephi

$$P_i(k) = P(k_i = k)$$

同样地,有向图可以定义出度分布为网络中随机选取一个节点出度为 k_i^{out} 的概率,入度分布为网络中随机选择一个节点入度为 k_i^{in} 的概率。

下面介绍几个度分布计算实例。

① 对于 10 个节点组成的无向图（如图 5.3 所示）,其中,度数是 4 的节点有 3 个,度数是 3 的节点有 6 个,度数是 6 的节点有 1 个,所以度分布是

$$P(k) = \begin{cases} 0.3 & k=4 \\ 0.6 & k=3 \\ 0.1 & k=6 \\ 0 & \text{其他} \end{cases}$$

② 对于 n 阶完全图（每对节点之间均有边相连）,度分布为

$$P(k) = \begin{cases} 1 & k=n-1 \\ 0 & k \neq n-1 \end{cases}$$

③ G 是任意两顶点之间以概率 $0 < p < 1$ 连边的随机图,那么每个顶点都有相同的度分布

$$P(k) = \binom{n-1}{m} p^m (1-p)^{n-1-m}$$

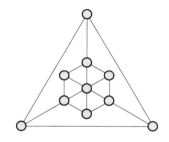

图 5.3　由 10 个节点组成的无向图

这个分布是泊松分布。我们可以构造每个节点的度数都是这样概率分布的随机图模型。这样当节点数很大的时候,度数是 k 的顶点个数占的比例大致是 $P(k)$。如图 5.4(a) 所示,随机网络度分布的特点是当 k 很小或者很大的时候,$P(k)$ 都近似于 0,$P(k)$ 的值在一个特定的值处达到高峰,然后回落。大多数的顶点的度数在这个特定值左右,称为标度特性。然而在真实的复杂网络中,人们观察到真实世界中的一些网络的度分布并不像随机图模型的度分布聚集在某个特定值周围,而是如图 5.4(b) 所示,随着 k 增大而以多项式速度递减,也就是遵从所谓的幂律分布:$P(k) \propto 1/k^{\gamma}$。也就是说 $P(k)$ 的概率反比于 k 的某个幂次,其中 γ 是正实数。这种网络特性被称为无尺度特性。图 5.5 是含 420 万节点的无标度网络度分布图。横轴和纵轴分别为度数和节点数的对数值,这是为了方便表示幂律特征。

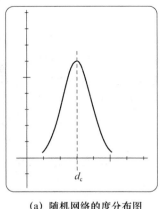
(a) 随机网络的度分布图

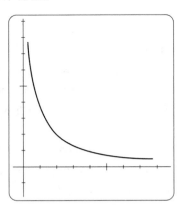
(b) 无尺度网络的度分布图

图 5.4　随机网络和无尺度网络度分布图

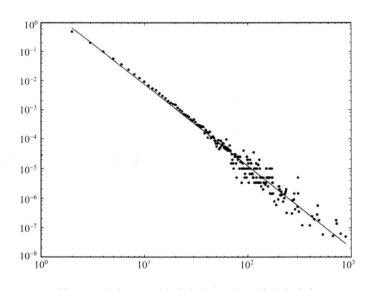

图 5.5　包含 420 万个节点的无尺度网络的度分布

5.3　节点排序特征计算

5.3.1　接近中心性计算

接近中心性是指计算一个节点到所有其他可达节点的最短距离的倒数,进行累积后归一化的值。接近中心性可以用来衡量信息从该节点传输到其他节点的时间长短[2]。节点的接近中心性越小,其处于所在图中的位置越靠近中心。

$$\mathrm{CC}_i = \frac{1}{d_i} \frac{N}{\sum_{j=1}^{N} d_{ij}}$$

其中,d_i 可表示计算节点 i 到网络中所有节点的距离的平均值,d_i 的值可由所有节点 i 到任一其他节点 j 的单源最短路径 d_{ij} 求出。计算中涉及求最短路径(在 5.4 节),这里采用 BFS 算法求单源最短路径。计算接近中心性的伪代码如下:

算法 1　接近中心性

输入：G〈V, E〉

输出：每个 Vertex 的 Closeness 值

符号：dis 表示距离变量,total 表示距离总和,iter 边迭代器,v,adv 节点,visited[]表示访问数组,queue BFS 所用队列

```
1   function closeness(graph)
2   for v ∈ V do
3       dis←0,total←0;
4       queue.add(v); / * 将 v 加入队列 * /
5       v∈visited;
6       while queue ≠ ∅ do
7         len←queue.size();
8         dis + + ;
9         for i : 0 to len do
10          v←queue.remove(0);
11          iter←v.getEdges();/ * 查找以 v 为节点的所有边 * /
12          while iter≠∅ do
13            e← iter.next();
14            adv←e.getAdjVertex(v);/ * 访问边 e 上的另一个点 * /
15            if adv ! ∈ visited do
16              total←total + dis;
17              adv∈visited;
18              queue.add (adv); / * 将 adv 加入队列 * /
19            end if
```

```
20          end while
21        end for
22      end while
23      avg← 1 /total;
24      return avg;
25  end for
26  end function
```

5.3.2　介数中心性计算

在图论中,介数中心性是基于最短路径的图的中心性度量。对于连通图中的每对顶点,顶点之间至少存在一条最短路径。每个顶点的介数中心性是指通过顶点的最短路径的数量占总最短路径的比例。

$$C_B(v) = \sum_{s \neq v \neq t \in V} \frac{\sigma_{st}(v)}{\sigma_{st}}$$

其中,σ_{st} 表示节点 s 和节点 t 之间的最短路径的数目,$\sigma_{st}(v)$ 表示节点 s 和节点 t 之间的经过中间节点 v 最短路径的数目。

介数中心性的计算涉及多源最短路径,目前效率最好的方法是 Ulrik、Brands 等人提出的算法[3],该算法在无权图上复杂度为 $O(mn)$,在有权图上复杂度为 $O(mn + n\log n)$,在网络稀疏的时候,复杂度接近 $O(n^2)$。该算法简要说明如下:

引理 1(bellman 标准)　如果节点 v 在节点 s 和 t 的最短路径上,那么 $d(s,t) = d(s,v) + d(v,t)$,即 s 到 v 和 v 到 t 都需要是最短路径。

定义节点对依赖(pair-dependencies)为 $\delta_{st}(v) = \frac{\sigma_{st}(v)}{\sigma_{st}}$,也就是 v 在 s 到 t 最短路径上的比例,可表示为:

$$\sigma_{st}(v) = \begin{cases} 0 & \text{若 } d(s,t) < d(s,v) + d(v,t) \\ \sigma_{sv} g \sigma_{vt} & \text{其他} \end{cases}$$

则介数中心性可由节点对依赖计算:

$$C_B(v) = \sum_{s \neq v \neq t \in V} \delta_{st}(v)$$

引理 2　邻接矩阵的 k 次幂 $\boldsymbol{A}^{(k)}$ 中,项 $a_{uv}^{(k)}$ 等于 u 到 v 的长度为 k 的路径数。

因此每个顶点需要计算 $O(n^2)$ 个节点对依赖。计算时间集中在矩阵乘运算,且几何路径计算的是长度小于网络直径的路径数。我们更关心的是每对顶点之间最短路径数。

引理 3　定义从 s 出发到顶点 v 的所有前驱节点集合,$Ps(v) = \{u \in V : \{u,v\} \in E, d(s,v) = d(s,u) + \omega(u,v)\}$,则对于 $s \neq v, \sigma_{sv} = \sum_{u \in Ps(v)} \sigma_{su}$。

根据此定理,可通过 BFS 算法(无权图)或 Dijkstra 算法(带正权图)计算出所有最短路径的数量。

引理 4　给定顶点 s,单源最短路径在非加权图中可在 $O(m)$ 时间量上实现,加权图中可在 $O(mn + n^2 \log n)$ 的时间量上实现。

引理 5　如果 s 到每个 t 都存在一条最短路径，那么 s 对 v 的依赖值 $\delta_s.(v)$ 服从以下规律：

① 如果 s 和 t 间仅有一条最短路径（如图 5.6 所示），则可将 v 对 s 的依赖值转化为其前序节点对 s 的依赖值：$\delta_s.(v) = \sum\limits_{w:v\in P_s(w)}(1+\delta_s.(w))$。

② 如果 s,t 间有多条最短路径（如图 5.7 所示），则 $\delta_s.(v) = \sum\limits_{w:v\in P_s(w)}\dfrac{\sigma_{sv}}{\sigma_{sw}}[1+\delta_s.(w)]$。

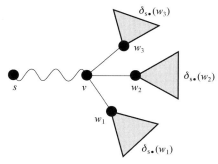

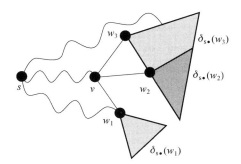

图 5.6　定理 5 的特殊情况，(s,t)　　　　　图 5.7　定理 5 的一般情况
之间仅有一条最短路径

因此，计算 δ_{st} 的方法如下：

步骤 1：选取源节点 s，求 s 到 t 的最短路径条数 σ_{st}。

步骤 2：遍历过程中将节点入栈，保留节点作为其他节点前驱的集合。

步骤 3：用公式计算 $\sigma_{st}(v)$。

介数中心性算法的伪代码如下：

算法 2　介数中心性

输入：G⟨V,E⟩

输出：每个节点的 Betweennees 值

符号：CB[]介数累计值，S 连通片堆，P[]前序节点队列，Q 广度搜索队列，σ[]最短路径数组，d[]距离数组，δ[]节点对依赖

```
1   function BC(graph) P
2   CB[v] ← 0, v∈V ;
3   for s∈V do / * 依次将节点作为源节点 * /
4     S ← empty stack; / * 初始化空堆,用于寻找 s 的连通片 * /
5     P[w] ← empty list, w∈V ;
6     σ[w] ← 0,w∈V ; σ[s] ← 1;
7     d[w] ← -1, w∈V ; d[s] ← 0;
8     Q ← empty queue;/ * 该队列用于广度优先搜索 * /
9     enqueue Q;/ * 将 s 加入到队列中 * /
10    while Q not empty do
11      dequeue Q;/ * 从队列中取出一个节点 v * /
12      push S; / * 将 v 加入到堆中,加入到 s 的连通片 * /
13      for each neighbor w of v do
14        if d[w] < 0 then / * 如果 s 到 w 还没有计算过,则将 w 加入队列 * /
```

```
15          enqueue Q;
16            d[w] ← d[v] + 1;
17        end if
18        if d[w] = d[v] + 1 then
19          σ[w] ← σ[w] + σ[v];
20            append P[w];/ * 将 v 加入到 w 的前序节点集合中 * /
21          end if
22      end for
23    end while
24      δ[v] ← 0,v∈V ;
25    while S not empty do / * 当 S 不为空时,S 的连通片不为空 * /
26      pop S;
27      / * 取出 w 的前序节点集合,计算其依赖于 s 的介数中心性值 * /
28      for v∈P[w] do
29          δ[v] ← δ[v] + σ[v]/σ[w](1 + δ[w]);
30        if w≠s then CB[w] ← CB[w] + δ[w]; / * 将 w 的依赖介数中心性值汇总 * /
31    end while
32  end for
33  end function
```

5.3.3　PR 值计算

PageRank 算法又称网页排名算法,是一种由搜索引擎根据网页(节点)之间相互的超链接进行计算的技术,用来体现网页(节点)的相关性和重要性[4]。其遵循两条规则:

① 如果一个网页被很多其他网页链接到,说明这个网页比较重要,也就是其 PR 值会相对较高。

② 如果一个 PR 值很高的网页链接到其他网页,那么被链接到的网页的 PR 值会相应地提高。

算法描述:预先给每个网页一个 PR 值,由于 PR 值物理意义上为一个网页被访问概率,所以一般是 $1/N$,其中 N 为网页总数。另外,一般情况下,所有网页的 PR 值的总和为 1。预先给定 PR 值后,通过下面的算法不断迭代,直至达到平稳分布为止。

$$\mathrm{PR}_i(t+1) = \alpha \sum_{j=1}^{N} \boldsymbol{A}_{ji} \frac{\mathrm{PR}_j(t)}{L_j} + (1-\alpha)\frac{1}{N} \tag{5-1}$$

其中,$\boldsymbol{A}_{ij}$ 是网络邻接矩阵,L_j 是网页 j 的出链数目,N 是网页数,α 是阻尼系数,每次转移有 $1-\alpha$ 的概率随机跳转到任意页面,避免在出度为 0 的页面停留。根据式(5-1),我们可以计算每个网页的 PR 值,在不断迭代趋于平稳的时候,即为最终结果。具体怎样算是趋于平稳,我们在下面给出解释。

证明 PageRank 算法的正确性需要证明以下两点($\boldsymbol{P}_n$ 为第 n 次迭代时各网页 PR 值组成

的列向量）：

    ① $\lim\limits_{n\to\infty}\boldsymbol{P}_n$ 是否存在？

    ② 如果极限存在，那么它是否与 $\boldsymbol{P}_0$ 的选取无关？

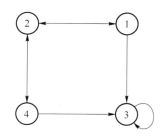

图 5.8　PageRank 计算实例

    为了方便证明，我们先将 PR 值的计算方法转换一下。考虑图 5.8，我们可以用一个矩阵 $\boldsymbol{S}$ 来表示这张图的出链入链关系，S_{ij} 的取值为：

$$S_{ij}=\begin{cases}0 & i\text{ 没有链接指向 }j\\ d_{out}(i) & i\text{ 有链接指向 }j\end{cases}$$

其中，$d_{out}(i)$ 是节点 i 的出度。图 5.8 网络的 $\boldsymbol{S}$ 矩阵的值应该为：

$$\boldsymbol{S}=\begin{pmatrix}0 & 1/3 & 1/3 & 1/3\\ 1/2 & 0 & 0 & 1/2\\ 0 & 0 & 1 & 0\\ 0 & 1/2 & 1/2 & 0\end{pmatrix}$$

取 $\boldsymbol{e}$ 为所有分量都为 1 的列向量，接着定义矩阵：

$$\boldsymbol{A}=\alpha\boldsymbol{S}+\frac{1-\alpha}{N}\boldsymbol{e}\boldsymbol{e}^{\mathrm{T}}$$

则 PR 值的计算如下，其中 $\boldsymbol{P}_n$ 为第 n 次迭代时各网页 PR 值组成的列向量：$\boldsymbol{P}_{n+1}=\boldsymbol{A}\boldsymbol{P}_n$。

    于是计算 PR 值的过程就变成了一个 Markov 过程，那么 PageRank 算法的证明也就转为 Markov 过程的收敛性证明：如果这个 Markov 过程收敛，那么 $\lim\limits_{n\to\infty}\boldsymbol{P}_n$ 存在，且与 $\boldsymbol{P}_0$ 的选取无关。

    若一个 Markov 过程收敛，那么它的状态转移矩阵 $\boldsymbol{A}$ 满足如下要求：

    第一点，要求 $\boldsymbol{A}$ 是随机矩阵。随机矩阵又叫概率矩阵或 Markov 矩阵，满足以下条件：令 a_{ij} 为矩阵 $\boldsymbol{A}$ 中第 i 行第 j 列的元素，则 $\forall i=1,\cdots,n,j=1,\cdots,n,a_{ij}\geqslant0$，且 $\forall i=1,\cdots,n,\sum\limits_{j=1}^{n}a_{ij}=1$。显然我们的 $\boldsymbol{A}$ 矩阵所有元素都大于或等于 0，并且每一列的元素和都为 1。

    第二点，要求 $\boldsymbol{A}$ 是不可约矩阵。矩阵 $\boldsymbol{A}$ 是不可约的当且仅当与 $\boldsymbol{A}$ 对应的有向图是强联通的。有向图 $G=(V,E)$ 是强联通的当且仅当对每一对节点对 $u,v\in V$，存在从 u 到 v 的路径。因为我们在之前设定用户在浏览页面的时候有确定概率通过输入网址的方式访问一个随机网页，所以 $\boldsymbol{A}$ 矩阵同样满足不可约的要求。

    第三点，要求 $\boldsymbol{A}$ 是非周期的。周期性体现在 Markov 链的周期性上，即若 $\boldsymbol{A}$ 是周期性的，那么这个 Markov 链的状态就是周期性变化的。因为 $\boldsymbol{A}$ 是素矩阵（素矩阵指自身的某个次幂为正矩阵的矩阵），所以 $\boldsymbol{A}$ 是非周期的。

    至此，我们证明了 PageRank 算法的正确性。以上述证明为前提，PR 值计算方法有三种：

① 幂迭代法。首先给每个页面赋予随机的 PR 值,然后通过 $P_{n+1}=AP_n$ 不断地迭代 PR 值。当满足 $|P_{n+1}-P_n|<\sigma$ 后迭代结束,获得所有页面的 PR 值。

② 特征值法。当上面提到的 Markov 链收敛时,必有 $P=AP\Rightarrow P$ 为矩阵 A 特征值 1 对应的特征向量(随机矩阵必有特征值 1,且其特征向量所有分量全为正或全为负)。

③ 代数法。类似地,当上面提到的 Markov 链收敛时,必有:

$$P=AP\Rightarrow P=\left(\alpha S+\frac{1-\alpha}{N}ee^{\mathrm{T}}\right)P\Rightarrow P=\alpha SP+\frac{1-\alpha}{N}e\Rightarrow P=(ee^{\mathrm{T}}-\alpha S)^{-1}\frac{1-\alpha}{N}e$$

使用幂迭代法计算的伪代码如下:

算法 3　Basic PageRank

输入:G⟨V, E⟩,迭代次数 T,跳转概率 α

输出:每个 Vertex 的 PR 值

符号:PR 节点 PageRank 值,iter 节点集,inEdge 点的出度边集,adjEdge 边,adjVertex 邻接点,outDeg 出度,sum 归一化的 PR 值之和

```
1    function PageRank(graph,T,α)
2      V ←The number of vertexes , PR← 1;
3        for i : 0 to T do
4          iter←VertexSet();
5          while iter≠∅ do
6            v ← iter.next();
7            sum ←0;
8            inEdge←v.InEdges();/* 寻找以 v 为出度的边 */
9            while inEdge≠∅ do
10              adjEdge ← InEdge.next();
11              adjVertex ← adjEdge.AdjVertex(v);/* 得到该边的邻接点 */
12              outDeg←adjVertex.OutDegree();/* 以邻接点计算出度 */
13              sum ←15 + PR/outDeg;
14            end while
15            PR ←α * sum + (1 − α)/V;
16          end while
17      end for
18    end function
```

5.3.4　权威值和枢纽值计算

HITS 算法[5]的英文全称是 hyperlink-induced topic search。在 HITS 算法中,每个页面被赋予两个属性:hub 属性和 authority 属性。同时,网页被分为两种:hub 页面和 authority 页面。hub 页面指那些包含了很多指向 authority 页面的链接的网页,如国内的一些门户网站等;authority 页面指那些包含有实质性内容的网页。HITS 算法的目的是当用户查询时,返回

给用户高质量的 authority 页面。

步骤 1：用 $a(i)$、$h(i)$ 分别表示页面节点 i 的权威值和枢纽值。

步骤 2：初始化。在没有更多可利用信息时，每个页面的两个权值都设置为 1。

步骤 3：迭代计算页面的权值。

$$a_t(j) = \sum_{(i,j) \in E} h_{t-1}(i)$$
$$h_t(i) = \sum_{(i,j) \in E} a_{t-1}(j)$$

步骤 4：归一化处理。

$$a_t = a_t / \|a_t\|$$
$$h_t = h_t / \|h_t\|$$

步骤 5：比较上一轮迭代计算中的权值和本轮迭代之后权值的差异，如果发现总体权值没有明显变化或变化小于阈值 $\|a_t - a_{t-1}\| + \|h_t - h_{t-1}\| < \varepsilon$，说明算法已收敛，结束。

HITS 算法的伪代码如下：

算法 4 HITS 算法

输入：G⟨V，E⟩，迭代次数 T

输出：每个 Vertex 的 hub 值和 authority 值

符号：hub[][] 中心值矩阵，authority[][] 权威值矩阵，z_a 页面的权值，z_h 页面的中心值，vertexs[][] 邻接矩阵。

```
1   function Hits(Graph , T)
2        for i : 0 to v - 1 do/ * 将所有的中心值和权威值初始化 * /
3            authority[0][i] ← 1;
4            hub[0][i] ← 1;
5        end for //更新中心值和权威值,迭代 K 次
6        for i : 1 to T do
7            for j : 0 to v - 1 do
8                authority[i][j] ← 0;
9                hub[i][j] ← 0;
10           end for
11           z_a ← 0,z_h ← 0;
12           for j : 0 to v - 1 do
13               for k : 0 to v - 1 do
14                   if vertexs[j][k] ≠ 0 do
15                       hub[i][j] ← hub[i][j] + authority[i - 1][k];
16                       z_h ← z_h + authority[i - 1][k];
17                   end if
18                   if vertexs[k][j] ≠ 0 do
19                       authority[i][j] ← authority[i][j] + hub[i - 1][k];
20                       z_a ← z_a + hub[i - 1][k];
```

```
21              end if
22          end for
23      end for
24      for j : 0 to v do /＊对任意节点,计算 authority 和 hub 值＊/
25          authority[i][j]← authority[i][j]/ zₐ;
26          hub[i][j]← hub[i][j]/zₕ;
27      end for
28  end for
29 end function
```

5.4　子图特征计算

5.4.1　连通分量与强连通分量

如果图无向图 G 的每一对节点间都至少存在一条路径,则称一个无向图是连通的,否则称无向图 G 不连通。一个不连通图必定由多个连通分量构成。连通分量又称极大连通子图,满足的条件是:①连通性。子图任意一对节点间存在路径。②独立性。子图以外的任一节点与子图内节点不存在路径。对连通图,连通分量就是其自身。

在考虑方向的有向图 G 中,如果两个顶点 v_i、v_j 间($v_i > v_j$)有一条从 v_i 到 v_j 的有向路径,同时还有一条从 v_j 到 v_i 的有向路径,则称两个顶点强连通(strongly connected)。如果有向图 G 的每两个顶点都强连通,称 G 是一个强连通图。有向图的极大强连通子图称为强连通分量(strongly connected components)。

查找无向图的连通分量可以使用 BFS 和并查集的方法[6]。强连通分量的查找经典方法有 Kosaraju 算法和 Tarjan 算法,下面对求强连通算法进行讨论。

1. Kosaraju 算法

Kosaraju 是基于深度优先搜索的算法。这个算法比较关键的部分是同时应用了原图 G 和反图 G'。算法关键步骤如下。

步骤 1:对图 G 进行深度优先遍历,记录各点离开时间。

步骤 2:对图 G 中边求反,得图 G'。

步骤 3:选择具有最晚离开时间的顶点进行反图深度优先遍历(DFS),一次遍历到的顶点构成强连通分量,在图中删除该点。

步骤 4:重复步骤 3,直到所有顶点都被删除。

Kosaraju 算法的伪代码如下：

算法 5　Kosaraju 算法

输入：G⟨V,E⟩

输出：连通分量个数

符号：visited[] 记录访问过点的矩阵，map[][] 邻接矩阵，S 栈，t 连通分量计数

```
1  function DFS(v)
2      visited[v] ← 1;
3      for i : 1 to N do
4          if ! visited[i] && map[v][i] then
5              DFS(i);
6          end if
7      end for
8      S.push(v);
9  end function
10 function Negative_DFS(v)
11     visited[v] ← 1;
12     for i : 1 to N do
13         if ! visited[i] && map[v][i] then
14             DFS(i);
15         end if
16     end for
17 end function
18 function kosaraju(graph)
19     while S is not empty do
20         S.pop();
21     end while
22     Initialize visited[] to 0;/ * 初始化 visited 数组 * /
23     for i : 1 to N do
24         if(! visited[i]) then DFS(i);
25         end if
26     end for
27     t ← 0;
28     Initialize visited[] to 0;
29     while ! S.empty() do
30         v ← S.top();
31         S.pop();
32         if ! visited[v] do
33             t + + ;
34             Negative_DFS(v);
```

```
35        end if
36     end while
37     return t;//输出连通分量个数
38 end function
```

---

2. Tarjan 算法

Tarjan 算法是由 Robert Tarjan 提出的求有向图强连通分量的、时间复杂度为 $O(n)$ 的算法,该算法基于深度优先搜索。该算法引入了两个概念:DFN 是在搜索中某一节点被遍历到的次序号(dfs_num),LOW 是某一节点在栈中能追溯到的最早的父亲节点的搜索次序号。Tarjan 算法步骤如下。

步骤 1:对图进行深度优先搜索,节点访问后进栈,记录进栈次序 $DFN[i]$。

步骤 2:计算 $LOW[i]$。

$$LOW[i] = \begin{cases} DFN[i] & \text{初始化} \\ \min(LOW[i], DFN[j]) & i \text{ 时刻 } j \text{ 在栈中} \\ \min(LOW[i], LOW[j]) & i \text{ 时刻 } j \text{ 不在栈中} \end{cases}$$

步骤 3:回溯,若 $DFN[i] = LOW[i]$,则为强连通分量,出栈。

在搜索过程中把没有进行 Tarjan 计算的点入栈,并使该节点的 $DFN[i]$ 等于 $LOW[i]$,然后以这个节点为树根再进行搜索。当一颗子树搜索完毕时回溯,并在回溯时比较当前节点和目标节点的 LOW 值,将较小的 LOW 值赋给当前节点的 LOW 值,这样可以保证每个节点在以其为树根的子树所有节点中 LOW 值是最小的。如果回溯时发现当前节点 $DFN[i] = LOW[i]$,就将栈中当前结点以上的节点全部弹栈,这些点就组成了一个强连通分量。还要注意一点是,当目标节点进行过 Tarjan 计算但还在栈中,就将当前节点 LOW 值与目标节点 DFN 值比较,把更小的赋给当前结点的 LOW 值。

Tarjan 算法的伪代码如下:

算法 6　Tarjan 算法

输入:$G\langle V, E\rangle$, pos
输出:连通分量及大小
符号:LOW[] 最早父节点次序号,DFN[] 节点次序号,pre[] 前序节点,E[] 边集

```
1 function tarjan(pos)
2     vis[stack[ + + index] ← pos] ← 1;/*入栈并标记*/
3     LOW[pos] ← DFN[pos] ← + + dfs_num;
4     for   i = pre[pos];i≠∅;i = E[i].next do
5        if ! DFN[E[i].to] then
6            tarjan(E[i].to);
7            LOW[pos] ← min(LOW[pos],LOW[E[i].to]);
8        end if
9        else if vis[E[i].to] then LOW[pos] ← min(LOW[pos],DFN[E[i].to]);
10    end for
```

```
11    if LOW[pos] = DFN[pos]    then
12        vis[pos] ← 0;
13        size[dye[pos] ← + + CN]++ ; / * 标记并记录强连通分量大小 * /
14        while pos≠stack[index]    do
15            vis[stack[index]] ← 0;
16            size[CN]++ ; / * 记录大小 * /
17            dye[stack[index − −]] ← CN; / * 弹栈并标记 * /
18        end while
19        index − − ;
20    end if
21 end function
```

5.4.2　极大和最大完全子图

对于无权无向简单图 $G(V,E)$,如果它的一个子图中的任意两点间都存在边,则把该子图记为完全子图 G',也被称为团。如果它不是其他任一团的真子集,则称该团为图 G 的极大团,即极大团是增加任一顶点都不再符合团定义的团。顶点最多的极大团称之为图 G 的最大团。

1. 极大团发现

在给定网络中枚举所有极大团是一个 NP 问题,随机网络中的经典枚举算法有 Base BK 算法、Kose 算法和 Kazuhisa 算法等。

在极大团问题上较早的是发表于 1973 年的 Base BK 算法和 improved BK 算法[7]。随后涌现出许多不同的算法,这些算法试图沿着不同角度解决这一问题。这些算法大致分为两类,其中一类是沿用 Base BK 算法的思路,采用深度优先遍历加不同的剪枝策略来提高效率。

Base BK 算法主要思想是利用递归的分支界限法,动态维护三个集合:COMPSUB 集合、CANDIDATES 集合、NOT 集合。COMPSUB 是一个全局的集合,保存当前状态下增长或削减的团;CANDIDATES 是一个局部的集合,保存所有 COMPSUB 将要增加的节点;NOT 是一个局部的集合,保存已经加入 COMPSUB 的节点。主算法不断进行递归与回溯,形成一棵深度搜索树,每一步都选择 CANDIDATES 里的一个节点对 COMPSUB 进行扩展,同时更新 CANDIDATES 和 NOT 集合的值,当 CANDIDATES 没有节点可供扩展的时候,COMPSUB 集合作为新发现的极大团,由系统直接输出。Base BK 算法主要分为以下步骤。

步骤 1:选择一个扩展节点,将点加入集合 COMPSUB。

步骤 2:从旧的 CANDIDATES 和 NOT 集合中去掉和扩展节点相邻的节点,以生成新的 CANDIDATES 和 NOT 集合,保持旧的 CANDIDATES 和 NOT 集合不变(实际应用中由递归栈实现)。

步骤 3:对新生成的集合递归执行以上的节点扩展策略。

步骤 4:算法返回后将扩展节点从旧的 CANDIDATES 集合中删去,并添加进 NOT 集合。

Base BK 算法的伪代码如下:

算法 7　Base BK 算法

输入：R(COMPSUB 集),P(CANDIDATES 集)；X（NOT 集）

输出：原始 CANDIDATES 集合对应的图中的所有极大团

符号：$N[u_i]$ 与 u_i 点相邻的节点集

```
1 function BaseBK(R, P, X)
2   if P = ∅ and X = ∅, then
3        output(R); /*P 与 X 都为空时,R 集合作为极大团输出*/
4   end if
5   else
6      Assume P ← {u₁,u₂,⋯uₖ}; /*假设 P 是一个包含 k 个点的集合*/
7      for i:1 to k do
8           P ← P - {uᵢ};
9           Rnew ← R + {uᵢ}; /*更新集合 R、P 和 X*/
10          Pnew ← P - N[uᵢ];
11          Xnew ← X - N[uᵢ];
12          BaseBK(Rnew, Pnew, Xnew);
13          X ← X + {uᵢ};
14      end for
15   end else
16 end function
```

　　还有一类算法使用了类似使用了类似 Apriori 算法的概念。文献[8]提出了利用一种非递归式的算法来挖掘极大团,我们称之为 Kose 算法。Kose 算法通过将规模为 $n-1$ 的团组合成一个规模为 n 的团的方式来寻找极大团。Kose 算法的核心思想是,如果两个 N 节点大小的团有 $N-1$ 个节点相同,不相同的那两个节点之间又有一条边,则这两个 N 节点大小的团可以形成一个 $N+1$ 节点大小的更大的团。在第 N 轮迭代时,如果某个 N 节点大小团不能和任何一个 N 节点大小的团生成一个 $N+1$ 节点大小的团,则认为这个 N 节点大小的团是一个极大团。若在第 N 轮迭代开始的时候,N 节点大小的团的个数为 0,则算法停止。这样迭代的一个好处是不会生成多余的对极大团没有贡献的团,同时,在整个图比较稀疏的时候,每一步的迭代都不会生成较大的团的集合,算法运行会比较快。还有一种情况,就是判断图中两点之间是否有边的代价较大的时候,Kose 算法也能发挥很好的效果,因为它大大减少了判断两点之间是否有边的这一动作。综上,Kose 算法的伪代码如下：

算法 8　Kose(RAM)算法

输入：G⟨V,E⟩邻接矩阵存储;N,图中节点的个数。

输出：图 G 中的所有极大团。

符号：N[u]节点 u 的相邻节点的集合,pre,next 团集合下标,Kose_store[]团集合,T 表示最大团。

```
1 function Kose(G, N)
2 for i: 1 to N do
3   for j: i + 1 to N do
4     if G[i][j] = 1 then /* 节点 i 和节点 j 之间有边 */
5       insert (i, j) to Kose_store[0];  /* 初始化 2 节点大小的团 */
6     end if
7     pre ← 0, next ← 1;
8     while Kose_store[pre] is not empty do /* 某轮迭代时 Kose_store 为空,算法终止 */
9       clear Kose_store[next] to store new bigger cliques;
10      for i : 1 to size of Kose_store[pre]  do
11        for j: i + 1 to size of Kose_store[pre] do
12          if Kose_store[pre][i] and Kose_store[pre][j] can form a bigger clique then
13            /* 判断两个 k 节点大小的团是否能形成 k + 1 个节点大小的团 */
14            Assume the bigger clique is T;
15            if T is not formed by other small cliques then
16              insert T to Kose_store[next];
17            end if
18          end if
19        end for
20      end for
21      Output maximal cliques in Kose_store[pre];/* 每轮不再增长的团作为极大团输出 */
22      pre ← 1 - pre, next ← 1 - next;
23    end while
24  end for
25 end for
26 end function
```

　　FAST 算法和 MCQ 算法是近年出现的针对标准集求解极大团的算法。FAST 算法是一种基本的分支界定计算最大团的算法。MCQ 算法是一种相对 FAST 而言快速的最大团发现算法,它是一种"染色＋剪枝"的快速发现团方法。总的来说,这两种方法都是在一些小规模数据(标准数据集)上进行实验和比较,对于海量的电信数据,它们在时间和空间方面的性能都有所下降。

2. 最大团发现

　　本节介绍一种针对大规模图的最大团发现算法 MCT[11]。该算法特点在于利用幂律特性,以三角关系为最大团分析的基础,缩小了候选节点集,并能通过排序和剪枝策略使算法快速找到最大团。

　　MCT 算法分为两个部分。第一部分是求图的三角关系,用 Tri_clique 子算法实现。子算法的过程比较简单,就是找节点(如 A)的邻接节点集中两个相邻的节点(如 B、C),则(A,B,C)为三角关系中的一个三元组。对于数百万节点数,每个节点邻接表的长度不大,可以发现该过程

主要时间消耗是比对邻接表的位置,因此该算法选用了邻接表表示,并配合使用哈希表,使得这个过程有较理想的时间复杂度。分析 Tri_clique 子算法的时间复杂度,节点数为 n,边数为 $m(=|SQ(2)|)$,哈希表的长度为 k,采用邻接表处理冲突,成功定义某个几点的平均时间为 $1+n/(k\times2)$,两个邻接表比对时间约为 $O((m/n)^2)$,子算法的时间复杂度为 $1+\dfrac{n}{k\times2}+(m/n)^2n$,因为 $n\gg m/n$,所以适当选取 k,子算法时间复杂度不会高于线性复杂度。

　　MCT 算法的第二部分是基于三角关系组,计算最大团。在得到三角关系组 SQ(3) 以后,对构成三角关系的节点集 $V_{sq(3)}$ 按照它在 SQ(3) 第一位出现的次数 Tri_len 进行排序,依照降序将对于第一位都为 V_i 的三元组去掉 V_i,变成二元组 SQ(2),以这个子图作为输入,采用 FAST 算法或者 MCQ 算法求包括 V_i 在内的最大团 $\omega(V_i)$,这样得到若干极大团,其中最大的就是最大团。该算法不必计算所有节点的最大团,当包括 V_i 的三元组数小于 $(|Q_{max}|-1)(|Q_{max}|-2)/2$ 时,此后的三角关系将不会产生比 Q_{max} 更大的团,所以结束算法。实验表明:Tri_len 值直接体现了节点构成最大团的可能性,一方面,$V_{sp(3)}$ 排序后一般在前 10 位就能找到最大团;另一方面,Q_{max} 可以裁剪 $V_{sp(3)}$ 中大量节点。所以,MCT 算法高效的原因有两个:一个是建立了一个高效的三角关系查找过程;二是利用比节点度更有效的候选节点排序和裁剪方法。MCT 算法的伪代码如下:

算法 9　MCT 算法

输入:SQ(2):按词典排序的二元组集

输出:最大团 Q_{max}

符号:$n(v_i)$ 表示节点 i 的所有邻居,Q 表示团,SQ(3) 三元组,$V_{sq(3)}$ 三元组中的点

```
1  function Tri_Clique(SQ(2), SQ(3))
2     for i:1 to N do
3        for j∈n(v_i) do
4           for m:j+1 to n(v_i) do
5              for r:1 to n(v_j) do
6                 if v_m = v_r then
7                    output(v_i, v_j, v_m) into SQ(3);
8                    break;
9                 end if
10             end for
11          end for
12       end for
13    end for
14 end function
15 function MTC(SQ(2), Q_max)
16    Tri_Clique(SQ(2), SQ(3));
17    V_sq(3) = Sort(SQ(3), false, Tri_len);//按 Tri_len 降序排列 SQ(3)中的点
18    for i : 1 to V_sq(3) do
19       if(Tri_len >= (|Q_max|-1)*(|Q_max|-2)/2) then
```

```
20        SQ(2) = SQ(3) without Vᵢ;//读取所有第一位为 Vᵢ 的三元组,将 Vᵢ 去掉后另外两
              个节点组成新二元组
21        MCQ(SQ(2),Q);/* 或者 FAST(SQ(2),Q) */
22        if (|Q + 1|＞|Q_max|) * Q_max = Q + v then
23      end if
24    else break;
25    end for
26 end function
```

5.4.3　模体

模体(motif)是出现频率高的网络连通子图。近期的研究表明[12]:模体可能是复杂网络的基本模块。复杂网络可能包含各种各样的子图,如三角形、正方形和五边形等。其中一些子图所占的比例明显高于同一网络的完全随机化形式中的子图所占的比例。这些子图称为模体。

1. 模体相关定义

定义 1　精确网络模体(网络模体)是满足下列条件的子图:

① 该子图在与真实网络对应的随机网络中出现的次数(频率)大于它在真实网络中出现次数的概率很小,通常要求这个概率小于某个阈值 PT。

② 该子图在真实网络中出现的次数 N_{real} 不小于某个下限 U。

③ 该子图在真实网络中出现的次数 N_{real} 明显高于它在随机网络中出现的次数 N_{rand},一般要求$(N_{real} - N_{rand}) ＞ 0.1N_{rand}$。

定义 2　网络模体发现问题定义为:给定一个真实网络和参数 k,找出所有 k 规模的网络模体。

根据定义 1 可以得出,典型的网络模体发现算法包括三个步骤:

① 根据真实网络的性质生成一组对应的随机网络;

② 在真实网络和随机网络中搜索特定规模的子图,确定哪些子图是同构的,并将同构的子图归为一类;

③ 比较每一类子图在真实网络和随机网络中出现的次数,以确定其统计意义,从而确定网络模体。

定义 3　图 G 的概率矩阵中的每个元素表示 G 中的两个顶点之间有边相连的概率。

定义 4　概率网络模体是由一组相似而不一定同构的子图构成的,由概率矩阵表示。假设 p 个相似子图经过比对后(确定对应的节点序)得到的邻接矩阵 $\boldsymbol{M}$ 为$(M_1, M_2, \cdots, M_p)$,则概率模体 $\overline{\boldsymbol{M}}$ 可由下式计算得到:$\overline{\boldsymbol{M}} = \dfrac{1}{p} \sum\limits_{a=1}^{p} \boldsymbol{M}^a$。

2. 模体发现算法

我们把现有网络模体发现算法识别的模体类型分为三类[13]:第一类是精确网络模体,即遵循 Milo 的网络模体概念(定义 1);第二类是概率网络模体,这类模体是由一组相似的子图构成(定义 4);第三类是不属于上述两类模体的其他网络模体。

一个经典的精确网络模体发现算法是 N. Kashtan 等人提出的[14],该算法称为 ESA 子图

采样算法。并且 N. Kashtan 等人也提出了子图浓度的概念和计算子图浓度的方法。ESA 子图采样算法首先采用穷尽递归搜索方法枚举出真实网络中的所有子图;然后产生一组与真实网络具有相同度序列的随机网络,并用 ESA 子图采样算法在这组随机网络中采样子图,计算每个子图的概率 P,并增加该子图的权重 $W = 1/P$ 到其同构类的得分 S 中。对任意一个同构类 G^i,其浓度为:

$$C_i = S_i / \sum_{k=1}^{L} S_k$$

由浓度计算 Z 得分(Z-score),模体在真实网络中出现的次数记为 C_{real},它在随机网络中出现的次数记为 C_{rand},$\langle \cdot \rangle$ 表示平均值,标准差为 σ_{rand},那么模体在该真实网络中的 Z 得分为:

$$Z = (C_{\text{real}} - \langle C_{\text{rand}} \rangle)/\sigma_{\text{rand}}$$

N. Kashtan 等人还开发了软件 Mfinder,实现了该算法。

概率网络模体是由 J. Berg 和 M. Lassig 提出的[15]。他们认为若生物网络进化是一个随机过程,那么网络模体就不一定需要由同构的子图构成。他们建立了一个概率模体出现次数的统计模型,从该模型得到得分函数,并根据该得分函数计算模体的统计意义。该研究认为,现有的网络模体具有较高的内部连接性,因此仅考虑非树型子图。该方法主要分为三个步骤:①枚举所有给定规模的非树型子图;②计算两两子图之间的失配值;③根据得分函数用模拟退火算法求出最相似(即得分最高)的一组子图 $\{G^1, G^2, \cdots, G^p\}$,对这组子图进行多图比对,得到网络模体。图 5.9 给出了三个相似子图比对得到概率模体的例子。得分函数公式如下:

$$S(G^1, G^2, \cdots, G^p, A) = (\sigma - \sigma_0) \sum_{\alpha=1}^{p} L(c^\alpha) - \frac{\mu}{2p} \sum_{\alpha, \beta=1}^{p} M^{\alpha\beta} - \log(Z_{\sigma, \mu}/Z_{\sigma_0}) \qquad (5-2)$$

其中,A、$L(c^\alpha)$ 和 $M^{\alpha\beta}$ 分别表示子图集合 $\{G^1, G^2, \cdots, G^p\}$ 的比对、子图 G^α 的内部连边数和子图 G^α 和 G^β 之间的失配值。σ、σ_0 和 μ 为参数,Z_σ、Z_μ 和 Z_{σ_0} 为规范化因子。从式(5-2)可以看出,$(\sigma - \sigma_0) \sum_{\alpha=1}^{p} L(c^\alpha)$ 部分表示子图内部连边数越多,则得分越高,连接奖励因子 $(\sigma - \sigma_0)$ 加强了内部连边数的影响;$\frac{\mu}{2p} \sum_{\alpha, \beta=1}^{p} M^{\alpha\beta}$ 部分表示子图之间的相异度越小,则得分越高,失配惩罚因子 μ 加强了相异度的影响;$\log(Z_{\sigma, \mu}/Z_{\sigma_0})$ 可以视为规范化项,当子图之间有很大的相异性或子图的内部连边数很少时,赋一个负值。最大化式(5-2)的值意味着要找出一组最相似的内部连边数较多的子图。

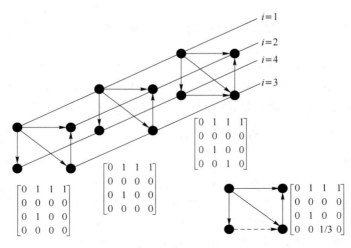

图 5.9　三个相似子图的比对及其对应的网络概率模体

该算法第一次提出了概率网络模体的概念,且通过统计方法来求解网络模体,为网络模体发现的研究做出了重要贡献。但其算法本身还值得谈论。算法只能发现规模很小的模体(3-模体和4-模体),它的实验部分并没有给出性能分析;另外,对一个(规定模体中的节点数)只能产生一个模体,而对特定规模的图而言,具有多个不同的拓扑结构,而且这些拓扑结构之间可能具有较大的差异性,该算法并没有讨论该问题。

还有一些算法可识别其他网络模体。NeMoFinder 算法[16]能发现从小规模(规模为2)到较大规模的子图,而且效率较高。但该算法并不能把所有的模体都找出来,可能存在遗漏。后来 Jin Chen[17]等人对该算法进行了扩展,提出 LaMoFinder 算法,将模体发现应用到有标记的网络中。频繁模式检测(FPF)[18]引入了重叠子图的概念,计算在不重叠、顶点重叠和边重叠三种情况下子图的出现次数,严格来说这并不是模体发现算法,而是频繁子图挖掘算法,它能发现从小规模到大规模的所有频繁子图。Chia-Ying Cheng 等人提出了 bridge 模体和 brick模体的概念,并在生物网络中识别这两类模体,具有较大的创新性[19]。Noga Alon 等人的算法更侧重于特殊子图出现次数的分布上,应用于比较各种不同的网络,与一般的模体发现算法有较大的区别[20]。总的来说,该领域与生物网络等自然网络紧密结合,已有许多成果,仍是一个有价值的研究方向。

5.5　全图特征计算

5.5.1　单源最短路径

Neo4j 图算法
全面指南

最短路径又称测地线。对于带权图 $G=\langle V, E \rangle$ 从源点 s 到汇点 t 有许多条路径,其中路径上权和最少的路径,称从 s 到 t 的最短路径。求源点 s 到其他所有点的最短路径问题即单源最短路径(single-source shortest path,SSSP)问题。

最常用的路径算法有 Dijkstra 算法、Bellman-Ford 算法、Floyd-Warshall 算法等。

1. Dijkstra 算法

Dijkstra 算法是典型的短路径算法,可用于计算一个节点到其他所有节点的最短路径,其主要特点是以起始点为中心向外层扩展,直到达到终点。其算法描述如下:

步骤 1:创建源顶点 v 到图中所有顶点的距离的集合 distSet,为图中的所有顶点指定一个距离值,初始均为 Infinite,源顶点距离为 0。

步骤 2:创建 SPT(shortest path tree,最短路径树)集合 sptSet,用于存放包含在 SPT 中的顶点。

步骤 3:如果 sptSet 中并没有包含所有的顶点,则

• 选中不包含在 sptSet 中的顶点 u,u 为当前 sptSet 中未确认的最短距离顶点。

• 将 u 包含进 sptSet。

• 更新 u 的所有邻接顶点的距离值。

Dijkstra 算法的伪代码如下:

算法 10　Dijkstra 算法

输入：Graph，源节点 source

输出：距离 dist[]，前序节点 prev[]符号：alt 距离迭代值，Q 代表未访问点集，v ,u 代表节点

```
1 function Dijkstra(Graph, source)
2     dist[sourceId]←0 /* dist[]记录点到点距离,自身距离为 0 */
3     prev[sourceId]←undefined  /* 记录最短路径中的前一节点 */
4     for each vertex v in Graph do
5         if v≠ source then /* 初始化距离设为无穷远,前序节点为空 */
6             dist[v]←infinity
7             prev[v]←undefined
8         end if
9         add v to Q   /* 将所有节点移入 Q(未访问点集) */
10    end for
11    while Q is not empty do
12        u←vertex in Q with min dist[u] /* 每次访问距离最近的点 */
13        remove u from Q
14        for each neighbor v of u do
15            alt←dist[u] + length(u, v)
16            if alt<dist[v] then /* 距离更小,更新 */
17                dist[v]←alt
18                prev[v]←u
19            end if
20        end for
21    end while
22    return dist[], prev[]
23 end function
```

2. Bellman-Ford 算法

Bellman-Ford 算法和 Dijkstra 算法同为解决单源最短路径的算法。对于带权有向图 $G=(V,E)$，Dijkstra 算法要求图 G 中边的权值均为非负，而 Bellman-Ford 算法能适应一般的情况（即存在负权边）。算法描述如下：

步骤 1：创建源顶点 v 到图中所有顶点的距离的集合 distSet，为图中的所有顶点指定一个距离值，初始均为∞，源顶点距离为 0。

步骤 2：计算最短路径，执行 $V-1$ 次遍历。对于图中的每条边，如果起点 u 的距离加上边的权值 w 小于终点 v 的距离，则更新终点 v 的距离值 d。

步骤 3：检测图中是否有负权边形成了环，遍历图中的所有边，计算 u 至 v 的距离，如果对于 v 存在更小的距离，则说明存在环。

Bellman-Ford 算法的伪代码如下：

算法 11　Bellman-Ford 算法

输入：带权图 Graph⟨V，E⟩，权重 W，源节点 sourceId

输出：是否存在负权边环

符号：dis[]节点到其他点距离，w[][]权重数组

```
1  function relax(u,v,w)
2      if dis[v]>dis[u] + w[u][v] then
3          dis[v] = dis[u] + w[u][v]
4      end if
5  end function
6  function Bellman_Ford(G,W， sourceId)
7      INITIALIZE-SINGLE-SOURCE(G,sourceId)
8      for i ：1 to V − 1 do
9          for each edge（u，v）in E do
10             relax(u，v，W)
11         end for
12     end for
13     for each edge（u，v）in E do
14         if d[v] ＞ d[u] + w[u][v] then
15             return FALSE
16         end if
17     end for
18     return TRUE
19 end function
```

Bellman-Ford 算法采用动态规划（dynamic programming）进行设计，实现的时间复杂度为 $O(VE)$，其中 V 为顶点数量，E 为边的数量。Dijkstra 算法采用贪心算法（greedy algorithm）范式进行设计，普通实现的时间复杂度为 $O(V^2)$。若基于斐波那契算法的最小优先队列实现版本，则时间复杂度为 $O(E+V\log V)$。可见一个较好的 Dijkstra 算法比 Bellman-Ford 算法的运行时间要低。

5.5.2　多源最短路径

多源最短路径问题又称全对最短路径问题（all-pairs shortest path）[21]，是单源最短路径的推广。多源最短路径问题无疑是算法设计中最广为人知的问题之一，也是教科书中经常研究的问题，然而，这个问题的复杂性直到今天仍然存在。对于具有 n 个顶点的任意稠密（有向和无向）加权图，计算多源最短路径的典型的算法有 Floyd-Warshall 算法[22]，它的时间复杂度为 $O(n^3)$。Fredman 是第一个意识到亚立方算法可能性的人。表 5.1 总结了多源最短路径算法。在最近的成果中，值得注意的是文献[22]的算法，其时间复杂度为 $O(n^3/\log n)$，该算法基于简单的几何方法，不需要显式的表查找或单词技巧；另外，还有文献[23]的算法，其时间复

杂度为 $O(n^3 \log^{5/4} \log n/\log^{5/4} n)$，该算法利用复杂的字包装技巧（可通过表查找实现）打破了 $O(n^3/\log n)$ 屏障。

表 5.1　多源最短路径算法总结表

时间复杂度	作者	提出时间
$O(n^3)$	Dijkstra/Floyd-Warshall	1959/1962
$O(n^3 \log^{1/3} \log n/\log^{1/3} n)$	Fredman	1976
$O(n^3 \log^{1/3} \log n/\log^{1/3} n)$	Takaoka[23]	1991
$O(n^3/\log^{1/2} n)$	Dobosiewicz	1990
$O(n^3 \log^{5/7} \log n/\log^{5/7} n)$	Han	2004
$O(n^3 \log^2 \log n/\log n)$	Takaoka	2004
$O(n^3 \log\log n/\log n)$	Takaoka	2005
$O(n^3 \log^{1/2} \log n/\log n)$	Zwick	2004
$O(n^3/\log n)$	Chan[24]	2005
$O(n^3 \log^{5/4} \log n/\log^{5/4} n)$	Han[25]	2006

针对稀疏图的 APSP 算法，重复使用 Dijkstra 单元算法并结合 Johnson 预处理方法，可以在边为 m 的负权图上达到 $O(n^2 \log n + mn)$ 的时间。

1. Floyd-Warshall 算法

Floyd-Warshall 算法适用于存在负权重但不存在负回路的图和稠密图。它的实质是动态规划，具体描述如下：对于给定的带权图 $G=(V,E)$，设 $p=v_1,v_2,\cdots,v_k$ 是从 v_1 到 v_k 的最短路径，如果对于任意 i 和 j，$1 \leqslant i \leqslant j \leqslant k$，$p_{ij}=v_i,v_{i+1},\cdots,v_j$ 为 p 中顶点 v_i 到 v_j 的子路径，那么 p_{ij} 是顶点 v_i 到 v_j 的最短路径。

设带权图 $G=(V,E)$ 中的所有顶点 $V=\{1,2,\cdots,n\}$，考虑一个顶点子集 $\{1,2,\cdots,k\}$。对于任意对顶点 i、j，考虑从顶点 i 到 j 的所有路径的中间顶点都来自该子集 $\{1,2,\cdots,k\}$，设 p 是该子集中的最短路径。在图 5.10 中，Floyd-Warshall 算法描述了 p 与 i、j 间最短路径及中间顶点集合 $\{1,2,\cdots,k-1\}$ 的关系，该关系依赖于 k 是否是路径 p 上的一个中间顶点。

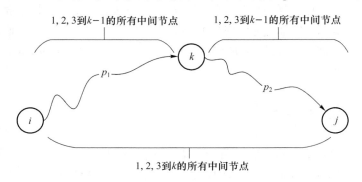

图 5.10　一条最短路径 p 的分解

设 d_{ij}^k 为从节点 i 到节点 j 的最短路径（中间节点全部取自于集合 $\{1,2,\cdots,k\}$）的权重。当 $k=0$ 时，即最短路径中不包含任何中间节点，此时的最短路径就是权重本身值。

$$d_{ij}^{(k)} = \begin{cases} w_{ij} & \text{若 } k = 0 \\ \min(d_{ij}^{(k-1)}, d_{ik}^{(k-1)} + d_{kj}^{(k-1)}) & \text{若 } k \geqslant 1 \end{cases}$$

Floyd-Warshall 算法的伪代码如下：

算法 12   Floyd-Warshall 算法

输入：Graph

输出：最短路径矩阵 D

符号：n 表示节点的个数

```
1 function Floyd(Graph)
2     D←Graph/ * 初始化矩阵 * /
3     for k : 1 to n do
4         for i : 1 to n do
5             for j : 1 to n do
6                 if D_{i,k} + D_{k,j} ⟨ D_{i,j} then
7                     D_{i,j} ← D_{i,k} + D_{k,j} ;
8                 end if
9             end for
10        end for
11    end for
12 return D
13 end function
```

用图 5.11 来说明 Floyd 算法实例。

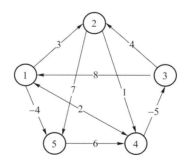

图 5.11　Floyd 算法实例

对于五个节点的负权图，一共进行 5 轮更新，$\boldsymbol{D}^{(0)}$ 表示邻接矩阵，$\boldsymbol{D}^{k}$ 表示考虑 k 作为中间节点对路径进行更新后的矩阵。

$$\boldsymbol{D}^{(0)} = \begin{pmatrix} 0 & 3 & 8 & \infty & -4 \\ \infty & 0 & \infty & 1 & 7 \\ \infty & 4 & 0 & \infty & \infty \\ 2 & \infty & -5 & 0 & \infty \\ \infty & \infty & \infty & 6 & 0 \end{pmatrix}, \quad \boldsymbol{D}^{(1)} = \begin{pmatrix} 0 & 3 & 8 & \infty & -4 \\ \infty & 0 & \infty & 1 & 7 \\ \infty & 4 & 0 & \infty & \infty \\ 2 & 5 & -5 & 0 & -2 \\ \infty & \infty & \infty & 6 & 0 \end{pmatrix}$$

$$\boldsymbol{D}^{(2)} = \begin{pmatrix} 0 & 3 & 8 & 4 & -4 \\ \infty & 0 & \infty & 1 & 7 \\ \infty & 4 & 0 & 5 & 11 \\ 2 & 5 & -5 & 0 & -2 \\ \infty & \infty & \infty & 6 & 0 \end{pmatrix} \qquad \boldsymbol{D}^{(3)} = \begin{pmatrix} 0 & 3 & 8 & 4 & -4 \\ \infty & 0 & \infty & 1 & 7 \\ \infty & 4 & 0 & 5 & 11 \\ 2 & -1 & -5 & 0 & -2 \\ \infty & \infty & \infty & 6 & 0 \end{pmatrix}$$

$$\boldsymbol{D}^{(4)} = \begin{pmatrix} 0 & 3 & -1 & 4 & -4 \\ 3 & 0 & -4 & 1 & -1 \\ 7 & 4 & 0 & 5 & 3 \\ 2 & -1 & -5 & 0 & -2 \\ 8 & 5 & 1 & 6 & 0 \end{pmatrix} \qquad \boldsymbol{D}^{(5)} = \begin{pmatrix} 0 & 1 & -3 & 2 & -4 \\ 3 & 0 & -4 & 1 & -1 \\ 7 & 4 & 0 & 5 & 3 \\ 2 & -1 & -5 & 0 & -2 \\ 8 & 5 & 1 & 6 & 0 \end{pmatrix}$$

2. Johnson 算法

Johnson 算法适用于稀疏图。全对最短路径来源于单源最短路径算法,例如,Dijkstra 算法的时间复杂度为 $O(E+V\log V)$,但要求权值非负,而 Johnson 算法对负权图做预处理,权值转换后再使用 Dijkstra 算法进行单源最短路径计算时可发现,最后计算出的最短路径在原图中仍然有效。

对于图 5.11 的负权图,Johnson 算法采取新建节点,对所有节点建立权值为 0 的边。重新计算新点到其他节点的最短路径,记为 $h[\ ]$,然后使用以下公式对图进行重新加权:

$$w(u,v) = w(u,v) + (h[u] - h[v])$$

如图 5.12 所示,除新增节点外,经过处理后其他节点的相关边权重值都已经为正数了,可以将新增节点删除,对其他节点使用 Dijkstra 算法。

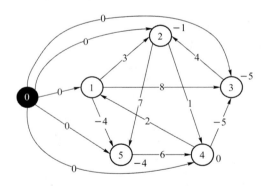

图 5.12　Johnson算法权值转换实例

5.5.3　平均路径长度和网络直径

网络的平均路径长度定义为任意两个节点之间最短距离的平均值,它是对网络中信息或大规模传输效率的一种度量[26]。若图 $G\langle V,E\rangle$ 中节点个数为 n,网络的平均路径长度可表示为

$$L_G = \frac{2}{n(n-1)} \sum_{i \neq j} d_{ij}$$

实际的大型网络往往是不连通的,此时,可能两个节点之间不存在连通的路径,意味着两

个节点之间的距离为无穷大,导致整个网络的平均路径长度变成无穷大,为了避免计算中出现这种发散问题,可以把平均路径长度定义为网络中两点距离的简谱平均(harmonic mean)。

$$E = \frac{2}{n(n-1)} \sum_{i \neq j} \frac{1}{d_{ij}} \quad H = 1/E$$

网络直径(network diameter)是指网络中任意两节点间测地线的最大值,一般用链路树来度量。

$$D_g = \max d_{ij}$$

易知,利用多源最短路径计算方法求出该图的全对最短路径 d_{ij} 后,可以很轻松地求出平均路径长度和网络直径。

5.5.4　网络密度

网络密度(density)可用于刻画网络中节点间相互连边的密集程度,定义为网络中实际存在的边数与可容纳的边数上限的比值。在线社交网络中常用来测量社交关系的密集程度以及演化趋势。一个具有个 N 节点和 L 条连边的网络,其网络密度为

$$d_G = \frac{2L}{N(N-1)}$$

网络密度取值范围为 $[0,1]$,当网络为全连通时,$d_G = 1$。当网络中不存在连边关系时,$d_G = 0$。然而密度为 1 的网络基本不存在,实际网络中能够发现的最大的密度是 0.5。

5.5.5　聚集系数

在图论中,聚类系数是对图中节点倾向于聚集在一起的程度的度量。有证据显示[27],在大多数现实世界的网络中,特别是社交网络中,节点倾向于创建紧密结合的群体。聚集系数可分为全局聚集系数(global clustering coefficient)和局部聚集系数(local clustering coefficient)。

全局聚集系数计算基于节点的三元组,三元组分为开三元组和闭三元组,如图 5.13 所示,$\{1,\{2,3\}\}$ 构成一个封闭三元组,$\{3,\{4,5\}\}$ 构成一个开放三元组。全局聚集系数即表示为封闭三元组数占三元组总数的比。由于图中每一个三角形结构可产生 3 个闭三元组,所以全局聚集系数也可表示为

$$C_{\text{global}} = \frac{N_{\text{closetriplets}}}{N_{\text{triplets}}} = \frac{3N_{\triangle}}{N_{\text{triplets}}}$$

其中,N_{triplets} 和 $N_{\text{closetriplets}}$ 分别代表三元组总数和封闭三元组总数,$N_{\triangle}$ 代表全图三角形数量。

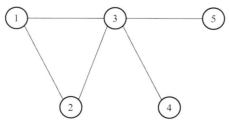

图 5.13　三元组示意图

局部聚集数量化了节点的邻居与小团体(完全图)的距离,是节点真实连边与可能存在最大边数的比值。若 N_i 是节点 i 的邻边集(包含 i 的出边或入边的集合),k_i 是点 i 的度,则点 i 的局部聚集系数为

$$C_i = \frac{2N_i}{k_i(k_i-1)}$$

计算局部聚集系数的伪代码如下:

算法 13　　计算局部聚集系数

输入:$G\langle V, E\rangle$

输出:每个 Vertex 的 Clustering coefficient 值

符号:adjList 节点列表,k 节点度,clusterCoeForV 表示聚集系数矩阵,ver 代表节点,e 代表节点的邻边数

```
1 function clusterCoeForVertex(v)
2     clusterCoeForV ← 0;
3     k ← v.Degree;
4     if k <= 1then/ * 该点的度唯一,则聚集系数为 0 * /
5         return clusterCoeForV;
6     end if
7     else e ← 0;
8         it = v. Edges();/ * 取 v 的边集 * /
9         while it ! ∈∅ do
10            ver ← it.next().AdjVertex(v);/ * 该边邻接的另一个点 ver * /
11            adjList.add(ver);
12         end while
13         for .i:0 to adjList.size() do
14            vᵢ ← adjList.get(i);/ * 从列表中取出一个点 * /
15            for j:i + 1 to adjList.size do
16                vⱼ ← adjList.get(j);
17                if <vᵢ, vⱼ> ∈ E then
18                    e + + ;
19                end for
20         end for
21         clusterCoeForV ← (2 * e)/(k * (k - 1));
22         return clusterCoeForV;
23     end else
24 end function
```

5.5.6 同配系数

同配性(assortativity)用作考察度值相近的节点是否倾向于互相连接[28]。如果总体上度大的节点倾向于连接度大的节点,那么就称网络的度是正相关的,或者称网络是同配的;如果总体上度大的节点倾向于连接度小的节点,那么就称网络的度是负相关的,或者称网络是异配的。

同配系数(assortativity coefficient)是一种基于度分布的皮尔森相关系数(pearson coefficient),用来度量相连节点对的关系。同配系数 r 为正值代表具有相同度的点之间有某种协同关系,为负值表示具有不同度数的节点间有某种联系。通常来说,r 的值在 -1 到 $+1$ 之间,$+1$ 表示网络具有很好的同配模式,0 表示网络是非同配的,-1 表示这个网络负相关。若图的总边数为 M,第 i 条边所连接的两个节点 j、k 的度值分布表示为 j_i 和 $k_i(i=1,2,\cdots,M)$,则同配系数可表示为

$$r = \frac{M^{-1}\sum_i j_i k_i - \left[M^{-1}\sum_i \frac{1}{2}(j_i+k_i)\right]^2}{M^{-1}\sum_i \frac{1}{2}(j_i^2+k_i^2) - \left[M^{-1}\sum_i \frac{1}{2}(j_i+k_i)\right]^2}$$

计算同配系数的伪代码如下:

算法 14 计算同配系数

输入:G⟨V, E⟩

输出:Pearson 相关系数 r

符号:edgeNum 表示图的边数,iter 代表边,v_1、v_2 代表组成边的两点,i,j 是他们的度,$sum_{1\sim3}$ $e_{1\sim3}$ 中间变量。

```
1 function AssortativityCoefficient(graph)
2     edgeNum ← graph. EdgeNumber();
3     sum₁ ← 0;
4     sum₂ ← 0;
5     sum₃ ← 0;
6     iter = graph.Edge();
7     while iter ! ∈ ∅ do
8         edge ← iter.next();
9         v₁ ← edge. FirstVertex();
10        v₂ ← edge. SecondVertex();
11        j ← v₁.Degree();
12        i ← v₂.Degree();
13        sum₁ ← sum₁ + j * i;
14        sum₂ ← sum₂ + (j + i) / 2;
15        sum₃ ← sum₃ + (j * j + i * i) / 2;
16    end while
```

17　　$e_1 \leftarrow sum_1 / edgeNum;$

18　　$tmp \leftarrow sum_2 / edgeNum;$

19　　$e_2 \leftarrow tmp * tmp;$

20　　$e_3 \leftarrow sum_3 / edgeNum;$

21　　$r \leftarrow (e_1 - e_2) / (e_3 - e_2);$

22　　**return** r;

23 **end function**

习　　题

1. 分析图 5.14 所示的有向无权网络,各个节点按字母标号。

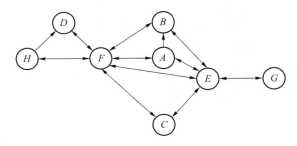

图 5.14　有向无权图

(1) 计算该网络各个节点的度、介数。

(2) 计算图 5.14 所示网络的平均路径长度和网络直径,判断最短路径分布是否满足小世界现象?

(3) 计算该网络的邻居平均度分布,判断其网络类型(同配或异配)。

2. 最近邻耦合网络包含 N 个围成一个环的节点,其中每个节点都与它左右各 $k/2$ 个邻居节点相连,这里 k 是一个偶数。请估算该网络节点的聚集系数(近似于一个与 k 无关的常数)。

3. 社会学的网络聚集系数的定义如下(可以用节点聚类系数定义表示):

$$C_1 = \sum_{i=1}^{N} C_i \left(\frac{k_i(k_i-1)/2}{\sum_{j=1}^{N} k_j(k_j-1)/2} \right)$$

假设网络中每个节点的度都不小于2,请考虑以下两种情景,比较 C_1 和网络聚集系数定义

$C_2 = \dfrac{1}{N} \sum_{i=1}^{N} C_i$ 的大小。

(1) 对任意两个不同的节点 i 和 j,如果 $k_i \geq k_j$,那么 $C_i \geq C_j$。

(2) 对任意两个不同的节点 i 和 j,如果 $k_i \geq k_j$,那么 $C_i \leq C_j$。

4. 在 6.1.3 节介绍了连通分量的概念,请仿照例子编写实现查找无向图的连通分量的伪

代码。

5. 图 5.15 给出一个简单网络,请说明使用 PageRank 算法计算节点的 PR 值时会有以下结果:

(1) 增加一条指向该节点的边会使该节点的 PR 值增加,对应地,去除一条指向该节点的边会使该节点的 PR 值下降。

(2) 增加一条指出的边可能使该节点的 PR 值下降,对应地,去除一条指出去的边可能使该节点的 PR 值增加。

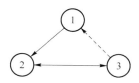

图 5.15　简单网络中增加或减少边对 PR 值的影响

6. HITS 算法是个效果很好的算法,目前不仅应用在搜索引擎领域,而且被自然语言处理和社交分析等很多其他计算机领域借鉴使用,并取得了很好的应用效果,但其最初版本的仍然存在一些问题。例如,HITS 从机制上很容易被作弊者操纵,作弊者可以建立一个网页,页面内容增加很多指向高质量网页或者著名网站的网址,这就是一个很好的 hub 页面,之后作弊者再将这个网页链接指向作弊网页,于是可以提升作弊网页的 authority 得分。

对比另一个基础算法 PageRank,思考他们从基本概念模型、计算思路、技术实现细节的不同,比较优缺点。

7. 能否举出一个简单网络的例子,其中度值最大的节点、介数最大的节点和接近中心性最大的节点各不相同?

8. 实际的大规模有向网络往往既不是强连通也不是弱连通的,但是许多有向网络往往存在包含了网络中相当部分节点的很大的弱连通片,称为弱连通巨片(GWCC)。这一弱连通巨片往往形成包含 4 个部分的蝴蝶结结构(bow-tie structure),见图 5.16。现对 4 个部分做简单介绍:

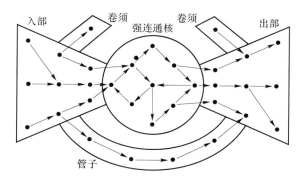

图 5.16　有向网络中弱连通巨片的蝴蝶结结构

强连通核(SCC)。它也称强连通巨片,位于网络的中心,SCC 中任意两个节点间都是强连通的。

入部(IN)。它可通过有向路径到达 SCC,但不能从 SCC 到达该节点。

出部(OUT)。它可以从 SCC 通过有向路径到达,但不能到达 SCC 的节点。

卷须。它是无法到达 SCC 也不能从 SCC 到达的节点。

请设计一个算法,使得给定一个弱连通的有向网络就可以得到该网络的蝴蝶结结构,即找出该网络的强连通核、出部、入部和卷须。请用自己构造的简单网络和实际真实网络数据验证你的算法的正确性和有效性。

本章参考文献

[1] Newman M E J. The structure and function of complexnetworks [J]. SIAM Review,2003 45(2): 167-256.

[2] SabidussiG. The centrality index of a graph [J]. Psychometrika, 1966, 31(4): 581-603.

[3] BrandesU. A faster algorithm for betweenness centrality [J]. J. Mathematical Sociology, 2004, 25(2):642.

[4] Page L, Brin S, Motwani R, et al. The PageRank citation ranking: bringing order to the web [R]. Stanford InfoLab, 1999.

[5] leinberg J M. Authoritative sources in a hyperlinked environment [J]. Journal of the ACM (JACM), 1999, 46(5): 604-632.

[6] Aho A V, Hopcroft J E, Ullman J D. Data Structures and Algorithms [J]. Nature, 1983, 23(3):27-41.

[7] Bron C, Kerbosch J. Algorithm 457: finding all cliques of an undirected graph [J]. Communication of ACM, 1973, 16(9):575-577.

[8] KoseF, Weckwerth W, Linke T, et al. Visualizing plant metabolomic correlation network using clique-metabolite matrices [J]. Bioinformatics, 2001, 17(12): 1198-1208.

[9] Östergård, Patric R. J. A fast algorithm for the maximum clique problem[M]. [S. l.]: Elsevier Science Publishers B. V. 2002.

[10] Tomita E, Kameda T. An efficient branch-and-bound algorithm for finding a maximum clique with computational experiments[J]. Journal of Global Optimization, 2007, 37(1): 95-111.

[11] 吴斌,王柏,苏雪峰. 一种大规模呼叫图最大团发现算法(p. 1505-1510)[C]//中国人工智能学会第 11 届全国学术年会论文集(下). 北京:北京邮电大学出版社,2006.

[12] Milo R, Shen-Orr S, Itzkovitz S, et al. Network motifs: simple building blocks of complex networks [J]. Science, 2002,298(5594):824-827.

[13] 覃桂敏,呼加璐,Gui-Min Q, et al. 生物网络模体发现算法研究综述[J]. 电子学报,2009, 37(10):2258-2265.

[14] Kashtan N, Itzkovitz S, Milo R, et al. Efficient sampling algorithm for estimating subgraph concentrations and detecting network motifs [J]. Bioinformatics, 2004, 20 (11):1746-1758.

[15] Berg J, Lässig M. Local graph alignment and motif search in biological networks [J].

Proceedings of the National Academy of Sciences of the United States of America，2004，101(41)：14689-14694.

[16]　CirielloG，Guerra C. A review on models and algorithms for motif discovery in protein-protein interaction networks ［J］. Briefings in Functional Genomics and Proteomics，2008，7(2)：147-156.

[17]　Chen J，Hsu W，Lee M L，et al. Labeling network motifs in protein interactomes for protein function prediction［C］//2007 IEEE 23rd International Conference on Data Engineering. Instanbul：IEEE，2007.

[18]　SchreiberF，Henning Schwöbbermeyer. Frequency concepts and pattern detection for the analysis of motifs in networks［J］. Transactions on Computational Systems Biology，2005(3)：89-104.

[19]　Cheng C Y，Huang C Y，Sun C T. Mining bridge and brick motifs from complex biological networks for functionally and statistically significant discovery［J］. IEEE Transactions on Systems，Man，and Cybernetics，Part B（Cybernetics），2008，38(1)：17-24.

[20]　Alon N，Dao P，Hajirasouliha I，et al. Biomolecular network motif counting and discovery by color coding ［J］. Bioinformatics，2008，24(13)：i241-i249.

[21]　Chan T M. More algorithms for all-pairs shortest paths in weighted graphs［C］//Proceedings of the Thirty-ninth ACM Symposium on Theory of Computing. San Diego：ACM，2007.

[22]　Cormen T H，Leiserson C E，Rivest R L，et al. Introduction to algorithms［M］. 2nd ed. ［S.1］：McGraw-Hill，2001.

[23]　Takaoka T. A new upper bound on the complexity of the all pairs shortest path problem［M］. Elsevier North-Holland，Inc.1992.

[24]　Chan T M. All-pairs shortest paths with real weights in O(n，3/logn)time ［M］//Algorithms and Data Structures［S.1］. Springer Berlin Heidelberg，2005.

[25]　Han Y，Takaoka T. An $O(n^3 \log \log n/\log^2 n)$ time algoithm for all pairs shortest paths［C］//Conference on European Symposium. ［S.l.］：Springer-Verlag，2006.

[26]　汪小帆，李翔，陈关荣. 网络科学导论［M］. 北京：高等教育出版社，2012.

[27]　Watts D J，Strogatz S H. Collective dynamics of 'small-world' networks ［J］. Nature，1998，393(6684)：440-442.

[28]　张大勇，何苾菲，陈朴. 社交网络等级结构与同配性问题研究 ［J］. 复杂系统与复杂性科学，2013(1)：45-52.

第6章
图计算重要算法

本章思维导图

图计算是以图论为基础,对现实世界中的一种图结构的抽象表达,以及在这种图结构上的计算模式。本章介绍图结构上的几种重要算法,包括社区发现、链路预测、信息传播以及面向图的表示学习,并针对其中的经典算法进行简要介绍。本章思维导图如图6.1所示。

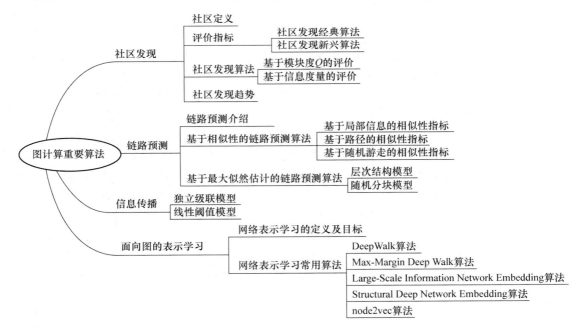

图6.1 本章思维导图6

6.1　社区发现

6.1.1　社区定义

现实中的很多系统都可以用复杂网络来描述。复杂网络中的节点可表示为复杂系统中的个体,节点之间的边则是系统中个体之间按照某种规则而自然形成的一种关系。现实世界中包含着各种类型的复杂网络,如社会网络(朋友关系网络及合作网络等)、技术网络(万维网及电力网等)、生物网络(神经网络、食物链网络以及新陈代谢网络等)。这些网络都具有一种普遍的特性——存在社区结构(community structure)。大量实证研究表明,许多网络是异构的,即复杂网络不是一大批性质完全相同的节点随机地连接在一起,而是许多类型节点的组合。相同类型的节点之间连接紧密,不同类型的节点之间连接稀疏。把同一类型的节点以及这些节点之间的边所构成的子图称为网络社区(community)[1]。

在复杂网络中搜索或发现社区,有助于人们理解和开发网络,具有重要社会价值,由此出现了许多社区发现算法。在现实自然界中,事物具有多样性的特点,一种事物往往可归属到不同的类别中,因此社区间必定存在重叠的现象,即一个节点可属于多个社区。例如,某个体有多种喜好,根据不同的喜好可归属于不同的群体(社区)中。因此,将每个节点仅归属于一个社区的社区称为非重叠社区,而每个节点可能属于多个社区的社区称为重叠社区。非重叠社团发现识别出的社团之间互不重叠,每个节点有且仅属于一个社团。

社区的定义往往依赖于特定的系统或实际应用。从直觉上,社区内部的边必须比社区之间的边连接得更加稠密。大多数情况,社区是算法上的一个定义,即社区仅仅是算法的最终结果,不具有一个精确的预定义。

假设图 G 的一个子图 C,其中,$|C|=n_C$,$|G|=n$。定义节点 $v(\in C)$ 的内度和外度分别为 k_v^{int}、k_v^{ext},分别表示子图 C 内连接节点 v 的边数和其他连接节点 v 的边数。如果 $k_v^{ext}=0$,该节点的邻居节点只在子图 C 内,其对于节点 v 可能是一个好的群集;如果 $k_v^{int}=0$,则相反,该节点脱离了 C,且最好把该节点分配到其他群集中。子图 C 的内度 k_{int}^C 是其内部所有节点的内度之和。同样,子图 C 的外度 k_{ext}^C 是其内部所有节点的外度之和。全度 k^C 是 C 中节点的度之和。明显地,$k^C=k_{int}^C+k_{ext}^C$。

定义子图 C 群内密度 $\delta_{int}(C)$ 为 C 的内部边数与所有可能的内部边数的比,即

$$\delta_{int}(C)=\frac{C\ 的内部边数}{n_C(n_C-1)/2}$$

同样地,群外密度 $\delta_{ext}(C)$ 是从 C 内节点引出到其余节点的边数与群外可能的最大边数的比,即

$$\delta_{ext}(C)=\frac{C\ 内节点与\ C\ 外节点相连的边数}{n_C(n-n_C)}$$

对于 C 成为一个社团,期望 $\delta_{int}(C)$ 明显大于图 G 的平均连接密度 $\delta(G)$,$\delta(G)$ 为图 G 的边数与可能的最大边数 $n(n-1)/2$ 的比。另外,$\delta_{ext}(C)$ 应远小于 $\delta(G)$。大多数算法的目标都是寻找到一个大的 $\delta_{int}(C)$ 和小的 $\delta_{ext}(C)$ 的最佳平衡点。一个简单的方法即是最大化所有划

分的 $\delta_{int}(C) - \delta_{ext}(C)$ 之和。

连通性是社团的一个必需属性。对于 C 成为一个社团,期望其内部的每一对节点间都有一条路径相通。该特征简化了非连通图的社团检测,这种情况只需要分析每个连通的部分,除非在结果群集上添加了特殊的约束。下面分别给出社团的局部定义、全局定义和基于节点相似度的定义。

局部定义主要包含以下几点:完全交互度、连接性、节点度数、社团内部跟社团之间边的紧密度的差别。

全局定义主要是将真实的网络图与人工生成的伪随机网络对比,这个人工生成的伪随机网络的每个节点的度数与对应的原始网络中每个节点的度数相同,在满足这个限制条件的基础上,每个节点再随机与其他节点连接,最终人工生成一个伪随机网络,而通常用的模块度 Q 这一指标,也是基于真实网络和人工网络的差异而定义的。

(1)基于节点相似度的主要思想是,如果能将节点映射到 n 维欧式空间中,则可以用欧式距离来表示节点间的距离。若节点不能映射到空间中,则使用指标 d_{ij} 作为节点 i 和 j 之间的距离。

$$d_{ij} = \sqrt{\sum_{k \neq i,j} (A_{ik} - A_{jk})^2}$$

其中,A 是网络对应的邻接矩阵。

(2)节点间的相似度也可以用两个节点间的独立路径的数目来衡量,所谓独立路径,是指两条路径之间没有共同节点。还有一种衡量节点间的相似度的指标是用从一个节点出发,按照随机游走的规则,用到达目标节点的平均步数来衡量。

6.1.2　评价指标

1. 基于模块度 Q 的评价

可靠的算法应该可以识别好的社团结构。对于好的社团结构必须要给出一个衡量标准。普遍接受的是由 Newman 和 Girvant 提出的模块度函数,它也是目前常用的一种衡量网络中社区稳定度的方法。

模块度函数是基于同类匹配来定义的。对于一个网络其中一种社团划分结果,假设该划分结果包含 k 个社团。定义 $k \times k$ 维的对称矩阵 $e = (e_{ij})$,其中矩阵元素 e_{ij} 表示第 i 个社团和第 j 个社团之间连接的边数与网络总的边数的比例。值得注意的是,这里总边数是指原网络中包含的所有边的总数,被社团发现算法移除的边数不计算在内。因此,该网络划分的衡量标准是应用原始的整体网络来计算的。

设 $\mathrm{Tre} = \sum_i e_{ii}$ 为矩阵中对角线上各元素之和,它表示的是网络中社团内部节点之间相连的边数在网络总的边数中所占的比例。设 $a_i = \sum_j a_{ij}$ 为每行(或者列)中各元素之和,它表示与第 i 个社团中的节点相连的边在所有边中所占的比例。在此基础上,用下式来定义模块度的衡量标准:

$$Q = \sum_i (e_{ii} - a_i^2) = \mathrm{Tre} - \|e^2\|$$

其中,$\|x\|$ 表示矩阵 x 中所有元素之和。上式的物理意义是,网络中连接两个同种类型的节点的边(即社团内部边)的比例减去在同样的社团结构下任意连接这两个节点的边的比例的期望

值。如果社团内部边的比例不大于任意连接时的期望值,则有 $Q=0$。Q 的上限为 1,而 Q 越接近 1 这个值,就说明社团结构越明显。在实际网络中,该值通常位于 $0.3\sim0.7$ 之间。

对比发现,计算模块度时,并不需要与网络已知的社区结构相对照,因大多数网络的社区结构是未知的,所以与其他评价指标相比,模块度的适用范围最广。

2. 基于信息度量的评价

基于标准互信息(normalized mutual information,NMI)的评价方法是一个评价社团发现算法效果的经典方法。下面先介绍互信息。

在概率论和信息论中,两个随机变量的互信息(mutual information,MI)或转移信息(transinformation)是变量间相互依赖性的量度。不同于相关系数,互信息并不局限于实值随机变量,它更加一般且决定着联合分布 $p(X,Y)$ 和分解的边缘分布的乘积 $p(X)p(Y)$ 的相似程度,其中,$p(X,Y)$ 是 X 和 Y 的联合概率分布函数,$p(X)$ 和 $p(Y)$ 分别是 X 和 Y 的边缘概率分布函数。互信息是点间互信息(PMI)的期望值。

正式地,两个离散随机变量 X 和 Y 的互信息可以定义为

$$I(X;Y) = \sum_{y \in Y} \sum_{x \in X} p(x,y) \log\left(\frac{p(x,y)}{p(x)p(y)}\right)$$

如果对数以 2 为基底,互信息的单位是 bit。

标准化互聚类信息是用熵做分母,将 MI 值调整到 0 与 1 之间,如下所示:

$$U(X,Y) = 2R = 2\frac{I(X;Y)}{H(X)+H(Y)}$$

其中,$H(X)$ 和 $H(Y)$ 分别为 X 和 Y 的熵,下式中 log 的底为 2。

$$H(X) = \sum_{i=1}^{n} p(x_i) I(x_i) = \sum_{i=1}^{n} p(x_i) \log_b \frac{1}{p(x_i)} = -\sum_{i=1}^{n} p(x_i) \log_b p(x_i)$$

设变量 X 为划分结果,Y 为标准结果。衡量社团发现结果的准确性时,结果越准确,标准化互信息值 $U(X,Y)$ 越接近 1。

6.1.3　社区发现算法

1. 社区发现经典算法

社区发现问题从本质上还是可以从图论角度定义,即点或者边的分组[2]。社区发现在早期图论中归属于图分割问题。它已经有数十年的研究历史,学者们提出了大量的社区发现方法,同时针对这些方法有不同分类。本章兼顾社区发现方法的研究过程和研究方法,将经典社区发现算法分为以下五大部分。第一是早期的图分割算法以及较为传统的基于谱分析社区发现算法,这一类算法源自经典图论和矩阵论。第二是图聚类算法,聚类是数据分析的一种重要手段,将图数据中的点和边作为聚类对象,大量的聚类算法可以派生出众多的社区分析算法,特别是聚类本身有几大类聚类思想,如基于划分、基于层次、基于密度聚类等。这些思路都可以运用于图数据聚类,而且适当扩展相似度计算方式,还可以将单纯结构聚类扩展至基于点和边属性的聚类。第三是基于目标优化的社区发现算法,它的基础是最优化理论,将社区发现的评价指标作为优化的对象,不论是单目标优化还是多目标优化方法都可应用于社区发现。最著名的社区评价指标是模块度,基于模块度最大化的目标,众多优化算法都被有所研究和尝试,因而产生出大量的社区发现算法。第四是基于信息论和概率的社区发现算法,此类算法的

理论基础是信息论和概率论。社区发现问题也可看作判定问题,通过将其转化为点边社区归属概率判定或者随机游走最优信息编码问题,信息论和各种概率模型都可运用于求解此类问题,这样也衍生出一批社区发现算法。第五是基于物理模型的社区发现算法,社区发现也可以认为是复杂网络研究的一个重要问题。复杂网络研究吸引了从数学、物理学、计算机科学、管理学到社会学等众多领域的研究人员,不少学者将一些物理过程模型运用于社区发现问题分析,提出了基于自旋模型、传播和扩散模型等的社区发现算法,获得不错的效果。

本章在上述分类中挑选其中常用算法进行介绍。

(1) 基于图聚类的社区发现算法

绝大多数划分方法基于对象之间的距离进行聚类,这样的方法只能发现球状的簇,而很难发现任意形状的簇。基于密度聚类方法的主要思想是只要临近区域的密度(对象或者数据点的数目)超过了某个阈值,就继续聚类。也就是说,对给定类中的每个数据点,在一个给定范围的区域中必须包含至少某个数目点。这样的方法可以用来过滤"噪音"数据,发现任意形状的簇。

下面介绍基于图聚类的一种社区发现算法——SCAN 算法。

直接相连的边在分析中占据重要地位,但仅仅展示了网络结构的一部分。SCAN 算法是基于密度聚类的社区发现算法,它通过检索两个相邻节点的共同近邻来划分社区[3]。

定义节点 v 的结构。定义一对节点 (v,w) 间的结构相似度如下:

$$\sigma(v,w) = \frac{\left| \Gamma(v) \bigcap \Gamma(w) \right|}{\sqrt{\left| \Gamma(v) \right| \left| \Gamma(w) \right|}}$$

其中, $\Gamma(v) = \{w \in V \mid (v,w) \in E\} \bigcup \{v\}$。

当社区中一个节点 v 和它的某个邻接点有着相似的结构时,它们的结构相似度较大。定义节点 v 的 ε-邻居为

$$N_\varepsilon(v) = \{w \in \Gamma(v) \mid \sigma(v,w) \geqslant \varepsilon\}$$

当一个节点与周围的很多邻接点都具有较大的结构相似度时,它将成为自身所在社区的核,称为核点。核点是一类特殊的节点,一个核点与至少 μ 个该核点邻接点的结构相似度超过了阈值 ε,即算法围绕核点来增长社区。假如一个节点是某个核点 ε-邻居中的一员,则它应当和这个核点属于同一社区。对于一个给定的 ε 值,每个社区的最小规模由 μ 决定。

定义节点 v 和 w 之间的直接结构可达性为与核点相连的 ε-邻居集合,记为 DirREACH$_{\varepsilon,\mu}(v,w)$,直接结构可达性仅当 v 和 w 均为核点时具有对称性。结构可达性是对直接结构可达性的拓展:当存在一系列节点且是从直接可达的,则称节点是从节点结构可达的,即

$$\text{REACH}_{\varepsilon,\mu}(v,w) \Leftrightarrow \exists v_1, \cdots, v_n \in V : v_1 = v \wedge v_n = w \wedge \forall i \in \{1, \cdots, n-1\} : \text{DirREACH}_{\varepsilon,\mu}(v_i, v_{i+1})$$

结构可达性的实质是直接结构可达性的传递闭包,具有传递性,但对非核点不具有对称性。根据结构可达性的定义可知,同一社区内的两个非核节点之间不具有结构可达性,但它们都从该社区的核点可达。由此衍生出一对节点间结构连接性的定义,即

$$\text{CONNECT}_{\varepsilon,\mu}(v,w) \Leftrightarrow \exists u \in V : \text{REACH}_{\varepsilon,\mu}(u,v) \wedge \text{REACH}_{\varepsilon,\mu}(u,w)$$

结构连结性具有对称性,并且对于结构可达的节点具有自反性。

定义相连结构社区为一个非空节点子集 $C \subseteq V$,其内部所有节点都具备结构连接性,且 C 在此条件下尽可能大,即

$$\text{Connectivity} : \forall v, w \in C : \text{CONNECT}_{\varepsilon, \mu}(v, w)$$

$$\text{Maximality} : \forall v, w \in V : v \in C \wedge \text{REACH}_{\varepsilon, \mu}(v, w) \Rightarrow w \in C$$

定义图 $G = \langle V, E \rangle$ 的聚集为图 G 中所有相连结构社区的集合。在多个相连结构社区之间可能出现一个孤立的、不属于任何社区的节点,它的邻接点可能分属于不同的相连结构社区,这样的点称为中心点,公式化表述为

$$\text{HUB}_{\varepsilon, \mu}(v) \Longleftrightarrow$$

$$\forall C \in P : v \notin C$$

$$\exists p, q \in \Gamma(v) : \exists X, Y \in P : X \neq Y \wedge p \in X \wedge q \in Y$$

图 G 中的每个节点要么属于某个相连结构社区,要么是中心点或孤立点。孤立点与中心点相对,不属于任何社区,且不存在邻接点分属不同社区。在实际操作中,中心点和孤立点的定义是灵活的,因为这两类节点都独立于社区存在,因此有时将这两类节点都定义为非成员节点会更有效。

SCAN 算法的表述如下:给定一个图 $G = \langle V, E \rangle$ 和参数 ε、μ,通过以下步骤可以寻找图 G 中的相连结构社区。

步骤 1:从节点集合 V 中任取一个核点。

步骤 2:检索从该核点结构可达的节点并将其加入该核点代表的社区,更新周边节点的 ε-邻居。

步骤 3:重复步骤 1 和 2,直到图中没有节点可供选取。

(2) 基于目标优化的社区发现算法

分级聚类(hierarchical clustering)算法是寻找社会网络中社团结构的一类传统算法。它是基于各个节点之间连接的相似性或者强度,把网络自然地划分为各个子群。根据往网络中添加边还是从网络中移除边,该类算法又可以分为两类。

第一类:凝聚算法。

凝聚算法的基本思想是用某种方法计算出各节点对之间的相似性,然后从相似性最高的节点对开始,往一个节点数为 n 而边的数目为 0 的原始空网络中添加边。这个过程可以中止于任何一点,而最终这个网络的组成就认为是若干个社团。从空图到最终图的整个算法的流程可以用世系图或者树状图来表示,其中采用树状图来记录算法的结果如图 6.2 所示。底部的各个圆代表了网络中的各个节点。当水平虚线从树的底端逐步上移,各节点也逐步聚合成为更大的社团。当虚线移至顶部,即表示整个网络就总体地成为一个社团。在该树状图的任何一个位置用虚线断开,就对应着一种社团结构。

第二类:分裂算法。

相反地,在分裂算法中,一般是从所关注的网络着手,试图找到已连接的相似性最低的节点对,然后移除连接它们的边。重复这个过程,就逐步把整个网络分成越来越小的各个部分。同样地,可以在任何情况下终止,并且把此状态下的网络看作若干网络社团。与凝聚方法类似,利用树状图来表示分类方法的流程可以更好地描述整个网络逐步分解为若干个越来越小的子群这一连续过程。

① GN 算法

Girvan 和 Newman 于 2002 年提出的分裂算法已经成为探索网络社团结构的一种经典算

法,简称 GN 算法[4]。由网络中社团的定义可知,所谓社团就是指其内部顶点的连接稠密,而与其他社团内的顶点连接稀疏。这就意味着社团与社团之间联系的通道比较少,一个社团到另一个社团至少要通过这些通道中的一条。如果能找到这些重要的通道,并将它们移除,那么网络就自然而然地分出了社团。Girvan 和 Newman 提出用边介数来标记每条边对网络连通性的影响。某条边的边介数是指网络中通过这条边的最短路径的数目。两顶点间的最短路径在无权网中为连接该顶点对的边数最少的路径。由此定义可知,社团间连边的边介数比较大,因为社团间顶点对的最短路径必然通过它们,而社团内部边的边介数则比较小。

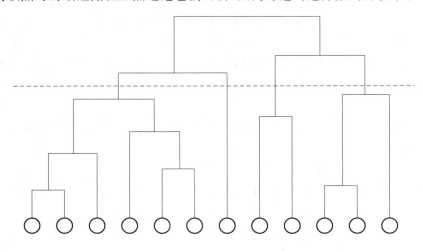

图 6.2　采用树状图来记录算法的结果

GN 算法的基本流程如下:

a. 计算网络中各条边的边介数;

b. 找出边介数最大的边,并将它移除(如果最大边介数的边不唯一,那么既可以随机挑选一条边断开,也可以将这些边同时断开);

c. 重新计算网络中剩余各条边的边介数;

d. 重复步骤 b 和 c,直到网络中所有的边都被移除。

算法中重复计算边介数值的环节是十分有必要的。因为当断开边介数值最大的边后,网络结构发生了变化,原有的数值已经不能代表断边后网络的结构,各条边的边介数需要重新计算。举一个形象的例子:假如网络中有两个社团,它们之间只有两条边相连。起初其中一条边的边介数最大,而另外一条边介数较小,则第一条边被断开。如果不重新计算各条边的边介数,那么第二条边依据其原有边介数值可能不会被立即断开。如果重现计算各条边的边介数,那么第二条边的边介数可能成为最大值,会被立即断开。这显然会对社团结构的划分产生重大的影响。

GN 算法分析网络的整个过程也可以用树状图表示。当沿着树状图逐步下移时,每移一步,就针对该截取位置对应的网络社团结构计算其 Q 值,并找到它的局部峰值。该峰值即对应着比较好的截取位置。通常,这样的局部峰值仅有一到两个。对一些社团结构已知的网络用该标准进行分析,Newman 等人发现。这些峰值的位置与所期望的划分位置密切相关,而峰值的高度即可作为该社团划分方法的强度判断标准,如图 6.3 所示为 Zachary 网络社团结构的树状图及相应的 Q 值分布。

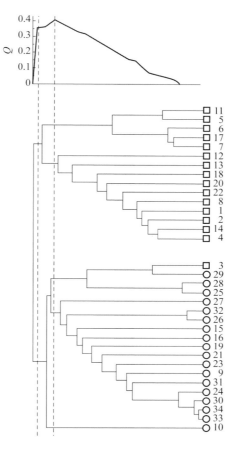

图 6.3　Zachary 网络社团结构的树状图及相应的 Q 值分布

对于由 n 个顶点 m 条边构成的网络,按照广度优先的法则,计算某个顶点到其他所有顶点的最短路径对网络中每条边边介数的贡献最多耗时 $O(n)$,由于网络中共有 n 个顶点,所以计算网络中每条边的边介数总共耗时 $O(m)$,又因为每次断边后需要重新计算每条边的边介数,因此总体上讲这种算法的复杂度为 $O(nm^2)$。对于稀疏网,算法的复杂度为 $O(n^3)$。复杂度较高是 GN 算法的显著缺点。

② CNM 算法

Clauset 等人采用堆的数据结构来计算和更新网络的模块度,提出了一种新的贪心算法,称为 CNM(clauset newman moore)算法[5],该算法的复杂度只有 $O(n\log^2 n)$,已接近线性复杂度。

CNM 算法直接构造一个模块度的增量矩阵 ΔQ,然后通过对它的元素进行更新来得到模块度最大的一种社团结构。显然,如果合并两个不相连的社团,模块度 Q 的值是不会变的。因此只需要存储那些有边相连的社团 i 和 j 相应的元素,从而节省了存储空间。

此算法一共用到了 3 种数据结构。

a. 模块度增量矩阵 ΔQ。它与网络的连接矩阵 A 一样,是一个稀疏矩阵。将它的每一行都存为一个平衡二叉树(这样就可以在 $O(md\log n)$ 时间内找到需要的某个元素)。

b. 最大堆 H。该堆中包含了模块度增量矩阵 ΔQ 中每一行的最大元素,同时包括该元素相应的两个社团的编号 i 和 j。

c. 辅助向量 a。

在这 3 种数据结构的基础上，该算法的流程如下：

a. 初始化。初始化网络为 n 个社团，即每个节点就是一个独立的社团。初始的模块度 $Q=0$。e_{ij} 表示对称矩阵 e 的元素，其值为第 i 个社团和第 j 个社团之间连接的边数与网络总边数的比例。

$$e_{ij} = \begin{cases} \dfrac{1}{2m} & \text{如果节点 } i \text{ 和 } j \text{ 之间有边相连} \\ 0 & \text{其他} \end{cases}$$

其中，k_i 为节点 i 的度；m 为网络中总的边条数。这样，初始的模块度增量矩阵的元素满足：

$$\Delta Q_{ij} = \begin{cases} \dfrac{1}{2m} - \dfrac{k_i k_j}{(2m^2)} & \text{如果节点 } i \text{ 和 } j \text{ 相连} \\ 0 & \text{其他} \end{cases}$$

得到了初始的模块度增量矩阵以后，就可以得到由它每一行的最大元素构成的最大堆 H。

b. 从最大堆 H 中选择最大的，合并相应的社团 i 和 j，标记合并后的社团的标号为 j；更新模块度增量矩阵 ΔQ、最大堆 H 和辅助向量 a。

- ΔQ 的更新：删除第 i 行和第 i 列的元素，更新第 j 行和第 j 列的元素。

$$\Delta Q'_{jk} = \begin{cases} \Delta Q_{ik} + \Delta Q_{jk} & \text{如果社区 } k \text{ 同时与社区 } i \text{ 和社区 } j \text{ 相连} \\ \Delta Q_{jk} - 2a_j a_k & \text{如果社区 } k \text{ 仅与社区 } i \text{ 相连，不与社区 } j \text{ 相连} \\ \Delta Q_{jk} - 2a_i a_k & \text{如果社区 } k \text{ 仅与社区 } j \text{ 相连，不与社区 } j \text{ 相连} \end{cases}$$

- 最大堆 H 的更新：每一次更新后，就要更新最大堆中相应的行和列的最大元素。

- 辅助向量 a 的更新：

$$a'_j = a_i + a_j$$
$$a'_i = 0$$

同时，记录合并以后的模块度值。

c. 重复步骤 b，直到网络中所有的节点都归到一个社团内。

值得一提的是，在整个算法的过程中，Q 仅有一个峰值（最大值）。因为当模块度增量矩阵中最大的元素都小于零以后，Q 的值就只可能一直下降了。所以，只要模块度增量矩阵中最大的元素由正变到负以后，就可以停止合并，并认为此时的社团结构就是网络的社团结构（因为此时的模块度 Q 有最大值）。

由于采用了堆数据结构，这种算法在计算速度上有很大的提高。Clauset 等人利用这个算法成功地分析了亚马逊网上书店中网页的链接关系网络（包含 40 万个节点和 200 多万条边）。

③ BGLL 算法

为了降低算法的时间复杂度，Vincent Blondel 等人提出了另一种层次性贪心算法——BGLL 算法[6]。该算法包括两个阶段，如图 6.4 所示，这两个阶段重复迭代运行，直到网络社区划分的模块度不再增长。第一阶段为社区合并，算法将每个节点当作一个社区，基于模块度增量最大化标准决定哪些邻居社区应该被合并。经过一轮扫描后开始第二阶段，算法将第一阶段发现的所有的社区重新看作节点，构建新的网络，在新的网络上迭代的进行第一阶段。当模块度不再增长时，得到网络的社区近似最优划分。

算法的基本步骤如下：

a. 初始化，将每个节点划分在不同的社区中。

b. 逐一选择各个节点，得到的模块度增量 ΔQ。如果节点的最大增益大于 0，则将它划分到对应的邻居社区;否则,保持归属于原社区。

c. 重复步骤 b,直到节点的社区不再发生变化。

d. 构建新图。新图中的点代表上一阶段产生的不同社区,边的权重为两个社区中所有节点对的边权重之和。重复步骤 b,直到获得最大的模块度值。

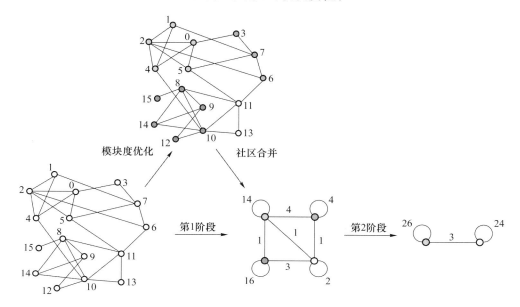

图 6.4　BGLL 算法示意图

这个简单的算法具有几个优点:第一,算法的步骤比较直观并且易于实现;第二,算法不需要提前设定网络的社区数,并且该算法可以呈现网络完整的分层社区结构,能够发现在线社交网络分层的虚拟社区结构,获得不同分辨率的虚拟社区;第三,计算机模拟实验显示,在稀疏网络上,算法的时间复杂度是线性的,在合理的时间内可以处理节点数超过 10^9 的网络,因此十分适用于在线社交网络这样超大规模的复杂网络中虚拟社区的发现。

（3）基于信息论和概率的社区发现算法

① 标签传播算法（LPA）

标签传播算法是由 Zhu Xiaojin 等人在 2002 年提出的,它是一种基于图的半监督学习算法,基本思路是用已标记节点的标签信息去预测未标记节点的标签信息。由于该算法实施简单,时间复杂度低,因此,Usha Nandini Raghavan 等人将标签传播算法推广应用到网络的社区发现领域。这种算法不需要设定具体的目标函数,而是根据直观的启发式规则来定义社区结构。

LPA 的基本思想是为网络中所有的节点赋予不同的标签,并设计一个传播规则,标签根据这个规则在网络上迭代传播,直到所有节点的标签传播达到稳定,最后将具有相同标签的节点划分到一个社区中。在每次迭代传播时,每个节点的标签都更新为最多数量的邻居节点拥有的标签。这个传播规则定义了网络的社区结构,即网络中每个节点选择加入的社区是它最多数量的邻居节点属于的社区。

该算法具体的步骤如下:

a. 开始时,所有节点使用独一无二的标签初始化。

b. 按照随机的顺序扫描所有的节点,每个节点的标签被更新为其最多数量的邻居节点所具有的标签。如果同时有多个标签被最多的邻居节点使用,则随机的选择一个标签。

c. 当所有节点的标签与其最多数量的邻居节点拥有的标签相同时,进行步骤 d,否则返回步骤 b。

d. 将网络中每一个具有相同标签的连通部分作为一个社区。

在一个示例图上使用标签传播算法,一种可能的标签传播过程如图 6.5 所示,具体描述如下:

a. 开始时,所有节点使用自己的节点序号作为初始标签。

b. 生成节点的一种随机的顺序{1,8,6,5,7,3,2,4,9},按照这个随机顺序扫描所有节点,根据节点标签更新规则更新节点标签。

c. 按照这个顺序进行一次扫描后发现,网络上所有节点的标签都已经与其最多数量的邻居节点的标签相同了,即网络上的标签传播达到了稳定状态。

d. 根据稳定时网络上节点标签的不同,该网络被自然的划分成了两个社区{1,2,3,4}和{5,6,7,8,9}。

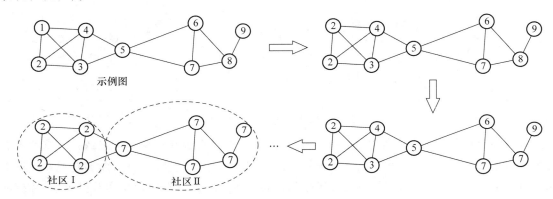

图 6.5　标签传播过程

在该算法中,为了避免算法出现循环和保证算法收敛,每次标签迭代传播前都要对节点重新进行随机排序,并异步更新节点的标签,这种随机排序机制导致标签传播算法发现的社区结构可能是不唯一的。对于同样的初始条件,可能会有多种社区结构满足算法的停止条件。但是这些不同的社区结构之间是相近的,图 6.6 显示了示例图的两种可能的社区结构,节点 5 在两个社区中均有两个邻居节点,因此它既可能被划分到社区Ⅰ中,也可能被划分到社区Ⅱ中。通过将节点在不同社区结构中的标签合并成一个标签,可以整合多个不同的社区结构,形成一个包含更多有用信息的社区结构。

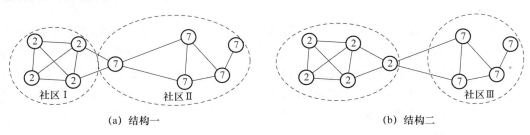

(a) 结构一　　　　　　　　　　　　　(b) 结构二

图 6.6　两种可能的社区结构

该算法不需要提前知道社区的数量和规模,并且不需要任何参数,仅根据网络的拓扑结构就可自然地发现社区。另外,这个算法具有近似线性的时间复杂度。初始化每个节点的标签需要时间 $O(n)$。在每次迭代时,对每个节点 x,首先根据它的邻居节点的标签对邻居节点进行分组,然后选择规模最大的一组邻居节点的标签更新 x 的标签,这个过程需要时间 $O(dx)$,其中 dx 是节点 x 的度。对所有的节点重复这个过程,因此,一次迭代的时间复杂度是 $O(nd)$,即 $O(m)$。实验显示,算法收敛需要的迭代次数通常独立于网络的规模,一般在 5 次迭代后,超过 95% 的节点会被正确划分。所以,本算法的时间复杂度很低,在稀疏网络上近似为 $O(n)$。另外,该算法发现社区的核心思想与在线社交网络中社区的形成过程在一定程度上相似,在线社交网络中,用户倾向于参与其大部分邻居用户参与的话题,由此形成虚拟社区,社区的涌现仅依赖于网络的局部信息,因此,标签传播算法适用于大规模在线社交网络上虚拟社区结构的发现。

② 信息编码算法(Infomap 算法)

Martin Rosvall 等人基于信息论提出了 Infomap 算法[7]。该算法使用随机游走作为网络上信息传播的代理,网络上的随机游走会产生相应的数据流。随机游走产生的信息量使用平均一步随机游走产生的码字长度衡量,即平均码字长度。为了最大地压缩平均码字长度,需要开发有效的编码方法。霍夫曼编码是一种常用的编码方式,在示例图上使用该编码,分配较短的码字给随机游走经常访问的节点,结果如图 6.7 所示。香农信源编码理论给出了霍夫曼编码码字长度的理论界限:每一步的平均码字长度不低于变量 X 的熵,即

$$H(X) = -\sum_{l}^{n} p_i \log(p_i)$$

其中,变量 X 的样本空间是网络所有节点的集合,X 的概率分布为网络所有节点被随机游走访问的频率分布。由于霍夫曼编码没有利用网络结构的规律性,所以该平均码字长度仍然比较长。为了进一步压缩信息流的编码长度,可以考虑使用突出网络社区结构的二级编码。

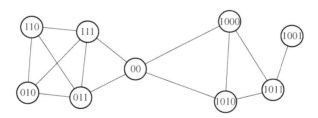

图 6.7 仅使用霍夫曼编码时示例图的编码情况

示例图的二级编码情况如图 6.8 所示,为网络中的所有社区分配唯一的码字,为同一个社区内部的节点分配不同的码字,且不同的社区之间节点的码字可以重复使用。这个规则类似于地图上的命名规则,社区类似于城市,节点类似于城市里的街道,不同城市里的街道可以同名,同一个城市里的街道不能同名。和图 6.7 中的编码情况相比,利用这个规则可以有效地减小节点的编码长度。同样,将随机游走访问社区或者节点的频率分布作为变量的概率分布,社区的码字和每个社区内部节点的码字都使用霍夫曼编码。每次随机游走跨越不同的社区时,需要在描述中加上前一个社区的离开码和后一个社区的码字,以表示随机游走所处的社区发生了变化。直观上看,如果社区的划分较好,则随机游走者在某个社区内部游走的概率将较大,跨越社区的概率将较小,因此使用社区编码和离开码的概率将较小,同时,由于两级编码降低了每个节点的码字长度,因此信息流的平均码字长度将会被压缩。二级编码方法将网络的

社区划分问题转化成了最优编码问题:寻找网络的一个最优划分,使无限随机游走的平均描述长度最小。这里,描述长度包括两个部分:随机游走者在社区内部游走时节点的码字长度和跨越社区时社区的码字长度。显然,如果社区划分较好,那么随机游走在社区间的转移频率就比较低,从而使描述中的社区平均码字长度较低,同时,节点的码字长度因为二级编码被大大降低,因此总的描述长度会被大大地压缩。相反,如果社区没有被很好地划分,社区间的转移将会很频繁,从而二级编码将不能压缩随机游走的描述长度。

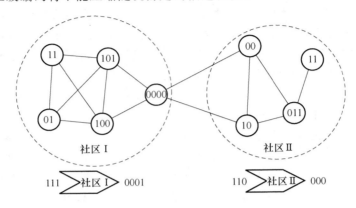

图 6.8　使用二级编码时示例图的编码情况

假设给定网络的一个社区划分,将网络的 n 个节点划分到 m 个社区中,则网络上无限随机游走每一步的平均描述长度 $L(m)$ 为

$$L(m) = q_\curvearrowright H(Q) + \sum_{i=1}^{m} p_\circlearrowright^i H(p^i)$$

上式称为 map 等式。其中, $q_\curvearrowright H(Q)$ 表示在社区间转移所需要的平均码字长度, $\sum_{i=1}^{m} p_\circlearrowright^i H(p^i)$ 表示在所有社区内游走的平均码字长度。网络社区发现的目标就是在所有可能的社区划分中,找出使平均描述长度最小的划分,将其作为网络最优的社区划分。

寻找最优划分,即开始时为每个节点分配一个独立的社区,合并使平均描述长度 $L(m)$ 下降最多的两个社区,重复这个过程,直到最后合并成一个社区。算法的具体的步骤如下所述:

a. 去掉网络中所有的边,网络的每个节点都单独作为一个社区。

b. 网络中的每个连通部分作为一个社区,将还未加入网络的边分别重新加回网络,如果加入网络的边连接了两个不同的社区,即合并了两个社区,则计算形成的新社区划分的平均描述长度的减少量。选择使平均描述长度减少最大的两个社区进行合并。

c. 如果网络的社区数大于 1,则返回步骤 b 继续迭代,否则转到步骤 d。

d. 遍历每种社区划分对应的平均描述长度的值,选取平均描述长度最小的社区划分作为网络的最优划分。

在示例图上使用 Infomap 算法,具体步骤如下:

a. 初始时将网络的每个节点都单独作为一个社区,总共有 9 个社区,计算出平均描述长度 $L(m)=5.132$。

b. 对任意两个社区进行合并,计算新的社区划分的平均描述长度,得到社区{8}和社区{9}合并后得到的平均描述长度的减少量最大, $\Delta L(m)=-0.3393$。因此,算法第一步合并社区{8}和社区{9}形成社区{8,9}。

c. 接下来对新的 8 个社区继续上述过程,直到最终网络所有节点合并成一个社区,整个过程得到 9 种不同的社区划分,算法划分出的社区生成树如图 6.9 所示。

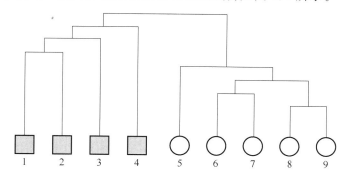

图 6.9　在示例图上使用 Infomap 算法得到的社区生成树

d. 遍历每种社区划分对应的平均描述长度的值,当网络被划分成两个社区 {1,2,3,4} 和 {5,6,7,8,9} 时,平均描述长度取得最小值 $L(m) = 3.100$,这个社区划分即为网络的最优划分。

Infomap 算法利用网络上信息传播的规律发现社区,当网络中各个社区的规模差别很大时,该算法优于 CNM 算法。在线社交网络中的虚拟社区的规模通常是各不相同的,因此使用 Infomap 算法发现的虚拟社区结构比使用 CNM 算法更加准确。

2. 社区发现新兴算法

(1) 非重叠社团发现算法

早期的研究工作大部分都围绕非重叠社团发现展开。近年来,基于对社团结构的不同理解,研究者们在对节点集划分时采用的标准和策略不同,因此产生了许多风格不同的新算法,典型算法有基于模块度优化的社团发现算法(包含聚类)、基于谱分析的社团发现算法、基于信息论的社团发现算法等。

① 基于模块度优化的社团发现算法。基于模块度优化的社团发现算法是目前研究最多的一类算法,其思想是将社团发现问题定义为优化问题,然后搜索目标值最优的社团结构。在此基础上,模块度优化算法根据社团发现时的计算顺序大致可分为三类:第一类采用聚合思想,也就是分层聚类中的自底向上的做法;第二类采用分裂思想,也就是分层聚类中自顶向下的方法;第三类为直接寻优法,此外,有一些基于遗传算法、蚁群算法等智能算法的社团发现算法也可归为此类。

基于模块度优化算法是目前应用最为广泛的一类算法,但是在具体分析中,它很难确定一种合理的优化目标,使得分析结果难以反映真实的社团结构,尤其是分析大规模复杂网络时,它的搜索空间非常大,使得许多模块度近似优化算法的结果变得不可靠。

② 基于谱分析的社团发现算法。该算法建立在谱图理论基础上,其主要思想是根据特定图矩阵的特征向量导出对象的特征,利用导出特征来推断对象之间的结构关系。通常选用的特定图矩阵有拉普拉斯矩阵和随机矩阵两类。图的拉普拉斯矩阵定义为 $L = D - W$,其中,D 为以每个节点的度为对角元的对角矩阵,W 为图的邻接矩阵。随机矩阵则是根据邻接矩阵导出的概率转移矩阵 $P = D^{-1}W$。这两类矩阵有一个共同性质,同一社团节点对应的特征分量近似相等,这成为目前基于谱分析的社团发现算法实现社团发现的理论基础。

基于谱分析的社团发现算法普遍做法是将节点对应的矩阵特征分量看作空间坐标,将网络节点映射到多维特征向量空间中,运用传统的聚类方法将节点聚成社团。应用谱分析法不可避免地要计算矩阵特征值,计算开销大,但由于能够通过特征谱将节点映射至欧拉空间,并能够直接应用传统向量聚类的众多研究成果,因此灵活性较大。

③ 基于信息论的社团发现算法。从信息论的角度出发,网络的模块化描述可以被看作对网络拓扑结构的一种有损压缩,从而将社团发现问题转换为信息论中的一个基础问题:寻找拓扑结构的有效压缩方式。以信息论的观点来看,互信息 $I(X,Y)$ 最大时,即最能反映原始结构 X 的 Y 是最优的。在该框架下,求互信息 $I(X,Y)$ 最大等价于求条件信息 $H(X|Y)$ 最小。有文献测试表明,Rosvall 等人提出的基于信息论的模拟退火优化算法是目前非重叠社团发现算法里准确度最高的一类方法。

（2）重叠社团发现算法

对于非重叠社团的划分算法已经相对成熟,但是真实世界的网络和这种理想状态相去甚远,经常有某些节点同时具有多个社区的特性,属于多个社区,在这种状况之下,对于重叠社区的划分明显更有意义,更贴近真实世界,这也因此成为近年来新的研究热点。重叠社区划分算法可以分为以下几类:

① 基于团渗透改进的重叠社区发现算法。由 Palla 等提出的团渗透算法是首个能够发现重叠社团的算法,该类算法认为社团是由一系列相互可达的 k-团（即有 k 个顶点的完全子图）组成的,即 k-社团。算法通过合并相邻的 k-团来实现社团发现,而那些处于多个 k-社团中的节点即是社团的重叠部分。基于团渗透思想的算法需要以团为基本单元来发现重叠,这对于很多真实网络尤其是稀疏网络而言,限制条件过于严格,只能发现少量的重叠社团。

② 基于模糊聚类的重叠社团发现算法。该算法认为可将重叠社团发现问题归于传统模糊聚类问题,以计算节点到社团的模糊隶属度来揭示节点的社团关系。这类算法通常从构建节点距离出发,再结合传统模糊聚类求解隶属度矩阵。

③ 基于种子扩展思想的重叠社团发现算法。此类算法的基本思想是以具有某种特征的子网络为种子,通过合并、扩展等操作向邻接节点扩展,直至获得评价函数最大的社团。该类算法已得到了迅速发展。

④ 基于混合概率模型的重叠社区发现算法。前述的很多算法都是自己给出了社团结构的定义,然后相应给出算法,但这样的划分必须先对社团做出符合结构定义的假设。针对此问题,社团结构的混合概率模型（mixture models and exploratory analysis in networks）被建立,以概率模型对复杂网络的社团结构进行探索,以求得期望最大的社团结构,从而避开社团定义的问题。通过该算法能够识别重叠社团,并得到隶属程度大小。然而,该方法基于最大期望算法（EM 算法）来估计未知参数,收敛速度较慢,计算复杂度较高,一定程度上制约了算法的应用规模。

⑤ 基于边聚类的重叠社团发现。以往社团发现算法的研究均以节点为对象,考虑如何通过划分、聚类、优化等技术将节点归为重叠或不重叠的社团,而以边为研究对象来划分社团的算法也被提出。虽然节点可能属于多重社团,但边通常只对应某一特定类型的交互（真实网络中的某种性质或功能）。因此,以边为对象使得划分的结果更能真实地反映节点在复杂网络中的角色或功能。

6.1.4　社区发现趋势

目前,网络科学中的社区发现与演化仍然是一个热点问题,仍然有很多问题待研究解决。

随着表示学习的发展,通过表示学习的方法将网络中的目标信息映射到低维向量中,可提升算法的效率,目前已有相关方法,如 Deepwalk[8]、LINE[9]、Metapath2vec[10] 等算法。

社区分析与其他领域交叉研究范围甚广,如复杂网络相关知识与概念可以和知识传播相结合。通过构建知识传播理论模型,可探索虚拟社区中知识传播效果的内在影响机制[11]。

融合更多的数据源,使得发现的社区具有更丰富的信息,如文本信息、图片信息和视频信息等[12]。

在社区发现算法评测方面,将社区演化事件[13]的分析评测融入算法评测平台中,用户复杂的时间演化行为促使网络结构和社区结构随之发生变化。从日益复杂的社会中挖掘出社区结构以及分析动态网络中的演化模型具有重要意义。社区发现算法评测平台融入社区演化事件的分析评测并展示社区演化事件的过程可以使该平台在评测方面功能更加完善。

6.2　链　路　预　测

6.2.1　链路预测介绍

网络中的链路预测(link prediction)是指如何通过已知的网络节点以及网络结构等信息预测网络中尚未产生连边的两个节点之间产生链接的可能性,既包含了对未知链接(existent yet unknown links)的预测,也包含了对未来链接(future links)的预测。链路预测研究不仅具有广泛的实际应用价值,也具有重要的理论研究意义,特别是对一些相关领域理论方面具有推动作用和贡献。近年来,随着网络科学的快速发展,其理论上的成果为链路预测搭建了一个研究的平台,使得链路预测的研究与网络的结构与演化紧密联系起来。因此,对于预测的结果更能够从理论的角度进行解释。与此同时,链路预测的研究也可以从理论上帮助人们认识复杂网络演化的机制。由于刻画网络结构特征的统计量非常多,很难比较不同的机制孰优孰劣。链路预测机制有望为演化网络提供一个简单、统一且较为公平的比较平台,从而大大推动复杂网络演化模型的理论研究。另外,如何刻画网络中节点的相似性是一个重大的理论问题,该问题和网络聚类等应用息息相关。类似,相似性的度量指标数不胜数,只有能够快速准确地评估某种相似性定义是否能够很好地刻画一个给定网络节点间的关系,才能进一步研究网络特征对相似性指标选择的影响,因此,链路预测可以起到核心技术的作用。链路预测问题本身也带来了有趣且有重要价值的理论问题,就是通过构造网络系综(network ensemble),并借此利用最大似然估计方法进行链路预测的可能性和可行性研究,对链路预测本身以及复杂网络研究的理论基础的建立和完善起到推动和借鉴作用。

定义 $G=(V,E)$ 为一个无向网络,其中,V 为节点集合,E 为边集合。网络总的节点数为 N,边数为 M。该网络共有 $N(N-1)/2$ 个节点对,即全集 U。给定一种链路预测的方法,对每对没有连边的节点对 $(x,y)(\in U\backslash E)$ 赋予一个分数值 S_{xy},然后将所有未连接的节点对按照该分数值从大到小排序,排在最前面的节点对出现连边的概率最大。

为了测试算法的准确性,将已知的连边 E 分为训练集 E^T 和测试集 E^P 两部分。在计算分数值时只能使用测试集中的信息。显然,$E=E^T\cup E^P$ 且 $E^T\cap E^P=\varnothing$。在此,将属于 U 但不属于 E 的边定义为不存在的边。衡量链路预测算法精确度的指标有 AUC(area under the receiver operating characteristic curve)、Precision 和 Ranking Score 共 3 种。它们对预测精确度衡量的侧重点不同:AUC 从整体上衡量算法的精确度[14];Precision 只考虑对排在前 L 位的边是否预测准确[15];Ranking Score 更多考虑对所预测的边的排序[16]。

AUC 可以理解为在测试集中的边的分数值有比随机选择的一个不存在的边的分数值高的概率,也就是说,每次随机从测试集中选取一条边与随机选择的不存在的边进行比较,如果测试集中的边的分数值大于不存在的边的分数值,就加 1 分,而如果两个分数值相等,就加 0.5 分。独立地比较 n 次,如果有 n' 次测试集中的边的分数值大于不存在的边的分数,有 n'' 次两分数值相等,则 AUC 定义为

$$AUC = \frac{n' + 0.5n''}{n}$$

显然,如果所有分数都是随机产生的,AUC$=0.5$。因此 AUC 大于 0.5 的程度衡量了算法在多大程度上比随机选择的方法精确。

Precision 定义为在前 L 个预测边中被预测准确的比例。如果有 m 个预测准确,即排在前 L 的边中有 m 个在测试集中,则 Precision 定义为

$$Precision = \frac{m}{L}$$

显然,Precision 越大,预测越准确。如果两个算法 AUC 相同,而算法 1 的 Precision 大于算法 2,说明算法 1 更好,因为其倾向于把真正连边的节点对排在前面。

Ranking Score 主要考虑测试集中的边在最终排序中的位置。令 $H = U - E^{\mathrm{T}}$ 为未知边的集合(相当于测试集中的边和不存在的边的集合),r_i 表示未知边 $i\,(\in E^{\mathrm{P}})$ 在排序中的排名。则该条未知边的 Ranking Score 值为 $RS_i = r_i / |H|$,其中 $|H|$ 表示集合 H 中元素的个数遍历所有在测试集中的边,得到系统的 Ranking Score 值为

$$RS = \frac{1}{|E^{\mathrm{P}}|} \sum_{i \in E^{\mathrm{P}}} RS_i = \frac{1}{|E^{\mathrm{P}}|} \sum_{i \in E^{\mathrm{P}}} \frac{r_i}{|H|}$$

6.2.2　基于相似性的链路预测算法

应用节点间的相似性进行链路预测的一个重要前提假设就是两个节点之间相似性(或者相近性)越大,它们之间存在链接的可能性就越大。应注意,相似性并非一般意义上的相似性,而是指一种接近程度(proximity)。刻画节点的相似性有多种方法,最简单直接的方法就是利用节点的属性,例如,如果两个人具有相同的年龄、性别、职业、兴趣等,就说他们俩很相似。利用节点属性的相似性进行链路预测的前提是网络中的边本身代表着相似。还有一类相似性的定义完全基于网络的结构信息,称为结构相似性。基于结构相似性的链路预测精度的高低取决于该种结构相似性的定义是否能够很好地抓住目标网络的结构特征。例如,基于共同邻居的相似性指标,即两个节点如果有更多的共同邻居就更可能连边,在集聚系数较高的网络中表现非常好,有时甚至超过一些更复杂的算法,然而对于集聚系数较低的网络,如路由器网络或电力网络等,预测精度就差很多。

1. 基于局部信息的相似性指标

基于局部信息的最简单的相似性指标是共同邻居(common neighbors,CN)指标,也就是说两个节点如果有更多的共同邻居,则它们更倾向于连边。在共同邻居的基础上考虑两端节点度的影响,从不同的角度以不同的方式可产生 6 种相似性指标,分别是 Salton 指标[17](也称为余弦相似性)、Jaccard 指标[18]、Sorenson 指标[19]、大度节点有利指标(hub promoted index,HPI)、大度节点不利指标(hub depressed index,HDI)[20]和 LHN-I 指标[21](由 Leicht、Holme

和 Newman 提出而得名),这一类指标基于共同邻居的相似性。

只考虑节点度的相似性的指标为优先连接(preferential attachment,PA)指标。应用优先连接的方法可以产生无标度的网络结构,在该网络中,一条即将加入的新边连接到节点 x 的概率正比于节点 x 的度 $k(x)$[22],因此新边连接节点 x 和 y 的概率正比于两节点度的乘积。该算法的复杂度较其他算法低,因为需要的信息量最少。

如果考虑两节点共同邻居的度信息,有 Adamic-Adar(AA)指标[23],其思想是度小的共同邻居节点的贡献大于度大的共同邻居节点。因此根据共同邻居节点的度为每个节点赋予一个权重值,该权重等于该节点的度的对数分之一,即 $1/\lg k$。

文献[24]从网络资源分配(resource allocation)的角度提出一种新的指标,简称 RA 指标。考虑网络中没有直接相连的两个节点 x 和 y,从 x 可以传递一些资源到 y 的过程中,它们的共同邻居就成为传递的媒介。假设每个媒介都有一个单位的资源并且将平均分配给它的邻居,则 y 可以接收到的资源数就定义为节点 x 和 y 的相似度。RA 和 AA 指标最大的区别在于赋予共同邻居节点权重的方式不同,前者以 $1/k$ 的形式递减,后者以 $1/\lg k$ 的形式递减。可见,当网络的平均度较小时,RA 和 AA 差别不大,但是当平均度较大时,就有很大的区别了。

表 6.1 总结了以上 10 种基于局部信息的相似性指标的定义公式。对于网络中的节点 x,定义它的邻居为 $\Gamma(x)$,$k(x)(=\Gamma(x))$ 为节点 x 的度。

表 6.1　10 种基于节点局部信息的相似性指标

名称	定义	名称	定义
共同邻居指标	$S_{xy} = \lvert \Gamma(x) \cap \Gamma(y) \rvert$	大度节点不利指标	$S_{xy} = \dfrac{\lvert \Gamma(x) \cap \Gamma(y) \rvert}{\max\{k(x),k(y)\}}$
Salton 指标	$S_{xy} = \dfrac{\lvert \Gamma(x) \cap \Gamma(y) \rvert}{\sqrt{k(x)k(y)}}$	LHN-I 指标	$S_{xy} = \dfrac{\lvert \Gamma(x) \cap \Gamma(y) \rvert}{k(x)k(y)}$
Jaccard 指标	$S_{xy} = \dfrac{\lvert \Gamma(x) \cap \Gamma(y) \rvert}{\lvert \Gamma(x) \cup \Gamma(y) \rvert}$	优先链接指标	$S_{xy} = k(x)k(y)$
Sorenson 指标	$S_{xy} = \dfrac{2\lvert \Gamma(x) \cap \Gamma(y) \rvert}{\sqrt{k(x)+k(y)}}$	AA 指标	$S_{xy} = \displaystyle\sum_{z \in \Gamma(x) \cap \Gamma(y)} \dfrac{1}{\lg k(z)}$
大度节点有利(HPI)指标	$S_{xy} = \dfrac{\lvert \Gamma(x) \cap \Gamma(y) \rvert}{\min\{k(x),k(y)\}}$	资源分配指标	$S_{xy} = \displaystyle\sum_{z \in \Gamma(x) \cap \Gamma(y)} \dfrac{1}{k(z)}$

文献[24]将上述 10 种基于节点局部信息的相似性指标在 6 个实际网络中进行实验,并比较其预测精确度。6 个网络分别为:蛋白质相互作用网络(PPI)、科学家合作网络(NS)、美国电力网络(Grid)、政治博客网络(PB)、路由器网络(INT)以及美国航空网络(USAir),它们的统计性质如表 6.2 所示。其中,N、M 分别表示网络的节点数和边数,N_c 为网络的最大联通集团,如 2 375/92 表示 PPI 网络中有 92 个联通集团,最大联通集包含 2 375 个节点。表 6.2 中的 e 为网络的效率,C 为网络集聚系数,r 为同配系数,H 为网络度异质性。实验的预测结果如表 6.3 所示。所有结果均以 AUC 为预测精度评价指标。可见在 10 种算法中,表现最好的是 RA,其次是 CN,再次是 AA。总的来说,PA 表现最差,特别是在电力网络和路由器网络中,预测精度还不到 0.5,这意味着 PA 算法在这两个网络中预测精度还不如完全随机预测得好。

表 6.2　6 个实验网络的拓扑性质

网络名称	N	M	N_c	e	C	r	H
PPI	2 617	11 855	2 375/92	0.180	0.387	0.461	3.73
NS	1 461	2 742	379/268	0.016	0.878	0.462	1.85
Grid	4 941	6 594	4 941/1	0.063	0.107	0.003	1.45
PB	1 224	19 090	1 222/2	0.397	0.361	−0.079	3.13
INT	5 022	6 258	5 022/1	0.167	0.033	−0.138	5.05
USAir	332	2 126	332/1	0.406	0.749	−0.208	3.46

表 6.3　10 种基于节点局部信息的相似性在 6 个网络链路预测中的精度比较

指标	网络名称					
	PPI	NS	Grid	PB	INT	USAir
CN	0.889	0.933	0.590	0.925	0.559	0.937
Salton	0.869	0.911	0.585	0.874	0.552	0.898
Jaccard	0.888	0.933	0.590	0.882	0.559	0.901
Sorenson	0.888	0.933	0.290	0.881	0.559	0.902
HPI	0.868	0.911	0.585	0.852	0.552	0.857
HDI	0.888	0933	0.590	0.877	0.559	0.902
LHN-I	0.866	0.911	0.585	0.772	0.552	0.758
PA	0.828	0.623	0.446	0.907	0.464	0.886
AA	0.888	0.932	0.590	0.922	0.559	0.925
RA	0.890	0.933	0.590	0.931	0.559	0.955

2. 基于路径的相似性指标

基于路径的相似性指标有 3 个,分别是局部路径(local path,LP)指标[25]、Katz 指标[26] 和 LHN-II 指标[21](与 LHN-I 在同一篇文章中提出)。

(1)LP 指标是在 CN 指标的基础上考虑三阶邻居的贡献,其定义为 $S=A^2+\alpha A^3$,其中,α 为可调节参数,用于控制三阶路径的作用,当 $\alpha=0$ 时,LP 指标就等于 CN 指标;A 为网络的邻接矩阵。注意,$(A^n)_{xy}$ 表示节点 x 和 y 之间长度为 n 的路径数。

(2)Katz 指标考虑的是所有的路径数,且对于短路径赋予较大的权重,而长路径赋予较小的权重,它定义为 $S=\beta A+\beta^2 A^2+\beta^3 A^3+\cdots=(I-\beta A)^{-1}-1$,其中 β 为权重衰减因子,为了保证数列的收敛性,β 的取值须小于邻接矩阵 A 最大特征值的倒数。

(3)LHN-II 指标和 Katz 参数类似,也是考虑所有路径,所不同的是 LHN-II 中每一项不再是 $(A^n)_{xy}$,而变为 $(A^n)_{xy}/E[(A^n)_{xy}]$,其中 $E[(A^n)_{xy}]\left(=\dfrac{k_x k_y}{M}\lambda_1^{n-1}\right)$ 为节点 x 和 y 之间长度为 n 的路径数的期望值。整理后得到 LHN-II 的最终表达式为

$$S=2m\lambda_1 D^{-1}\left(I-\frac{\varphi A}{\lambda_1}\right)^{-1} D^{-1}$$

其中,λ_1 为 A 的最大特征值,φ 为参数取值小于 1,D 表示节点的对角矩阵。

运用上述 3 种基于路径的相似性指标进行链路预测,分别用 AUC 和 Precision($L=100$)

进行评价,结果如表 6.4 和表 6.5 所示。LP 的结果是在最优参数 α 时得到的;LP * 的结果是在固定参数 $\alpha=0.01^{[24]}$ 时得到的。由于 USAir 特殊的层次结构,在 USAir 中设定 $\alpha=-0.01$。从表 6.4 中可以看出,运用 AUC 作为评价指标时,基于全局信息的 Katz 指标表现最好,特别是在美国电力网络和路由器网络中,AUC 可达到 0.95 以上。其次,局部路径算法表现也不错,如在 PPI 和 PB 网络中,可以达到与 Katz 指标差不多好的预测精度,甚至在 PB 和 USAir 网络中表现得比 Katz 指标还好。其原因在于 PB 和 USAir 网络的平均最短距离很小,因此基于三阶路径的 LP 指标比基于全部路径的 Katz 指标能够更好地符合网络的结构特点。同理,在电力网络中,平均最短路径为 16,此时只考虑三阶路径的 LP 指标就不够精确了。

表 6.4　基于路径的相似性指标在使用 AUC 衡量时的预测精度比较

指标	网络名称					
	PPI	NS	Grid	PB	INT	USAir
LP	0.970	0.988	0.697	0.941	0.943	0.960
LP*	0.970	0.988	0.697	0.939	0.941	0.959
Katz	0.972	0.988	0.952	0.936	0.975	0.956
LHN-II	0.968	0.986	0.947	0.769	0.959	0.778

表 6.5　基于路径的相似性指标在使用 Precision 衡量时的预测精度比较

指标	网络名称					
	PPI	NS	Grid	PB	INT	USAir
LP	0.734	0.292	0.132	0.519	0.557	0.627
LP*	0.734	0.292	0.132	0.469	0.121	0.627
Katz	0.719	0.290	0.063	0.456	0.368	0.623
LHN-II	0	0.060	0.005	0	0	0.005

另外,在计算复杂度方面,由于 LP 指标只考虑局部信息,其计算复杂度比考虑全局信息的 Katz 和 LHN-II 要小很多。LP 的计算复杂度约为 $O(N\langle k\rangle^3)$,而 Katz 指标和 LHN-II 指标的计算复杂度均为 $O(N^3)$。可见,对于规模巨大(N 大)且较稀疏(平均度 $\langle k\rangle$ 小)的网络,LP 指标在计算速度上具有明显的优势。

3. 基于随机游走的相似性指标

有一类相似性算法是基于随机游走定义的,包括平均通勤时间(average commute time)指标[27]、基于随机游走的余弦相似性指标[28]、重启的随机游走(random walk with restart)指标[29]、SimRank 指标[30],以及新提出的两种基于局部随机游走的指标。

(1) 平均通勤时间(average commute time)简称 ACT。设 $m(x,y)$ 为一个随机粒子从节点 x 到节点 y 需要走的平均步数,则节点 x 和 y 的平均通勤时间定义为

$$n(x,y)=m(x,y)+m(y,x)$$

其数值解可通过求该网络拉普拉斯矩阵的伪逆矩阵 $\boldsymbol{L}^+$ 获得[27],即

$$n(x,y)=M(l_{xy}^+ + l_{yy}^+ - 2l_{yy}^+)$$

其中 l_{xy}^+ 表示矩阵 $\boldsymbol{L}^+$ 中相应位置的元素。可以说,如果两个节点的平均通勤时间越小,则两个节点越接近。通常,网络被观察到有普遍的集聚效应,因此相隔较近的节点更容易连边。由此定义基于 ACT 的相似性为(在此可忽略常数 M)

$$S_{xy}^{\mathrm{ACT}} = \frac{1}{l_{xx}^{+} + l_{yy}^{+} - 2l_{xy}^{+}}$$

（2）基于随机游走的余弦相似性（cos＋）指标。在由向量 $\boldsymbol{v}_x = \boldsymbol{\Lambda}^{\frac{1}{2}} \boldsymbol{U}^{\mathrm{T}} \boldsymbol{e}_x$ 展开的欧式空间内，$\boldsymbol{L}^{+}$ 中的元素 l_{xy}^{+} 可表示为两个向量 $\boldsymbol{v}_x$ 和 $\boldsymbol{v}_y$ 的内积，即 $l_{xy}^{+} = \boldsymbol{v}_x^{\mathrm{T}} \boldsymbol{v}_y$，其中 $\boldsymbol{U}$ 是一个标准正交矩阵，是由 $\boldsymbol{L}^{+}$ 特征向量按照对应的特征根从大到小排列所得，$\boldsymbol{\Lambda}$ 为以特征根为对角元素的对角矩阵，$\boldsymbol{e}_x$ 表示一个一维向量且只有第 x 个元素为 1，其他都为 0。由此定义余弦相似性为[28]

$$S_{xy}^{\cos+} = \cos(x,y)^{+} = \frac{l_{xy}^{+}}{\sqrt{l_{xx}^{+} l_{xy}^{+}}}$$

（3）重启的随机游走（random walk with restart）指标简称 RWR 指标。该指标可以看成是网页排序算法（PageRank）的拓展应用[29]，其假设随机游走粒子每走一步时都以一定概率返回初始位置。设粒子返回概率为 $1-c$，$\boldsymbol{P}$ 为网络的马尔科夫概率转移矩阵，其元素 $P_{xy}(=a_{xy}/k_x)$ 表示节点 x 处的粒子下一步走到节点 y 的概率。如果 x 和 y 相连，则 $a_{xy}=1$，否则为 0。某一粒子初始时刻在节点 x 处，则 $t+1$ 时刻该粒子到达网络各个节点的概率向量为

$$\boldsymbol{q}_x(t+1) = c\boldsymbol{P}^{\mathrm{T}} \boldsymbol{q}_x(t) + (1-c)\boldsymbol{e}_x$$

其中，$\boldsymbol{e}_x$ 表示初始状态（其定义与 cos＋ 中相同）。不难得到上式的稳态解为

$$\boldsymbol{q}_x = (1-c)(I-c\boldsymbol{P}^{\mathrm{T}})^{-1} \boldsymbol{e}_x$$

元素 q_{xy} 为从节点 x 出发的粒子最终以多少概率走到节点 y，由此定义 RWR 相似性为

$$S_{xy}^{\mathrm{RWR}} = q_{xy} + q_{yx}$$

（4）SimRank 指标简称 SimR 指标。它的基本假设是，如果两节点所连接的节点相似，则该两节点相似[30]。它的自洽定义式为

$$S_{xy}^{\mathrm{SimR}} = C \frac{\displaystyle\sum_{z \in \Gamma(x)} \sum_{z' \in \Gamma(y)} s_{zz'}^{\mathrm{SimR}}}{k_x k_y}$$

其中，假定 $S_{xx}=1$；C 为相似性传递时的衰减参数，范围是 $[0,1]$。SimR 指标可以用于描述两个分别从节点 x 和 y 出发的粒子何时相遇。

（5）局部随机游走（local random walk）指标简称 LRW 指标[31]。该指标与上述 4 种基于随机游走的相似性不同，其只考虑有限步数的随机游走过程。一个粒子 t 时刻从节点 x 出发，定义 $\pi_{xy}(t)$ 为 $t+1$ 时刻这个粒子正好走到节点 y 的概率，那么可得到系统演化方程：

$$\boldsymbol{\pi}_x(t+1) = \boldsymbol{p}^{\mathrm{T}} \boldsymbol{\pi}_x(t), t \geqslant 0$$

其中，$\boldsymbol{\pi}_x(0)$ 为一个 $N \times 1$ 的向量，只有第 x 个元素为 1，其他为 0，即 $\boldsymbol{\pi}_x(0) = \boldsymbol{e}_x$。设定各个节点的初始资源分布为 q_x，基于 t 步随机游走的相似性为

$$S_{xy}^{\mathrm{LRW}}(t) = q_x \pi_{xy}(t) + q_y \pi_{yx}(t)$$

文献[31]给出了一种与度分布一致的初始资源分布，即 $q_x = k_x/M$（M 为一常数），并在此基础上进行了大量实验。LRW 相似性由于只考虑了有限步数的随机游走，该算法的计算复杂度相比较基于全局随机游走的 ACT、RWR、cos＋ 以及 SimR 算法都要小很多，因此对于规模较大、较稀疏的网络非常适用。

（6）叠加的局部随机游走（superposed random walk）简称 SRW 指标[31]。在 LRW 的基础上将 t 步及其以前的结果加总便得到 SRW 的值，即

$$S_{xy}^{\mathrm{SRW}}(t) = \sum_{l=1}^{t} S_{xy}^{\mathrm{LRW}}(l) = q_x \sum_{l=1}^{t} \pi_{xy}(l) + q_y \sum_{l=1}^{t} \pi_{yx}(l)$$

这个指标的目的就是给邻近目标节点的点更多的机会与目标节点相连。

文献[31]比较了上述两种基于局部随机游走和基于全局随机游走的 ACT 和 RWR 指标在 5 个不同领域的网络中的链路预测效果。该 5 个网络分别为美国航空网络、科学家合作网、电力网络、蛋白质相互作用网络和线虫神经网络(C. elegans),其拓扑结构的统计特性展现于表 6.6。$\langle k \rangle$ 和 $\langle d \rangle$ 分别表示平均度和平均最短距离。

表 6.6　5 个网络最大连通集的统计特性

网络名称	N	M	$\langle k \rangle$	$\langle d \rangle$	C	r	H
USAir	332	2126	12.807	2.46	0.749	-0.208	3.464
NS	379	941	4.823	4.93	0.798	-0.082	1.663
Grid	4 941	6 594	2.669	15.87	0.107	0.003	0.450
PPI	2675	11 693	9.847	4.59	0.388	0.454	3.476
C. elegans	297	2 148	14.456	2.46	0.308	-0.163	1.801

表 6.7 和表 6.8 总结了 4 种基于随机游走的相似性的链路预测精度,分别用 AUC 和 Precision 衡量。括号中的数字表示 LRW 和 SRW 指标所对应的最优行走步数。可见,除了 NS 网络以外,LRW 和 SRW 指标无论是 AUC 还是 Precision 都好于 ACT 和 RWR 指标。而在 NS 网络中,虽然 RWR 表现稍好,但是其计算复杂度远远大于 LRW 和 SRW 指标。由于 ACT 和 RWR 的计算复杂度为 $O(N^3)$,而 LRW 和 SRW 为 $O(N\langle k \rangle^n)$,其中 n 为随机游走步数。由此可以推算,对于 NS 网络来说,计算 RWR 的时间复杂度要比 SRW 慢 1 000 多倍,而 AUC 只提高了千分之一。

表 6.7　4 种基于随机游走的算法在使用 AUC 衡量时的预测精度比较

指标	网络名称				
	USAir	NS	Grid	PPI	C. elegans
ACT	0.901	0.934	0.895	0.900	0.747
RWR	0.977	0.993	0.760	0.978	0.889
LRW	0.972 (2)	0.989 (4)	0.953 (16)	0.974 (7)	0.899 (3)
SRW	0.978 (3)	0.992 (3)	0.963 (16)	0.980 (8)	0.906 (3)

表 6.8　4 种基于随机游走的算法在使用 Precision 衡量时的预测精度比较

指标	网络名称				
	USAir	NS	Grid	PPI	C. elegans
ACT	0.49	0.19	0.08	0.57	0.07
RWR	0.65	0.55	0.09	0.52	0.13
LRW	0.64 (3)	0.54 (2)	0.08 (2)	0.86 (3)	0.14 (3)
SRW	0.67 (3)	0.54 (2)	0.11 (3)	0.73 (9)	0.14 (3)

6.2.3　基于最大似然估计的链路预测算法

链路预测的另一类算法是基于最大似然估计,其最大问题是计算复杂度太高,因此并不适合在规模较大的网络中应用。

1. 层次结构模型

实际网络结构的实证研究表明,在很多情况下,网络具有一定的层次结构。因此,某个含有 N 个节点的网络可以由一个含有 N 个叶子节点和 $N-1$ 个内部节点的树状图表示。每个内部节点赋予一个概率值 $p_r(\in[0,1])$,而两个节点相连接的概率就等于距离它们最近的共同祖先节点所赋予的概率。一个用树形结构表示的含有 5 个节点的网络层次结构如图 6.10 所示,由图可见,节点 1 和节点 2 连接的概率为 0.5,节点 1 和节点 3 连接的概率为 0.3,节点 3 与节点 4 连接的概率为 0.4。

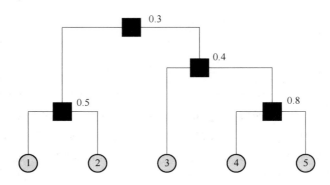

图 6.10　用树形图表示网络的层次结构示例

给定一个网络 G 及和它相对应的一个树形图 D,则这个树形图对目标网络 G 的似然估计值为:

$$L(D,\{p_r\})=\prod_r p_r^{E_r}(1-p_r)^{L_rR_r-E_r}$$

其中,L_r 和 R_r 分别表示以内部节点 r 为根的左子树和右子树的叶子节点数目;E_r 表示以 r 为最近共同祖先的节点对在 G 中已形成连边的节点对数目;对于给定的 D,使似然估计值最大的最优概率 $p_r^*=E_r/(L_rR_r)$,并按此给 D 的每个内部节点赋概率值;对于网络 G 的多个树形图,$L(D,\{p_r\})$ 越大表示该树形图对网络的刻画越真切。由于能够得到最大似然估计值的树形图不止一个,因此要考虑多个树形图的平均结果。采用马尔科夫链蒙特卡洛算法可得到一组可用于链路预测的树形图,具体步骤如下:

(1) 首先给定一个树形图,并按照公式 $p_r^*=E_r/(L_rR_r)$ 给每个内部节点赋概率值。

(2) 随机选择一个内部节点 r 并考虑以其兄弟节点为根节点的子树集合 B 和以其儿女节点为根节点的子树集合 C。

(3) 通过交换子树集合 B 和 C 中的子树获得新的树状图 D',注意 D 和 D' 不同。

(4) 从所有可能的 D' 中随机选择一个,当 $\lg L(D')\geqslant\lg L(D)$ 时接受新树状图 D',否则以 $L(D')/L(D)$ 的概率接受 D'。然后重新回到第(2)步。

(5) 当该马尔科夫链收敛于平稳时,开始生成可用的树形图。

最终,网络中未连边的两个节点 x 和 y 可能连边的概率为所有树形图中两节点连接概率的平均值 $\langle p_{xy}\rangle$。然后将所有未连边的节点对按照连接概率从大到小排列,排在最前面的出现连边的概率越大。

实验结果显示,该方法对于有明显层次结构的网络表现尚好,如恐怖袭击网络和草原食物链网络等,而对于层次结构不明显的网络,如科学家合作网和线虫神经网络等,表现还不如最简单的共同邻居算法。另外,从链路预测实用性的角度来讲,该方法的计算时间复杂度较大,通常使马尔科夫链收敛需要 $O(N^2)$ 步,而每一步都至少要执行上述步骤(2)至步骤(4)一次,因此不适用于规模较大的网络。

2. 随机分块模型

随机分块模型也是一种基于最大似然估计的方法,其基本思想是根据网络具有模块度的特点,将网络的节点分组,而每两个节点是否连边是由它们所在的组决定的。已知目标网络的节点数为 N,运用随机分块模型进行链路预测,首先需将 N 个节点分组,然后给每个组对赋予一个连接概率 $Q_{\alpha\beta}(\in[0,1])$,由此建立一个分块模型 M。根据该分块模型可以得到在组 α 内的节点 i 和在组 β 内的节点 j 连接的概率 $p(A|M)=Q_{\alpha\beta}$。该分块模型对目标网络的可靠性为

$$p(\boldsymbol{A}|M)=\prod_{\alpha\leqslant\beta}Q_{\alpha\beta}^{l_{\alpha\beta}}(1-Q_{\alpha\beta})^{r_{\alpha\beta}-l_{\alpha\beta}}$$

其中,$\boldsymbol{A}$ 为目标网络的邻接矩阵;$l_{\alpha\beta}$ 为原网络中组 α 内的节点与组 β 内的节点连边的数量;$r_{\alpha\beta}$ 为组 α 内的节点与组 β 内的节点一共可连边的数量。可见该方法与层次结构模型的公式基本一致,其最优概率 $Q_{\alpha\beta}^*=l_{\alpha\beta}/r_{\alpha\beta}$。按上述方法生成所有可能的分块模型 M,最终由贝叶斯定理得到节点 i 和节点 j 的连边的可信度为

$$R_{ij}^L=p(A_{ij}=1\mid\boldsymbol{A})=\frac{\int_\Omega p(A_{ij}=1\mid M)p(\boldsymbol{A}\mid M)p(M)\mathrm{d}M}{\int_\Omega p(\boldsymbol{A}\mid M')p(M')\mathrm{d}M'}$$

其中,Ω 为所有可能的分块模型集合(实际运算中并不需要真正考虑所有的)。为方便计算,可将 $p(M)$ 设定为一个常数。可信度越高表示越可能连边。随机分块模型不仅可以预测缺失边,还可以根据可信度判断哪些边是错误连边,如对蛋白质相互作用关系的错误认识等。随机分块模型平均而言表现比层次结构模型好,尤其是在预测错误连边时,但是它与层次模型同样都存在计算时间复杂度高的问题。

6.3　信 息 传 播

6.3.1　独立级联模型

独立级联模型是在概率论和交互离子系统(interacting particle system,IPS)的基础上发展起来的。

按照之前的定义,将社会网络表示为一个有向图 $G=(V,E)$,社会网络中的实体有两种初始状态:激活状态和非激活状态。与线性阈值模型不同的是,在独立级联模型中,一个节点 u 一旦在第 t 步被激活,它将在第 $t+1$ 步去激活它的邻居节点 v,即每个被激活的节点只有一次机会去激活它的邻居节点。假设种子节点为 S_0,节点 v 被节点 u 激活的概率为 $p(u,v)$。则独立级联模型按照如下的扩散规则进行传播:假设第 $t-1$ 步处于激活状态的节点集合为 S_{t-1},第 t 步处于激活状态的节点集合为 S_t,则在第 $t+1$ 步时,每个节点 $u(\in N_{in}(v)\bigcap(S_t\backslash S_{t-1}))$ 以概率 $p(u,v)$ 去尝试激活它的出边邻居节点(out neighboring nodes)v,其中 $N_{in}(v)$ 表示节点 v 的入边邻居节点集合。若成功,则节点 v 被激活,否则,在后面的传播过程中,节点 u 不会再激活节点 v。重复执行这一步骤,直到发现社会网络中再没有节点被激活。

我们给出一个独立级联模型信息传播的例子。采用 Kempe[32] 等人的方法计算有向图边

我们给出一个独立级联模型信息传播的例子。采用 Kempe[32] 等人的方法计算有向图边 $e(u,v)$ 上的激活概率 $p(u,v)$，即 $p(u,v)=1/\deg(v)$，$\deg(v)$ 表示节点 v 的入度。也可以给边随机赋一个概率值。

如图 6.11(a) 所示，在第 $t=0$ 步中，节点 v_1 作为种子节点，即 $S_0=\{v_1\}$，有向图 $G=(V,E)$ 中各边的激活概率设为 0.5，即某个节点一旦被激活，将以 0.5 的概率去激活它的邻居节点。

如图 6.11(b) 所示，在第 $t=1$ 步中，节点 v_1 以 0.5 的概率去激活它的邻居节点 v_2 和 v_3，假设节点 v_1 只成功激活了节点 v_3，激活节点 v_2 失败，那么处于激活状态的节点集合 $S_1=\{v_1,v_3\}$，节点集合 $S_1\backslash S_0=\{v_3\}$ 以 0.5 的概率去激活它的邻居节点。

如图 6.11(c) 所示，在第 $t=2$ 步中，假设新激活的节点 v_3 只成功激活了它的邻居节点 v_2，未激活节点 v_4，此时 $S_2=\{v_1,v_3,v_2\}$，则节点集合 $S_2\backslash S_1=\{v_2\}$ 同样以概率 0.5 去激活它的邻居节点。

如图 6.11(d) 所示，在第 $t=3$ 步中，假设新激活的节点 v_2 尝试激活节点 v_4 失败。那么该社会网络中信息传播的过程到节点 v_1、v_3、v_2 被成功激活就结束了。注意，在独立级联模型中，处于激活状态的节点始终以某一概率去激活其处于非激活状态的邻居节点，因此，节点被激活的顺序并不唯一。

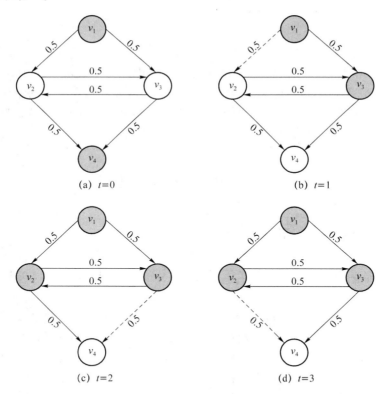

图 6.11　独立级联模型传播过程

其中，未填充颜色的节点表示处于非激活状态的节点。灰色节点表示处于激活状态的节点。从节点 v_1 到 v_3 的实线表示节点 v_1 成功激活 v_3。从节点 v_1 到 v_2 的虚线表示节点 v_1 未能成功激活 v_2。

6.3.2　线性阈值模型

1970 年，Granovetter[33]首次提出了阈值模型（thershold model），该模型指出一个用户在群体行为中是否采取行动，不仅仅取决于自身，更取决于周边跟自己有多少想法类似的人（like-minded people），如果跟自己想法类似的人的数量超过某个阈值，那么该用户才会采取行动。之后，越来越多关于阈值模型的变体得到了更加广泛的研究，本节我们主要介绍线性阈值模型。

按照之前的定义，将社会网络表示为一个有向图 $G=(V,E)$，社会网络中的实体有两种初始状态：激活状态和非激活状态。在线性阈值模型中某个节点一旦被激活，将保持为激活状态，直到信息传播结束。我们为每个节点 v 赋一个在 $[0,1]$ 均匀分布随机抽取的激活阈值 θ_v，阈值 θ_v 反映的是节点被邻居节点 v 激活的难易程度，θ_v 的值越大表示节点越难被其邻居节点激活，反之，θ_v 的值越小表示节点越容易被其邻居节点激活。

假设节点 u 和 v 是 V 中的两个节点，即 $u,v \in V$，节点 u 为激活状态，而节点 v 为非激活状态，有向边 (u,v) 上的权重表示为 b_{uv}，则 b_{uv} 表示节点 u 对出边邻居节点 v 的影响程度。假设最初种子节点集合为 S_0，在信息扩散过程中，第 t 步激活的节点集合为 S_t（包含从第 0 步到第 t 步激活的所有节点），那么在第 $t+1$ 步，对于任何一个节点 $v \in V \backslash S_t$，所有处于激活状态的邻居节点对节点 v 的影响力总和大于或等于节点 v 的阈值 θ_v 并且小于或等于 1，即 $\sum_{u \in S(t) \bigcap IN(v)} b_{uv} \geqslant \theta_1$ 且 $\sum_{u \in S(t) \bigcap IN(v)} b_{uv} \leqslant 1$，则节点 v 被激活，否则，节点 v 不被激活，其中，$V \backslash S_t$ 表示节点集合 V 除去节点集合 S_t 剩余的节点集合，$IN(V)$ 表示入边节点集合，$N_{in}(v)$ 表示节点 v 的入边邻居节点集合，$S(t) \bigcap N_{in}(v)$ 则表示第 t 步节点 v 处于激活状态的入边邻居节点集合。第 $t+1$ 步激活的节点加入 S_t，形成 S_{t+1}，重复这个信息传播过程，直到没有新的节点被激活。

我们以图 6.12 为例来说明线性阈值模型的传播过程。假设采用 Kempe 等人的方法计算边上的权值，有向图 $G=(V,E)$ 中每条边上的权重 $b_{uv}=0.5$，为每个节点分配一个随机的激活阈值 θ_v，$\theta_v \in [0,1]$。

如图 6.12 (a)所示，将节点 v_1 选作最初的种子节点（用灰色标记节点 v_1，即 $S_0=\{v_1\}$，初始时只有 v_1 处于激活状态，其他节点均为非激活状态。

如图 6.12 (b)所示，在第 $t=1$ 步中，$S_1=\{v_1,v_2\}$，因为节点 v_1 成功激活节点 v_2，但它没有激活节点 v_3。激活过程如下：节点 v_1 对节点 v_2 的影响权重 $b_{12}=0.5$，这大于或等于节点 v_2 的激活阈值 0.5，所以节点 v_2 被成功激活；节点 v_1 对节点 v_3 的影响权重 $b_{13}=0.5$，这小于节点 v_3 的激活阈值 0.7，所以没有激活节点 v_3（用虚线标记有向边 $\langle v_1,v_3 \rangle$）。

如图 6.12 (c)所示，在第 $t=2$ 步中，$S_2=\{v_1,v_2,v_3\}$，因为节点 v_3 的两个邻居节点 v_1 和 v_2 都处于激活状态，它们对节点 v_3 的影响权重总和 $b_{13}+b_{23}=0.5+0.5=1$，这大于或等于节点 v_3 的激活阈值 0.3，所以节点 v_3 被激活，而节点 v_2 对节点 v_4 的影响权重 $b_{24}(=0.5)$ 小于节点 v_4 的激活阈值 0.9，所以节点 v_2 没有激活节点 v_4。

如图 6.12(d)所示，在第 $t=3$ 步中，$S_3=\{v_1,v_2,v_3,v_4\}$，因为节点 v_4 的两个邻居节点 v_2 和 v_3 都处于激活状态，它们对节点 v_4 的影响权重总和 $b_{24}+b_{34}=0.5+0.5=1$，这大于或等于节点 v_4 的激活阈值 0.9，所以节点 v_4 被激活。因为此时有向图中所有节点均被激活，所以信息传播过程结束。

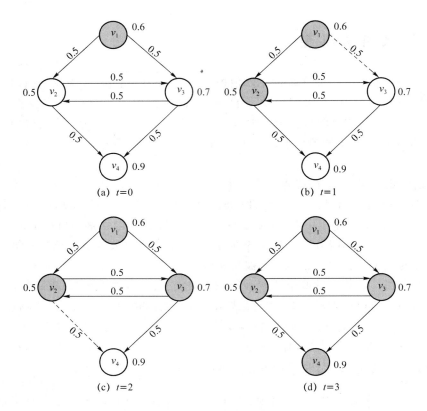

图 6.12　线性阈值模型传播过程

6.4　面向图的表示学习

随着社会及科技的发展,信息网络在现实世界中变得无处不在。社交网络、通信网络及生物网络等均是信息网络的具体体现。例如,通信节点及节点之间的链路构成了通信网络;生活中常用的微信、微博等构成了人与人之间的社交网络。由此可见,信息网络是我们生产生活中最为常见的一种信息载体和形式。信息社会中很多网络节点拥有丰富的文本等外部信息,形成了典型的复杂信息网络。基于复杂信息网络的广泛存在,对这类网络信息进行研究与分析具有非常高的学术价值和潜在应用价值。对于复杂信息网络的分析,根据信息网络载体的不同,会具有非常广的普适性。

为了便于分析、处理网络中的信息,我们需要使用一种特定的形式来表示网络的特征,并使用一定的数据结构进行存储。不同的网络表现形式对分析处理网络信息的效率有着很大的影响。传统的方法使用邻接矩阵对网络进行表示,这种方式的优点是表示形式简单,便于使用矩阵运算对网络信息进行挖掘,而缺点也是显而易见的:一是对于大规模的稀疏网络,邻接矩阵的规模会很大,并且其中必然会包括大量的冗余信息,二是邻接矩阵无法直接体现节点间的连通性等更复杂的、更高阶的网络结构信息。以社团发现为例,大多数算法通常需要计算矩阵的谱分解,其时间复杂度为 $O(n^2)$(n 为结点数量)。这种计算开销使得算法难以扩展到具有数百万个顶点的大规模网络。

因此,复杂信息网络的表示方式是信息网络研究领域的焦点问题,随着表示学习技术在自然语言处理等领域的发展和广泛应用,网络的表示开始朝着低维稠密向量的方向发展。通过将网络中的节点表示为向量,就可以在后续的应用场景中使用这些向量来完成相应的操作。

6.4.1　图表示学习的定义及目标

定义 1(信息网络)将信息网络定义为 $G=(V,E,X,Y)$,其中,V 为节点的集合,并且 $|V|$ 表示网络 G 中节点的数量。$E\subseteq(V\times V)$ 表示连接节点的边的集合。$X(\in\mathbb{R}^{|V| m})$ 是节点属性矩阵,其中,m 是属性的数量,元素 $X_{i,j}$ 是第 i 个节点的第 j 个属性值。$Y(\in\mathbb{R}^{|V||y|})$ 是节点标签矩阵,y 是标签的集合。如果第 i 个节点有第 k 个标签,那么 $Y_{i,k}=1$,否则 $Y_{i,k}=-1$。

定义 2(网络表示学习)给定一个信息网络 $G=(V,E,X,Y)$,通过综合 E 中的网络结构、X 中的节点属性和 Y 中的节点标签(如果可用的话),网络表示学习的任务是学习一个映射函数 $f:v\mapsto r_v\in\mathbb{R}^d$,其中,$r_v$ 是学习得到的节点 v 的表示,d 是学习得到的表示的维度。映射函数 f 保存了原始网络的信息,例如,两个在原始网络中相似的节点在学习得到的向量空间中应该有相似的表示。

学习得到的节点表示需要满足以下几个条件:①是低维度,学习顶点表示的维度应远小于原始邻接矩阵表示的维度,以提高内存效率和后续网络分析任务的可扩展性;②具备信息性,即学习得到的网络表示信息要保留网络结构及节点属性、标签(如果有)所反映出的信息;③具有连续型,即学习得到的网络信息应该具有连续的实值表示,以支持后续节点分类、节点聚类、异常检测等任务,并且需要有平滑的决策边界来确保执行这些任务时的鲁棒性。

网络表示学习的目标是学习网络节点潜在的低维度表示,并保存网络拓扑结构、节点内容以及其他辅助信息。网络表示学习的过程是无监督或半监督的,可通过优化算法自动完成,而不需要特征工程的节点表示可以用于后续的网络应用任务。这些低维的向量表示使得针对网络信息的快速高效的算法设计成为可能,便于后续对网络进行进一步的分析及操作。

6.4.2　图表示学习的常用算法

1. DeepWalk 算法

DeepWalk 算法是一种无监督的学习方法。其核心思想是通过指定一个固定的游走序列长度,通过在网络中进行随机游走,获得一系列随机游走序列,使用这些序列来学习节点的表示。实验发现,随机游走序列中,节点在随机游走序列中的出现次数服从幂律分布;同时,自然语言处理领域中,某个篇章中句子的单词出现次数也服从幂律分布。因此,DeepWalk 借鉴了自然语言处理领域的 Skip-Gram 算法,使用序列中心节点产生两侧节点的概率,进而学习得到节点表示。

形式化地,给定一个长度为 L 的随机游走序列 $\{v_1,v_2,\cdots,v_L\}$,根据 Skip-Gram 算法,DeepWalk 通过预测节点 v_i 的上下文节点,学习得到 v_i 的表示。这可以转化为如下的最优化问题:

$$\min_f -\log\Pr(\{v_{i-t},\cdots,v_{i+t}\}\backslash v_i | f(v_i))$$

其中,$\{v_{i-t},\cdots,v_{i+t}\}\backslash v_i$ 是节点 v_i 的窗口大小为 t 的上下文节点。如果做出独立性假设,概率

$\Pr(\{v_{i-t}, \cdots, v_{i+t}\} \backslash v_i \mid f(v_i))$ 可以近似的表示为

$$\Pr(\{v_{i-t}, \cdots, v_{i+t}\} \backslash v_i \mid f(v_i)) = \prod_{j=i-t, j \neq i}^{i+t} \Pr(v_j \mid f(v_i))$$

从 DeepWalk 的学习过程中可以看出，共享相似上下文的节点在新的向量空间中应具有近似的表示。随机游走序列中的节点描述了其邻居结构，并且上下文相似的节点具有近似的表示，因此在 DeepWalk 算法中，网络的一阶相似性和更高阶的相似性被保留了下来。

DeepWalk 算法的伪代码如下：

算法 1　DeepWalk(G, w, d, γ, t)

Input：**graph** $G(V, E)$

　　window size w

　　embedding size d

walks per vertex γ

walk length t

Output：matrix of vertex representations $\Phi \in \mathbb{R}^{|V| \times d}$

1：Initialization：Sample Φ from $\mathcal{U}^{|V| \times d}$

2：Build a binary Tree T from V

3：**for** i = 0 to γ **do**

4：　　$\mathcal{O}$ = Shuffle (V)

5：　　**for each** $v_i \in \mathcal{O}$ **do**

6：　　　　$\mathcal{W}_{v_i}$ = RandomWalk(G, v_i, t)

7：　　　　Skip-Gram $(\Phi, \mathcal{W}_{v_i}, w)$

8：　　**end for**

9：**end for**

DeepWalk 算法

Skip-Gram 算法的伪代码如下：

算法 2　Skip-Gram (Φ, W_{v_i}, w)

1：**for each** $v_j \in \mathcal{W}_{v_i}$ **do**

2：　**for each** $u_k \in \mathcal{W}_{v_i}[j-w:j+w]$ **do**

3：　　　$\mathcal{J}(\Phi) = -\log \Pr(u_k \mid \Phi(v_j))$

4：　　　$\Phi = \Phi - \alpha * \dfrac{\partial J}{\partial \Phi}$

5：　**end for**

6：**end for**

Skip-Gram 算法

---

2. MMDW(Max-Margin DeepWalk)算法

MMDW[34]算法是一种有监督的学习方法。与一般的无监督方法相比，MMDW 算法学习

到的表示方法不仅包含了网络的结构信息,还具有更大的区分度,使之更加适用于节点分类等任务。

可以证明 DeepWalk 实际分解了一个矩阵 $\boldsymbol{M}$。$\boldsymbol{M}$ 中的每个元素形式化如下:

$$M_{i,j} = \log \frac{\left[\boldsymbol{e}_i(\boldsymbol{A} + \boldsymbol{A}^2 + \cdots + \boldsymbol{A}^t)\right]_j}{t}$$

其中,$\boldsymbol{A}$ 是转移矩阵,可以看作行归一化邻接矩阵。$\boldsymbol{e}_i$ 是指示向量,第 i 个元素为 1,其余为 0。

那么,我们将 DeepWalk 规范化为矩阵分解 $\boldsymbol{M} = \boldsymbol{X}^{\mathrm{T}}\boldsymbol{Y}$ 的形式。最终得到网络中每个节点的矩阵表示 $\boldsymbol{X} \in \mathbb{R}^{k \times |V|}$ 和 $\boldsymbol{Y} \in \mathbb{R}^{k \times |V|}$,并最小化得到

$$\min_{\boldsymbol{X},\boldsymbol{Y}} L_{\mathrm{DW}} = \min_{\boldsymbol{X},\boldsymbol{Y}} \|\boldsymbol{M} - (\boldsymbol{X}^{\mathrm{T}}\boldsymbol{Y})\|_2^2 + \frac{\lambda}{2}(\|\boldsymbol{X}\|_2^2 + \|\boldsymbol{Y}\|_2^2)$$

其中 λ 是用于控制正则化部分的权重。

考虑多分类的支持向量机(SVM),给定训练集 $T = \{(x_1, l_1), \cdots, (x_T, l_T)\}$,SVM 旨在求得一个最优的线性函数通过如下带有约束条件的最优化问题:

$$\min_{\boldsymbol{W},\boldsymbol{\xi}} L_{\mathrm{SVM}} = \min_{\boldsymbol{W},\boldsymbol{\xi}} \frac{1}{2}\|\boldsymbol{W}\|_2^2 + C\sum_{i=1}^{T}\xi_i$$

$$\text{s. t.} \quad \boldsymbol{w}_{l_i}^{\mathrm{T}}\boldsymbol{x}_i - \boldsymbol{w}_j^{\mathrm{T}}\boldsymbol{x}_i \geq \mathrm{e}_i^j - \xi_i \quad \forall i, j$$

其中,$\boldsymbol{w}_{l_i}$ 表示 l_i 的向量表示,$\boldsymbol{x}_i$ 表示节点 i 的向量表示,另外,

$$\mathrm{e}_i^j = \begin{cases} 1 & \text{若 } l_i \neq j \\ 0 & \text{若 } l_i \neq j \end{cases}$$

MMDW 算法结合了矩阵分解形式的 DeepWalk 算法和多分类的支持向量机,最终联合目标为:

$$\min_{\boldsymbol{X},\boldsymbol{Y},\boldsymbol{W},\boldsymbol{\xi}} L = \min_{\boldsymbol{X},\boldsymbol{Y},\boldsymbol{W},\boldsymbol{\xi}} L_{\mathrm{DW}} + \frac{1}{2}\|\boldsymbol{W}\|_2^2 + C\sum_{i=1}^{T}\xi_i$$

$$\text{s. t.} \quad \boldsymbol{w}_{l_i}^{\mathrm{T}}\boldsymbol{x}_i - \boldsymbol{w}_j^{\mathrm{T}}\boldsymbol{x}_i \geq \mathrm{e}_i^j - \xi_i \quad \forall i, j$$

3. LINE (large-scale information network embedding)算法

LINE 算法是一种无监督的、可以适用于大规模的有向带权图的网络表示学习算法。为了对节点间的关系进行建模,LINE 算法用观察到的节点间连接刻画了一阶相似度关系,用不直接相连的两个节点的共同邻居刻画了这两个点之间的二阶相似度关系。通常情况下,在一个大规模网络中只考虑一阶相似度是远远不够的,因为网络中的边往往比较稀疏,所以需要考虑非直接相连的节点之间的关系,即使用二阶相似度对一阶相似度的信息进行补充。

对于一阶相似度,考虑无向边 (i,j),定义顶点 v_i 和 v_j 之间的联合概率如下:

$$p_1(v_i, v_j) = \frac{1}{1 + \exp(-\boldsymbol{u}_i \cdot \boldsymbol{u}_j)}$$

其中,$\boldsymbol{u}_i \in \mathbb{R}^d$ 是节点 v_i 的低维向量化表示。它的经验概率被定义为 $\hat{p}_1(i,j) = \frac{w_{ij}}{W}$,$W = \sum_{i,j \in E} w_{i,j}$。为了保存一阶相似性信息,需要最小化目标函数:

$$O_1 = d(p_1(\cdot, \cdot), \hat{p}_1(\cdot, \cdot))$$

其中,$d(\cdot, \cdot)$ 为两个分布之间的距离。目标是求得节点 v_i 的低维向量化表示 $\boldsymbol{u}_i$,$i = 1, 2, \cdots, |V|$。

对于二阶相似度,每个节点 v_i 都有两个身份:一是作为它自身;二是作为其他节点的上下文。我们引入两个向量 $\boldsymbol{u}_i$ 和 $\boldsymbol{u}_i'$:当 v_i 作为它自身时,用 $\boldsymbol{u}_i$ 作为该节点的表示;当 v_i 作为其他节点的上下文时,用 $\boldsymbol{u}_i'$ 作为该节点的表示。对于每条有向边 (i,j),定义由节点 v_i 产生上下文 v_j 的概率为

$$p_2(v_j \mid v_i) = \frac{\exp(\boldsymbol{u}_j'^{\mathrm{T}} \cdot \boldsymbol{u}_i)}{\sum\limits_{k=1}^{V} \exp(\boldsymbol{u}_k'^{\mathrm{T}} \cdot \boldsymbol{u}_i)}$$

其中,$|V|$ 是该节点上下文的数量。为了保存二阶相似度,需要最小化目标函数:

$$O_2 = \sum_{v_i \in V} \lambda_i d(\hat{p}_2(\cdot \mid v_i), p_2(\cdot \mid v_i))$$

其中,$p_2(\cdot \mid v_i)$ 是节点嵌入式表示形式的每个节点 $v_i \in V$ 的上下文条件分布,$\hat{p}_2(\cdot \mid v_i)$ 是经验条件分布,λ_i 是节点 v_i 的权重。

通过最小化上述两个目标函数,可获得节点的一阶相似性表示和二阶相似性表示。然后将二者进行连接,其结果作为最终节点的表示。

4. SDNE(structural deep network embedding)算法

SDNE 算法[35] 是一个半监督的深层模型,它具有多层的非线性函数,因而可以表现高度非线性的网络结构特征。它使用一阶相似性和二阶相似性作为模型的特征,其中,二阶相似性特征用于表现网络的全局结构;一阶相似性用于监督学习,保留网络的局部特征。其模型示意图如图 6.13 所示。

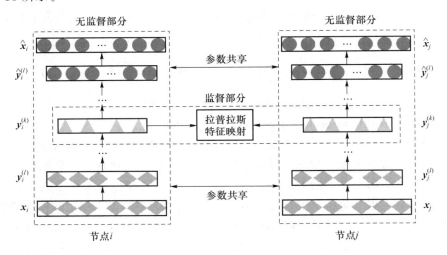

图 6.13　SDNE 模型示意图

针对二阶相似性,SDNE 使用 AutoEncode(自动编码器)进行建模。AutoEncoder 是一个无监督模型,包括编码器和解码器两部分。编码器包括多个将输入数据映射到表示空间的非线性函数;解码器同样包括多个非线性函数,它们将表示空间中的向量映射到重建空间中。给定输入的节点 i 的初始向量 $\boldsymbol{x}_i$,每个隐藏层如下所示:

$$\boldsymbol{y}_i^{(l)} = \sigma(W^{(l)}\boldsymbol{x}_i + b^{(l)})$$
$$\boldsymbol{y}_i^{(k)} = \sigma(W^k\boldsymbol{y}_i^{(k-1)} + b^{(k)}) \quad k = 2, \cdots, K$$

在获得了 $\boldsymbol{y}_i^{(k)}$ 后,我们可以通过解码的过程获得 $\hat{\boldsymbol{x}}_i$,由此可得损失函数:

$$L = \sum_{i=1}^{n} \| \hat{\boldsymbol{x}}_i - \boldsymbol{x}_i \|_2^2$$

　　然而,由于网络的某些特定特征,这样的重建过程不能直接应用于我们的问题。在网络中,我们可以观察到一些连接,但同时没有观察到许多合法连接,这意味着节点之间的连接确实表明它们的相似性,但没有连接不一定表明它们的不相似性。此外,由于网络的稀疏性,邻接矩阵中的非零元素的数量远小于零元素的数量。然后,如果我们直接使用邻接矩阵作为传统自动编码器的输入,则更容易在邻居矩阵中重建零元素。但是,这不是我们想要的。为了解决这个问题,我们对非零元素的重建误差施加了比零元素更多的惩罚。修订后的目标函数如下:

$$L_{2nd} = \sum_{i=1}^{n} \| (\hat{\boldsymbol{x}}_i - \boldsymbol{x}_i) \odot \boldsymbol{b}_i \|_2^2 = \| (\hat{\boldsymbol{X}} - \boldsymbol{X}) \odot \boldsymbol{B} \|_F^2$$

其中,$\odot$ 表示 Hadamard 积,$\boldsymbol{b}_i$ 是用来惩罚构造错误的权重向量。

　　在有监督模块,SDNE 通过惩罚嵌入空间中连接顶点之间的距离来导入一阶邻近度。该目标的损失函数定义为

$$L_{1st} = \sum_{i,j=1}^{n} s_{ij} \| (\boldsymbol{y}_i^{(k)} - \boldsymbol{y}_j^{(k)}) \|_2^2$$

其中,s_{ij} 为邻接矩阵第 i 行、第 j 列的元素。

　　最终,SDNE 最小化如下的联合目标函数:

$$L = L_{2nd} + \alpha L_{1st} + \nu L_{reg}$$

其中,L_{reg} 是正则化项,用于防止过拟合。最终求解的目标函数最小化后,使用 $Y^{(K)}$ 作为网络的表示。SDNE 算法的伪代码如下:

算法 3　Training Algorithm for the semi-supervised deep model of SDNE

Input:the network G = (V,E) with adjacency matrix S,the parameters α and ν

Output:Network representations Y and updated Parameters: θ

1: Pretrain the model through deep belief network to obtain the initialized parameters $\theta = \langle \theta^{(1)}, \cdots, \theta^{(K)} \rangle$

2: X = S

3: **repeat**

4: Based on X and θ, apply Eq. 1 to obtain $\hat{X}$ and Y = Y^K.

5: $\mathscr{L}_{mix}(X;\theta) = \| (\hat{X} - X) \odot B \|_F^2 + 2\alpha tr(Y^T L Y) + \nu \mathscr{L}_{reg}$.

SDNE 算法

6: Based of Eq. 6, use $\partial L_{mix}/\partial \theta$ to back-propagate through the entire network to get updated parameters θ.

7: **until** converge

8: Obtain the network representations Y = $Y^{(K)}$

---

5. node2vec 算法

　　与传统的基于随机游走的表示学习算法相比,node2vec 算法[36]提出了一种偏置随机游走的方式,将广度优先遍历和深度优先遍历相结合。这种方式可以在随机游走过程中,对 BFS

和 DFS 进行平滑插值。node2vec 提出的这种偏置随机游走的策略能够保存二阶相似度和更高阶的相似度。

　　形式化地，给定一个源节点 u，游走长度为 l。令 c_i 表示游走过程中的第 i 个节点，起始节点 $c_0 = u$。节点 c_i 由以下的分布生成：

$$P(c_i = x \mid c_{i-1} = v) = \begin{cases} \dfrac{\pi_{vx}}{Z} & \text{当 } (v,x) \in E \\ 0 & \text{其他} \end{cases}$$

其中，π_{vx} 是节点 v 和 x 之间的非标准化转移概率，Z 是标准化常量。

　　为了实现偏置随机游走，需要引入搜索偏置 α 来生成 π_{vx}。设置非标准化转义概率 $\pi_{vx} = \alpha_{pq}(t,x) \cdot w_{vx}$，其中 w_{vx} 是边权重。

$$\alpha_{pq}(t,x) = \begin{cases} \dfrac{1}{p} & \text{当 } d_{tx} = 0 \\ 1 & \text{当 } d_{tx} = 1 \\ \dfrac{1}{q} & \text{当 } d_{tx} = 2 \end{cases}$$

其中，d_{tx} 表示节点 t 与节点 x 之间的距离。

　　如图 6.14 所示，当前游走处于节点 v，起始节点为 t，直观地，参数 p 和 q 控制步行探测和离开起始节点 u 的邻域的速度。特别是，参数允许我们的搜索过程（大致）在 BFS 和 DFS 之间进行插值，从而反映出对节点等价的不同概念的亲和性。参数 p 控制游走重新访问已访问路径中节点的概率；参数 q 允许搜索区分"内向"和"外向"节点。

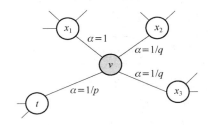

图 6.14　node2vec 游走过程示意图

　　通过上述的偏置随机游走策略，可得到随机游走序列。根据 Skip-Gram 模型，在给定一个随机游走节点序列后，node2vec 通过优化以 v_i 条件的邻居节点 $N(v_i)$ 出现的概率来学习节点的表示 $f(v_i)$：

$$\max_f \sum_{v_i \in V} \log \Pr(N(v_i) \mid f(v_i))$$

　　node2vec 算法的伪代码如下：

算法 4　node2vec 算法

LearnFeatures (Graph G = (V,E,W), Dimensions d, Walks per node r, Walk length l, Context size k, Return p, In-out q)

π = PreprocessModifiedWeights (G,p,q)

G´ = (V,E,π)

Initialize walks to Empty

node2vec 算法

```
for iter = 1 to r do
for all nodes u∈V do
    walk = node2vecWalk(G′,u,l)
Append walk to walks
    f = StochasticGradientDescent (k, d, walks)
    return f
node2vecWalk(Graph G′ = (V,E,π), Start node u, Length l)
    Initialize walk to [u]
    for walk_iter = 1 to l do
curr = walk [-1]
V_curr = GetNeighbors(curr, G′)
s = AliasSample(V_curr,π)
Append s to walk
    return walk
```

习　　题

1. 证明:图 6.15 中模块度 M 的最大值不超过 1。

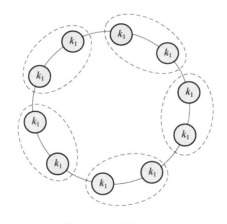

图 6.15　图的结构

2. 使用 Python 语言实现 clique 渗透社区发现算法。算法流程:对于一个图 G 而言,如果其中有一个完全子图(任意两个节点之间均存在边),节点数是 k,那么这个完全子图就可称为一个 k-clique。进而,如果两个 k-clique 之间存在 $k-1$ 个共同的节点,那么就称这两个 clique 是相邻的。彼此相邻的这样一串 clique 构成的最大集合就可以称为一个社区(而且这样的社区是可以重叠的,就是说有些节点可以同时属于多个社区)。

3. 使用 Python 语言实现标签传播算法。

(1) 主要算法流程:首先为每个节点设置唯一标签,接着迭代依次更新各个节点,针对每个节点,通过统计节点邻居的标签,选择标签数最多的标签更新该节点,如果最多便签数大于 1,则从中随机选择一个标签更新该节点,直到收敛为止。

（2）标签传播算法的节点标签更新策略主要分成两种：一种是同步更新，另一种是异步更新。同步更新：在执行第 t 次迭代更新时，仅依赖第 $t-1$ 次迭代更新后的标签集。异步更新：在执行第 t 次迭代更新时，同时依赖 t 次迭代已经更新的标签集以及在 $t-1$ 更新但在 t 次迭代中来不及更新的标签集。异步更新策略更关心节点更新顺序，所以在异步更新过程中，节点的更新顺序采用随机选取的方式。

4. 使用任一语言构造基于 word2vec 的 DeepWalk 算法，对图顶点进行向量化表示，解题主要思路：

（1）在图网络中进行随机游走，生成图顶点路径，模仿文本生成的过程，提供一个图顶点序列。

（2）使用 Skip-Gram 模型对随机游走序列中的节点进行向量表示学习。

本章参考文献

［1］ Zhang Yunlei，Wu Bin；Liu Yu，et al. Local community detection based on network motifs［J］. Tsinghua Science and Technology，2019，24(6)：716-727.

［2］ Zhang Cuiyun，Zhang Yunlei，Wu Bin. A Parallel Community Detection Algorithm on Incremental Clustering in Dynamic Network［C］//2018 IEEE Internet Conference on Advances in Social Network Analysis and Mining (ASONAM). ［S. l.］：IEEE，2018.

［3］ Xu Xiaowei，Yuruk N，Feng Zhidan，et al. SCAN：a structural clustering algorithm for networks［C］//The 13th ACM SIGKDD International Conference on Knowledge Discovery & Data Mining. New York：ACM，2007.

［4］ Girvan M，Newman M E J. Community structure in social and biological networks［J］. Proceedings of the national academy of sciences，2002，99(12)：7821-7826.

［5］ Clauset A，Newman M E J，Moore C. Finding community structure in very large networks［J］. Physical Review E，2004，70(6 Pt 2)：066111.

［6］ Blondel V D，Guillaume J L，Lambiotte R，et al. Fast unfolding of communities in large networks［J］. Journal of Statistical Mechanics：Theory and Experiment，2008，2008(10)：P10008.

［7］ Rosvall M，Bergstrom C T. Maps of random walks on complex networks reveal community structure［J］. Proceedings of the National Academy of Sciences，2008，105(4)：1118-1123.

［8］ Perozzi B，Al-Rfou R，Skiena S. Deepwalk：online learning of social representations［C］//Proceedings of the 20th ACM SIGKDD International Conference on Knowledge Discovery and Data Mining. New York：ACM，2014.

［9］ Tang Jian，Qu Meng，Wang Mingzhe，et al. Line：large-scale information network embedding［C］//Proceedings of the 24th International Conference on World Wide Web. Florence：ACM，2015.

［10］ Dong Yuxiao，Chawla N V，Swami A. Metapath2vec：scalable representation learning for heterogeneous networks ［C］//Proceedings of the 23rd ACM SIGKDD International

Conference on Knowledge Discovery and Data Mining. Halifax：ACM，2017.

[11] Li Lifang，Zhang Qingping，Tian Jun，et al. Characterizing information propagation patterns in emergencies：a case study with Yiliang earthquake[J]. International Journal of Information Management，2018，38(1)：34-41.

[12] Lv Jinna，Wu Bin，Zhou Lili，et al. StoryRoleNet：social network construction of role relationship in video[J]. IEEE Access，2018(6)：25958-25969.

[13] Gao Chao，Ma Zongming，Zhang A Y，et al. Community detection in degree-corrected block models[J]. The Annals of Statistics，2018，46(5)：2153-2185.

[14] Hanley J A，McNeil B J. The meaning and use of the area under a receiver operating characteristic (ROC)curve[J]. Radiology，1982，143(1)：29-36.

[15] Herlocker J L，Konstan J A，Terveen L G，et al. Evaluating collaborative filtering recommender systems[J]. ACM Transactions on Information Systems (TOIS)，2004，22(1)：5-53.

[16] Zhou T，Ren J，Medo M，et al. Bipartite network projection and personal recommendation [J]. Physical Review E，2007，76(4 Pt 2)：046115.

[17] Chowdhury G G. Introduction to modern information retrieval[M].[S. l.]：Facet Publishing，2010.

[18] Jaccard P. Étude comparative de la distribution florale dans une portion des Alpes et des Jura[J]. Bull Soc Vaudoise Sci Nat，1901(37)：547-579.

[19] Sorensen T A. A method of establishing groups of equal amplitude in plant sociology based on similarity of species content and its application to analyses of the vegetation on Danish commons[J]. Biol. Skar.，1948(5)：1-34.

[20] Ravasz E，Somera A L，Mongru D A，et al. Hierarchical organization of modularity in metabolic networks[J]. Science，2002，297(5586)：1551-1555.

[21] Leicht E A，Holme P，Newman M E J. Vertex similarity in networks[J]. Physical Review E，2006，73(2 Pt 2)：026120.

[22] Barabási A L，Albert R. Emergence of scaling in random networks[J]. Science，1999，286(5439)：509-512.

[23] Adamic L A，Adar E. Friends and neighbors on the web[J]. Social networks，2003，25(3)：211-230.

[24] Zhou Tao，Lv Linyuan，Zhang Yicheng. Predicting missing links via local information[J]. The European Physical Journal B，2009，71(4)：623-630.

[25] Lv Linyuan，Jin Cihang，Zhou Tao. Similarity index based on local paths for link prediction of complex networks[J]. Physical Review E，2009，80(4)：046122.

[26] Katz L. A new status index derived fromsociometric analysis[J]. Psychometrika，1953，18(1)：39-43.

[27] Klein D J，Randić M. Resistance distance[J]. Journal of Mathematical Chemistry，1993，12(1)：81-95.

[28] Pirotte A，Renders J M，Saerens M. Random-walk computation of similarities between nodes of a graph with application to collaborative recommendation [J]. IEEE Transactions on

Knowledge & Data Engineering, 2007 (3): 355-369.

[29] Brin S, Page L. The anatomy of a large-scale hypertextual web search engine[J]. Computer Networks and ISDN Systems, 1998, 30(1-7): 107-117.

[30] Jeh G, Widom J. SimRank: a measure of structural-context similarity[C]//Proceedings of the Eighth ACM SIGKDD International Conference on Knowledge Discovery and Data Mining. Edmonton: ACM, 2002.

[31] Liu Weiping, Lv Linyuan. Link prediction based on local random walk[J]. EPL (Europhysics Letters), 2010, 89(5): 58007.

[32] Kempe D, Kleinberg J, Tardos É. Maximizing the spread of influence through a social network[C]//Proceedings of the Ninth ACM SIGKDD International Conference on Knowledge Discovery and Data Mining. Washington: ACM, 2003.

[33] Granovetter M. Threshold models of collective behavior[J]. American Journal of Sociology, 1978, 83(6): 1420-1443.

[34] Tu Cunchao, Zhang Weicheng, Liu Zhiyuan, et al. Max-margin deepwalk: discriminative learning of network representation[C]//Proceeding of the Twenty-Fifth International Joint Conference on Artificial Intelligence. New York: ACM, 2016.

[35] Wang Daixin, Cui Peng, Zhu Wenwu. Structural deep network embedding[C]//Proceeding of the 22nd ACM SIGKDD International Conference on Knowledge Discovery and Data Mining. New York: ACM, 2016.

[36] Grover A, Leskovec J. Node2vec: scalable feature learning for networks[C]//Proceeding of the 22nd ACM SIGKDD International Conference on Knowledge Discovey and Data Mining. San Francisco: ACM, 2016.

第7章

图计算框架

本章思维导图

　　大数据是收集、整理、处理大容量数据集，并从中获得见解所需的非传统战略和技术的总称。虽然处理数据所需的计算能力或存储容量早已超过一台计算机的上限，但这种计算类型的普遍性、规模以及价值在最近几年才经历了大规模扩展。本章将介绍大数据系统一个最基本的组件：处理框架。处理框架负责对系统中的数据进行计算，如处理从非易失性存储中读取的数据或处理刚刚存储到系统中的数据。数据的计算是指从大量单一数据点中提取信息和见解的过程。第一节我们介绍几类通用的大数据计算框架；第二节介绍图计算框架及其计算模型；第三节我们针对第二节中的模型分别介绍几种常用的图计算软件。本章思维导图如图 7.1 所示。

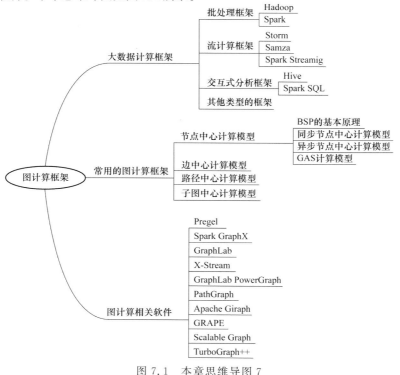

图 7.1　本章思维导图 7

7.1　大数据计算框架

　　计算机的基本工作就是处理数据,包括磁盘文件中的数据、通过网络传输的数据流或数据包、数据库中的结构化数据等。随着互联网、物联网等技术得到越来越广泛的应用,数据规模不断增加,TB、PB 量级的数据成为常态,对数据的处理已无法由单台计算机完成,而只能由多台计算机共同承担。在分布式环境中进行大数据处理时,除了与存储系统打交道外,还涉及计算任务的分工、计算负荷的分配、计算机之间的数据迁移等工作,并且要考虑计算机或网络发生故障时的数据安全。

　　举一个简单的例子,假设我们要从销售记录中统计各种商品销售额。在单机环境中,我们只需把销售记录扫描一遍,对各商品的销售额进行累加即可。如果销售记录存放在关系数据库中,则更省事,执行一个 SQL 语句就可以了。现在假定销售记录实在太多,需要设计由多台计算机来统计销售额的方案。为保证计算的正确、可靠、高效及方便,这个方案需要考虑下列问题:

　　(1) 如何为每台计算机分配任务? 是先按商品种类对销售记录分组,不同计算机处理不同商品种类的销售记录,还是随机向各台计算机分发一部分销售记录进行统计,最后把各台计算机的统计结果按商品种类合并?

　　(2) 上述两种方式都涉及数据的排序问题,应选择哪种排序算法? 应该在哪台计算机上执行排序过程?

　　(3) 如何定义每台计算机处理数据的来源、处理结果的去向? 数据是主动发送,还是接收方申请时才发送? 如果是主动发送,接收方处理不过来怎么办? 如果是申请时才发送,那发送方应该保存数据多久?

　　(4) 会不会出现任务分配不均的问题,即有的计算机很快就处理完了,有的计算机一直忙着? 甚至,会不会出现闲着的计算机需要等忙着的计算机处理完后才能开始执行的问题?

　　(5) 如果增加一台计算机,它能不能减轻其他计算机的负荷,从而缩短任务执行时间?

　　(6) 如果一台计算机不能工作,它没有完成的任务该交给谁? 会不会遗漏统计或重复统计?

　　(7) 统计过程中,计算机之间如何协调,是否需要专门的一台计算机指挥调度其他计算机? 如果这台计算机损坏了呢?

　　(8) (可选)如果销售记录在源源不断地增加,统计还没执行完新记录又来了,如何保证统计结果的准确性? 能不能保证结果是实时更新的? 再次统计时能不能避免大量重复计算?

　　(9) (可选)能不能让用户执行一句 SQL 就可以得到结果?

　　上述问题中,除了第 1 个外,其余的都与具体任务无关,在其他分布式计算的场合也会遇到,而且解决起来都相当棘手。第 1 个问题中的分组、统计在很多数据处理场合也会涉及,只是具体方式不同。如果能把这些问题的解决方案封装到一个计算框架中,则可大大简化这类应用程序的开发。参考业界惯例的基础上,对这些框架按下列标准分类:

　　(1) 如果不涉及上面提出的第 8、第 9 两个问题,则属于批处理框架。批处理框架重点关心数据处理的吞吐量,又可分为非迭代式和迭代式两类,迭代式包括 DAG(有向无环图)、图计算等模型。

（2）如果是针对第 8 个问题提出来的应对方案，则分两种情况：如果重点关心处理的实时性，则属于流计算框架；如果侧重于避免重复计算，则属于增量计算框架。

（3）如果重点关注的是第 9 个问题，则属于交互式分析框架。

大数据计算框架全景图如图 7.2 所示。

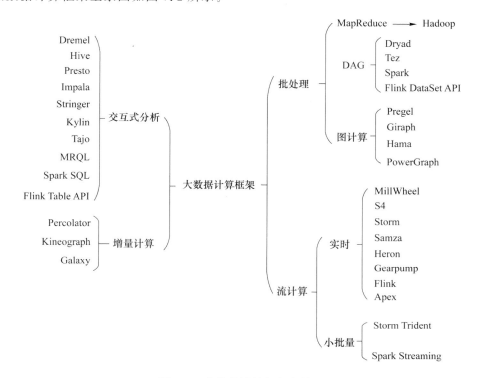

图 7.2　大数据计算框架全景图

7.1.1　批处理框架

1. Hadoop

Hadoop 是一个使用 Java 编写的 Apache 开放源代码框架，它允许使用简单的编程模型跨大型计算机的大型数据集进行分布式处理。Hadoop 框架工作的应用程序可以在跨计算机群集提供分布式存储和计算的环境中工作。Hadoop 旨在从单一服务器扩展到数千台服务器，每台服务器都提供本地计算和存储功能。

Hadoop 最初主要包含分布式文件系统 HDFS 和计算框架 MapReduce 两部分，是从 Nutch 中独立出来的项目。在 2.0 版本中，它又把资源管理和任务调度功能从 MapReduce 中剥离，形成 YARN，使其他框架也可以像 MapReduce 那样运行在 Hadoop 之上。与之前的分布式计算框架相比，Hadoop 隐藏了很多繁琐的细节，如容错、负载均衡等，更便于使用。

Hadoop 具有很强的横向扩展能力，可以很容易地把新计算机接入集群中参与计算。在开源社区的支持下，Hadoop 不断发展完善，并集成了众多优秀的产品，如非关系数据库 HBase、数据仓库 Hive、数据处理工具 Sqoop、机器学习算法库 Mahout、一致性服务软件 ZooKeeper、管理工具 Ambari 等，形成了相对完整的生态圈和分布式计算事实上的标准。

Hadoop 框架包括以下四个模块。

（1）Hadoop Common

这是其他 Hadoop 模块所需的 Java 库和实用程序。这些库提供文件系统和操作系统级抽象，并包含启动 Hadoop 所需的必要 Java 文件和脚本。

（2）Hadoop YARN

这是作业调度和集群资源管理的框架。YARN 的职能是将资源调度和任务调度分开。

资源管理器（resource manager，RM）负责协调集群上计算资源的分配，调度、启动每一个 Job（任务）所属的应和节点（application master，AM），并监控 AM 的存在情况。

容器（container）是由 RM 进行统一管理和分配的。有两类 container：一类是 AM 运行需要的 container；另一类是 AP（应用程序）为执行任务向 RM 申请的 container。

NodeManager 根据要求启动和监视集群中机器的计算容器。负责 container 状态的维护，并向 RM 保持心跳汇报该节点资源使用情况。

AM 负责一个 Job 生命周期内的所有工作。注意每一个 Job 都有一个 AM。它和 MapReduce 任务一样在容器中运行。AM 通过与 RM 交互获取资源，然后通过与 NM 交互，启动计算任务。

（3）Hadoop 分布式文件系统（hadoop distributed file system，HDFS）

这是提供对应用程序数据的高吞吐量访问的分布式文件系统。

HDFS 使用主/从架构，其中主机由管理文件系统元数据的单个 NameNode 和存储实际数据的一个或多个从属数据节点组成。HDFS 命名空间中的文件被分成几个块，这些块被存储在一组 DataNodes 中。NameNode 确定块到 DataNodes 的映射。DataNodes 负责文件系统的读写操作，它们还根据 NameNode 给出的指令来处理块创建、删除和复制。

（4）Hadoop MapReduce

这是基于 YARN 的大型数据集并行处理系统。

MapReduce 的灵感来源于函数式语言（如 lisp 等）中的内置函数 map 和 reduce。简单来说，在函数式语言里，map 表示对一个列表（list）中的每个元素做计算，reduce 表示对一个列表中的每个元素做迭代计算。它们具体的计算是通过传入的函数来实现的，map 和 reduce 提供的是计算的框架。

图 7.3　Hadoop 框架图

这样我们就可以把 MapReduce 理解为，把一堆杂乱无章的数据按照某种特征归纳起来，然后处理并得到最后的结果。map 面对的是杂乱无章的互不相关的数据，它解析每个数据，从中提取出 key 和 value，也就是提取了数据的特征。经过 MapReduce 的 Shuffle 阶段之后，在 Reduce 阶段看到的都是已经归纳好的数据了，在此基础上我们可以做进一步的处理，以便得到结果。

我们可以使用图 7.3 来描述 Hadoop 框架中可用的这四个组件。

2. Spark

通过多个 MapReduce 的组合，可以表达复杂的计算问题。不过，组合过程需要人工设计，比较麻烦。另外，每个阶段都需要所有的计算机同步，这影响了执行效率。为克服上述问题，业界提出了 DAG 计算模型，其核心思想是把任务在内部分解为若干存在先后顺序的子任务,由此可更灵活地表达各种复杂的依赖关系。

另外,MapReduce 的不足之处是使用磁盘存储中间结果,严重影响了系统的性能,这在机器学习等需要迭代计算的场合更为明显。加州大学伯克利分校 AMP 实验室开发的 Spark 克服了上述问题。Spark 对早期的 DAG 模型做了改进,提出了基于内存的分布式存储抽象模型 RDD(resilient distributed datasets,弹性分布式数据集),把中间数据有选择地加载并驻留到内存中,减少磁盘 IO 开销。与 Hadoop 相比,Spark 基于内存的运算要快 100 倍以上,基于磁盘的运算也要快 10 倍以上。

Apache Spark 是一种快速通用的集群计算系统。它提供 Java、Scala、Python 和 R 语言中的高级 API(application program interface,应用程序接口),以及支持通用执行图的优化引擎。它还支持一组丰富的、更高级别的工具,包括将 Spark SQL 用于 SQL 和结构化数据的处理,MLlib 机器学习库和 GraphX 用于图形处理,Spark Streaming 用于小批量流式计算。Spark 的整体架构如图 7.4 所示:

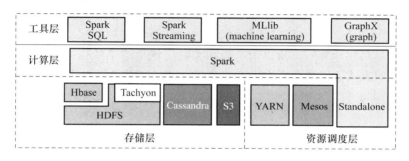

图 7.4　Spark 框架图

Spark 可以访问存储在 HDFS、Hbase、Cassandra、Amazon S3、本地文件系统等上的数据,Spark 支持文本文件、序列文件,以及任何 Hadoop 的 InputFormat。

Spark 可以基于自带的 Standalone 集群管理器独立运行,也可以部署在 Apache Mesos 和 Hadoop YARN 等集群管理器上运行。

Spark 对 MapReduce 的改进如下:

(1)MapReduce 抽象层次低,需要手工编写代码完成,而 Spark 基于 RDD 抽象,使数据处理逻辑的代码非常简短。

(2)MapReduce 只提供了 map 和 reduce 两个操作,表达力欠缺,而 Spark 提供了很多转换和动作,很多关系数据库中常见的操作,如 JOIN、GROUP BY,已经在 RDD 中实现。

(3)MapReduce 中,只有 map 和 reduce 两个阶段,复杂的计算需要大量的组合,并且由开发者自己定义组合方式,而 Spark 中,RDD 可以连续执行多个转换操作,如果这些操作对应的 RDD 分区不变的话,还可以放在同一个任务中执行。

(4)MapReduce 处理逻辑隐藏在代码中,不直观,而 Spark 代码不包含操作细节,逻辑更清晰。

(5)MapReduce 中间结果放在 HDFS 中,而 Spark 中间结果放在内存中,内存放不下时才写入本地磁盘,而不是存储在 HDFS,这显著提高了性能,特别是在迭代式数据处理的场合。

(6)MapReduce 中,reduce 任务需要等待所有 map 任务完成后才可以开始,而在 Spark 中,分区相同的转换构成流水线后放到同一个任务中运行。

7.1.2　流计算框架

2016 年底，Facebook 统计报告显示，全球已经有 33 亿人接入互联网，如果我们算上通信用户，那么全球有超过三分之二的人已经通过某种方式接入互联网，每一天，人类的活动都将产生海量的数据，并且数据量级呈指数级上升。

在大数据时代，数据通常都是持续不断地在动态产生的。在很多场合，数据需要在非常短的时间内得到处理，并且还要考虑容错、拥塞控制等问题，避免数据遗漏或重复计算。流计算框架则是针对这一类问题的解决方案。流计算框架一般采用 DAG 模型。

由于应用场合的广泛性，目前市面上已经有不少流计算平台，包括 Google MillWheel、Twitter Heron 和 Apache 项目 Storm、Samza、S4、Flink、Apex、Gearpump 等。

习惯上我们认为，离线和批量等价，实时和流式等价，但其实这种观点并不完全正确。假设一种情况：当我们拥有一个非常强大的硬件系统，可以以毫秒级的速度处理 GB 级别的数据，那么批量计算也可以以毫秒级速度得到统计结果（当然这种情况非常极端，目前不可能），那我们还能说它是离线计算吗？所以说离线和实时应该指的是数据处理的延迟；批量和流式指的是数据处理的方式。上述两者并没有必然的关系。事实上 Spark Streaming 就是采用小批量（batch）的方式来实现实时计算。

1. Storm

Storm 是 Twitter 开源的分布式实时大数据处理框架，被业界称为实时版 Hadoop。随着越来越多的场景对 Hadoop 的 MapReduce 高延迟无法容忍，如网站统计、推荐系统、预警系统、金融系统（高频交易、股票）等，大数据实时处理解决方案（流计算）的应用日趋广泛，目前已是分布式技术领域最新爆发点，而 Storm 更是流计算技术中的佼佼者和主流。

在 Storm 中，先要设计一个用于实时计算的图状结构，我们称之为拓扑。这个拓扑将会被提交给集群，由集群中的主控节点（master node）分发代码，将任务分配给工作节点（worker node）执行。一个拓扑中包括 spout 和 bolt 两种角色，其中，spout 发送消息，负责将数据流以 tuple 元组的形式发送出去；bolt 负责转换这些数据流，在 bolt 中可以完成计算、过滤等操作，bolt 自身也可以随机将数据发送给其他 bolt。由 spout 发射出的 tuple 是不可变数组，对应着固定的键值对。

2. Samza

Samza 是一个可扩展的数据处理引擎，支持实时处理和分析数据。

Samza 处理数据流时，会分别按次处理每条收到的消息。Samza 的流单位既不是元组，也不是 Dstream，而是一条条消息。在 Samza 中，数据流被切分开来，每个部分都由一组只读消息的有序数列构成，而这些消息每条都有一个特定的 ID（offset）。该系统还支持批处理，即逐次处理同一个数据流分区的多条消息。Samza 的执行与数据流模块都是可插拔式的，尽管 Samza 的特色是依赖 Hadoop 的 YARN 资源管理器和 Apache Kafka。

简单介绍下 Samza 的特点[1]。

（1）统一的 API：使用简单的 API，以独立于数据源的方式描述您的应用程序逻辑。相同的 API 可以应用于处理批处理任务和流数据任务。

（2）每个级别的可插拔性：可处理和转换任何来源的数据。Samza 提供 Apache Kafka、AWS Kinesis、Azure EventHubs、ElasticSearch 和 Apache Hadoop 的内置集成。此外，它很

容易与您你自己的来源集成。

（3）Samza 作为嵌入式库：可以毫不费力地与现有应用程序集成，无须启动和操作单独的集群进行流处理。Samza 可以作为 Java/Scala 应用程序中的嵌入式轻量级客户端库。

（4）编写一次，随处运行：灵活的部署选项，可以在任何地方运行应用程序，无论是公共云、容器化环境以及裸机硬件。

（5）Samza 作为托管服务：通过集成包括 Apache YARN 在内的流行集群管理器，将流处理作为托管服务运行。

（6）容错：在发生故障时透明地迁移任务及其关联状态。Samza 支持主机关联和增量检查点，以实现从故障中快速恢复。

（7）大规模：对使用数据为 TB 级别并在数千个核心上运行的应用程序进行经过实战测试。它为多家大公司提供支持，包括 LinkedIn、Uber、TripAdvisor、Slack 等。

Samza 以 stream 的形式处理数据。stream 是不可变的消息的集合，通常是相同类型或类别的。stream 中的每条消息都被建模为键值对。

stream 可以有多个向其写入数据的生成器以及多个从中读取数据的使用者。stream 中的数据可以是无界的（如一个 Kafka 主题）或有界的（如 HDFS 上的一组文件）。

一个 stream 被分片为多个分区，用于表示其数据的处理方式。每个分区都是有序的、可重置的记录序列。将消息写入 stream 时，它会在其中的一个分区中结束。分区中的每条消息都由 offset 唯一标识。

Samza 支持可实现流抽象的可插拔系统。例如，Kafka 将 stream 实现为主题，而数据库可以将 stream 实现为其表的更新序列。

3. Spark Streaming

Spark Streaming 是 Spark API 的扩展，可实现实时数据流的可扩展、高吞吐量、容错流处理。数据可以从许多来源（如 Kafka、Flume、Kinesis 或 TCP 套接字等）中提取，并且可以使用以高级函数表示的复杂算法进行处理，如 map、reduce、join 和 window。最后，处理后的数据可以推送到文件系统、数据库和实时仪表板。同时可以在数据流上应用 Spark 的机器学习库和图处理算法[2]。Spark Streaming 支持系统图如图 7.5 所示。

图 7.5　Spark Streaming 支持系统图

它的工作原理如下：Spark Streaming 接收实时输入数据流并将数据分成 batches，然后由 Spark 引擎处理，以生成最终结果流 batches。Spark Streaming 数据流图如图 7.6 所示。

图 7.6　Spark Streaming 数据流图

Spark Streaming 使用称为离散流或 DStream 的高级抽象概念来表示连续的数据流。DStream 可以从来自 Kafka、Flume 和 Kinesis 等源的输入数据流创建，也可以通过在其他 DStream 上应用高级操作来创建。在内部，DStream 表示为一系列的 RDD。

7.1.3　交互式分析框架

在解决了大数据的可靠存储和高效计算后，如何为数据分析人员提供便利日益受到关注，而最便利的分析方式莫过于交互式查询。这几年交互式分析技术发展迅速，目前这一领域知名的平台有十余个，包括 Google 开发的 Dremel 和 PowerDrill、Facebook 开发的 Presto、Hadoop 服务商 Cloudera 和 HortonWorks 分别开发的 Impala 和 Stinger，以及 Apache 项目 Hive、Drill、Tajo、Kylin、MRQL 等。

一些批处理和流计算平台，如 Spark 和 Flink 等，也分别内置了交互式分析框架。由于 SQL 已被业界广泛接受，目前的交互式分析框架都支持用类似 SQL 的语言进行查询。早期的交互式分析平台建立在 Hadoop 的基础上，被称作 SQL-on-Hadoop。后来的分析平台改用 Spark、Storm 等引擎，不过 SQL-on-Hadoop 的称呼还是沿用了下来。SQL-on-Hadoop 也指为分布式数据存储提供 SQL 查询功能。

1. Hive

Apache Hive 是一个基于 Apache Hadoop 构建的数据仓库软件项目，用于提供数据查询和分析。Hive 提供了一个类似 SQL 的接口，用于查询存储在与 Hadoop 集成的各种数据库和文件系统中的数据。传统的 SQL 查询必须在 MapReduce Java API 中实现，以便通过分布式数据执行 SQL 应用程序和查询任务。Hive 定义了简单的类 SQL 查询语言（HiveQL），使用了底层 Java，无须在低级 Java API 中实现查询。由于大多数数据仓库应用程序使用基于 SQL 的查询语言，因此 Hive 可帮助将基于 SQL 的应用程序移植到 Hadoop。虽然 Apache Hive 最初由 Facebook 开发，但由 Netflix 和美国金融业监管局（FINRA）等其他公司使用和开发。亚马逊在 Amazon Web Services 上维护 Amazon Elastic MapReduce 中包含的 Apache Hive 软件分支。

Apache Hive 支持分析存储在 Hadoop 的 HDFS 和兼容的文件系统（如 Amazon S3 文件系统等）中的大型数据集里。它提供了一种类似 SQL 的查询语言，称为 HiveQL，拥有读取并透明地将查询转换为 MapReduce、Apache Tez 和 Spark 作业的模式。所有三个执行引擎都可以在 Hadoop 的资源管理器 YARN 中运行。为了加速查询，它提供包括位图索引的索引功能。Hive 的其他功能包括[3]：

（1）索引可提供加速。索引类型包括压缩和 0.10 位图索引，已计划加入更多的索引类型。

（2）具有不同的存储类型，如纯文本、RCFile、HBase、ORC 等。

（3）关系数据库管理系统中的元数据存储显著减少了在查询执行期间执行语义检查的时间。

（4）可使用 DEFLATE、BWT、snappy 等算法对存储在 Hadoop 生态系统中的压缩数据进行操作。

（5）内置用户定义函数（UDF），可用于处理日期、字符串和其他数据挖掘任务。Hive 支持扩展 UDF 集，以处理内置函数不支持的用例。

（6）类似 SQL 的查询（HiveQL），它们被隐式转换为 MapReduce 或 Tez 或 Spark 作业。

（7）默认情况下，可以将元数据存储在嵌入式 Apache Derby 数据库中，并且可以选择使用其他客户端/服务器数据库（如 MySQL 等）。

2. Spark SQL

Spark SQL 是用于结构化数据处理的 Spark 模块。与基本的 Spark RDD API 不同，Spark SQL 提供的接口为 Spark 提供了相关数据结构和正在执行的计算的更多信息。在内部，Spark SQL 使用此额外信息来执行额外的优化。有几种与 Spark SQL 交互的方法，包括 SQL 和 Dataset API。在计算结果时，使用相同的执行引擎，与使用的表达计算的 API 语言无关。这种统一意味着开发人员可以轻松地在不同的 API 之间来回切换，从而提供表达给定转换的最自然的方式。

Spark SQL 的一个用途是执行 SQL 查询。Spark SQL 还可用于从现有 Hive 安装中读取数据。在其他编程语言中运行 SQL 时，结果将作为 Dataset 或 DataFrame 返回[4]。

数据集 Dataset 是分布式数据集合。Dataset 是 Spark 1.6 中添加的一个新接口，它提供了 RDD 和 Spark SQL 优化执行引擎。Dataset 可以由 JVM 对象构造，然后使用功能性的转换操作，如 map、flatMap、filter 等。Dataset API 可在 Scala 和 Java 中可用。

DataFrame 是一个组织成命名列的数据集。它在概念上等同于关系数据库中的表或 R/ Python 中的 data frame，但在底层具有更丰富的优化。DataFrame 可以从多种来源构建，如结构化数据文件、Hive 中的表、外部数据库或现有的 RDD。DataFrame API 在 Scala、Java、Python 和 R 中均可用。在 Scala 和 Java 中，DataFrame 由 Rows 的数据集表示。在 Scala API 中，DataFrame 只是一个类型 Dataset［Row］的别名，而在 Java API 中，用户需要使用 Dataset＜Row＞来表示 DataFrame0。

7.1.4　其他类型的框架

除了上面介绍的几种类型的框架外，还有一些目前还不太热门但具有重要潜力的框架类型。图计算是 DAG 之外的另一种迭代式计算模型，它以图论为基础对现实世界建模和计算，擅长表达数据之间的关联性，适用于 PageRank 计算、社交网络分析、推荐系统及机器学习。这一类框架有 Google Pregel、Apache Giraph、Apache Hama、PowerGraph，其中 PowerGraph 是这一领域目前最杰出的代表。很多图数据库内置图计算框架。

还有一类是增量计算框架，探讨如何只对部分新增数据进行计算，从而极大提升计算过程的效率，可应用到数据增量或周期性更新的场合。这一类框架包括 Google Percolator、Microsoft Kineograph、阿里 Galaxy 等。

另外，还有像 Apache Ignite、Apache Geode（GemFire 的开源版本）这样的高性能事务处理框架。

7.2　常用的图计算框架

在当前的大数据分析领域，需要处理的图数据规模往往高达数十亿以上，并且图数据结构复杂多变，图算法难以在传统计算系统中进行高效的处理，因此需要设计支持大规模、高效图计算的计算模型,以应对上述挑战。图计算模型即针对图数据和图计算特点设计实现的计算模型,一般应用于图计算系统中。与传统计算模型相比,图计算模型主要针对解决以下问题:①图计算的频繁迭代带来的读写数据等待和通信开销大的问题;②图算法对节点和边的邻居信息的计算依赖问题;③图数据的复杂结构使得图算法难以实现在分布不均匀的分块上并行计算的问题[5]。

7.2.1　节点中心计算模型

在图计算模型提出之前,图数据分析系统基本都采用 MapReduce 架构,然而 MapReduce 框架无法满足图计算的需求,无法解决图数据的耦合性、稀疏性和图计算的频繁迭代操作等特点带来的数据划分重组频繁、通信开销过大和计算并行性受限等问题。为解决以上问题,谷歌在 2010 年首先基于整体同步并行计算(BSP)模型提出了节点中心计算模型,即将图算法细粒度划分为每个节点上的计算操作。节点中心计算模型将频繁迭代的全局计算转换成多次超步(superstep)运算,且所有的节点独立地并行执行计算操作,数据间依赖关系仅存在于两个相邻的超步之间。

1. BSP 的基本原理

在 BSP 中,一次计算过程由一系列全局超步组成,每一个超步由并发计算、通信和同步三个步骤组成。同步完成标志着这个超步的完成及下一个超步的开始。

BSP 模型的准则是批量同步(bulk synchrony),其独特之处在于超步概念的引入。一个 BSP 程序同时具有水平和垂直两个方面的结构。从垂直上看,一个 BSP 程序由一系列串行的超步组成,如图 7.7 所示。

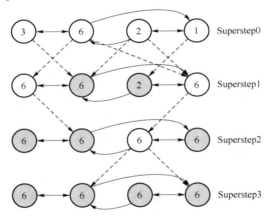

图 7.7　BSP 基本原理演示图

从水平上看,在一个超步中,所有的进程并行执行局部计算。一个超步可分为三个阶段,如图 7.8 所示。

(1) 本地计算阶段:每个处理器只对存储在本地内存中的数据进行本地计算。

(2) 全局通信阶段:对任何非本地数据进行操作。

(3) 栅栏同步阶段:等待所有通信行为的结束。

BSP 模型有如下几个特点:

(1) 将计算划分为一个一个的超步,有效避免死锁。

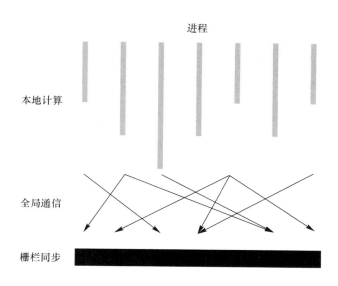

图 7.8　BSP 阶段演示图

（2）将处理器和路由器分开,强调了计算任务和通信任务的分开,而路由器仅仅完成点到点的消息传递,不提供组合、复制和广播等功能,这样做既掩盖具体的互连网络拓扑,又简化了通信协议。

（3）采用障碍同步的方式、以硬件实现的全局同步是可控的粗粒度级,提供了执行紧耦合同步式并行算法的有效方式。

2. 同步节点中心计算模型

基于 BSP 模型实现的首个图计算模型即谷歌提出的同步节点中心计算模型,该模型应用于图计算系统 Pregel 中。同步节点中心计算模型将 BSP 模型中每一次超步内并行执行的任务替换为节点计算,即图中每个节点可以并行地执行迭代操作,每轮迭代计算完成之后进行全局数据同步。

3. 异步节点中心计算模型

为了减少全局同步带来的等待开销,卡耐基梅隆大学(CMU)的 Select 实验室提出了异步节点中心计算模型,并将其应用于图计算系统 GraphLab 以及基于分布式架构的改进系统 Distributed GraphLab 中。在异步节点中心计算模型中,图中节点并行执行迭代计算之后,异步地完成数据更新,节省了同步等待数据更新带来的时间开销,提高了系统计算速度。当图数据结构具有明显的分布不均匀特点时,异步节点中心计算模型维护数据一致性的开销明显增加,甚至大于计算开销。为此,Select 实验室提出了同时支持同步计算和异步计算的混合节点中心计算模型 GAS,并应用于图计算系统 PowerGraph 中。在 7.3 章节中我们会简要介绍 PowerGraph 系统。

4. GAS 节点中心计算模型

同步和异步中心计算模型均以节点作为计算中心,将边作为信息传递的路径,因此,这种节点模型的计算能力受图数据中节点和边分布特点的限制。其主要面临两个主要问题:第一,当图中边的数量远远大于节点时,节点中心计算模型的通信开销将远远大于计算开销;第二,当图中节点的度的差异增大时,度较大的节点拥有更多的邻居节点,在异步节点中心计算模型中度较大的节点为保持数据一致性将维持数量庞大的锁,而其邻居节点将因为访问该节点而出现频繁的锁申请冲突。Gonzalez 等人提出了 GAS 节点中心计算模型,解决了图计算的上述问题。

GAS 节点中心计算模型将程序的执行过程抽象为 3 个基本的操作,即 G(gather)、A(apply)、S(scatter),每个顶点每一轮迭代都要按照顺序经过 gather→apply→scatter 这 3 个阶段。

（1）gather 阶段

工作顶点从邻接顶点收集信息,从邻接点收集的数据被 GraphLab 进行求和运算。该阶段所有的顶点和边数据都是只读的。

（2）apply 阶段

各个从节点将 gather 节点计算得到的求和值发送到 master 节点上,master 进行汇总得到总的和,然后 master 再根据业务需求执行一系列计算,更新工作顶点的值。该阶段顶点可修改,边不可修改。

（3）scatter 阶段

工作顶点更新了自己的值后,根据需要可以更新顶点相邻的边信息,并且通知依赖该工作顶点的顶点更新自己的状态。该阶段顶点只读,边数据可写。

图 7.9 是 GAS 节点中心计算模型的阶段演示图。

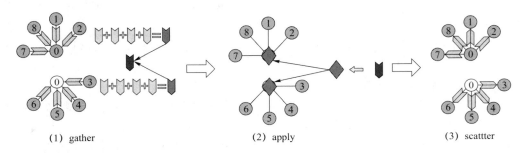

(1) gather　　　　　　　　(2) apply　　　　　　　　(3) scattter

图 7.9　GAS 节点中心计算模型的阶段演示图

GAS 节点中心计算模型通过划分节点实现了节点内并行计算,其计算并行性比异步节点中心计算模型更好。当分析计算的图数据中节点之间的度存在显著差异时,GAS 节点中心计算模型的计算优势更加显著。因此,GAS 节点中心计算模型被多个图计算系统采用,如 BiGraph、PowerLyra 等。然而,GAS 节点中心计算模型的实现比异步节点中心计算模型和同步节点中心计算模型更加复杂。

7.2.2　边中心计算模型

为解决设备资源受限和边数目远大于节点数目时的图数据分析计算问题,洛桑联邦理工学院在 2013 年提出边中心计算模型,并将其应用于图计算系统 X-Stream。在 7.3 章节中我们会简要介绍 X-Stream 系统。边中心计算模型将图算法构建为在图数据的边列表上的流式迭代计算,每一次迭代地完成计算、排序和更新三步操作:①读取边列表流,完成用户定义的计算操作,输出更新信息到目的节点列表中;②应用将目的节点列表重排序为更新消息流;③读取更新消息流和源节点列表,更新源节点值。

三步操作在一次迭代计算中按顺序执行。边中心计算模型将图数据以边列表为核心数据结构并维护源节点列表,每次迭代的计算操作更新目的节点列表,其记录在边列表上的计算操作产生的对每条边的目的节点进行更新的消息序列。

7.2.3　路径中心计算模型

边中心计算模型和节点中心计算模型分别将图算法转换为可在节点和边上执行的迭代计算,但同时也将图计算的并行性限制在了节点和边的层次上。然而图算法在图结构上是沿节点到边,再到节点的顺序计算的,因此,华中科技大学服务计算技术与系统实验室[5]提出更接近理想图计算分析的模型——路径中心计算模型,并将其应用于图计算系统 PathGraph。在7.3章节中我们会简要介绍 PathGraph 系统。

在图 $G=(V,E)$ 中,V 为节点集,E 为边集,路径中心计算模型以图中路径为计算单元,即从源节点出发到目的节点的边序列。为表示图中任意两个节点之间的路径,路径中心计算模型将图数据组织为前向边遍历树(forward-edge traversal tree)和后向边遍历树(reverse-edge traversal tree),从而将图计算转换为在树上的迭代计算。

路径中心计算模型基于前向遍历树和后向遍历树的每次迭代运算分为两步:

(1)消息分发:父节点沿前向边遍历树更新子节点或出边信息。

(2)信息收集:父节点沿后向边遍历树收集子节点或入边信息。

路径中心计算模型从数据结构决定图算法计算顺序的角度出发,设计前向边遍历树和后向边遍历树,简化了图计算时节点访问入边邻居和出边邻居的查找操作。但是全局数据同步设计限制了计算并行性,同步数据会带来大量通信开销,导致计算资源利用率低。

7.2.4　子图中心计算模型

路径中心计算模型相比以节点或边作为计算中心的模型更接近图结构上的理想计算状态,然而以上计算模型都面临两个问题:①所有节点只有自己的直接邻居信息,图中传递的更新消息每次只能扩散一层,因此从源节点到目的节点的一次更新消息需要多次迭代才能完成,消息更新过慢会带来额外的计算时间开销;②节点或边均产生大量的通信开销,超步内执行计算操作的节点或边均产生更新消息,每次超步运算结束后,大量的更新消息带来了全局数据同步的等待或维持数据一致性的开销。

为解决以上问题,IBM 阿尔马登研究中心[6]于 2013 年在图计算系统 Giraph 中提出子图中心计算模型,将完整图结构上的计算转换为在多个子图上并行执行的迭代计算,从而减小计算操作的通信开销和迭代次数。在 7.3 章节中我们会简要介绍 Giraph 系统。

子图中心计算模型完成图划分后,在多个子图上并行执行迭代图计算,一次超步运算执行两步操作:①子图并行执行用户定义计算操作,并输出计算结果;②包含相同节点的子图间更新节点信息。步骤②可在所有子图的步骤①操作结束后同步执行,或者在保持数据一致性前提下异步执行。

子图中心计算模型通过子图划分方法,将图算法转换为多个子图上的迭代计算,成功减少了计算时的通信开销和迭代操作次数。因此,自子图中心计算模型提出后的短时间内,多个图计算系统采用了子图中心计算模型,并针对子图划分的问题做出改进,如 NScale 和 Arabesque 等。

7.3　图计算相关软件

为提高计算系统分析计算图数据的能力,图计算系统需要针对图数据和图计算的特点,设计并实现支持频繁迭代操作、细粒度并行计算和通信开销小的全新计算模型,即图计算模型。图数据计算模型分类及应用系统如图 7.10 所示。本章从应用各类不同计算模型的图计算系统中选择经典计算模型,介绍其迭代操作特点和性能。

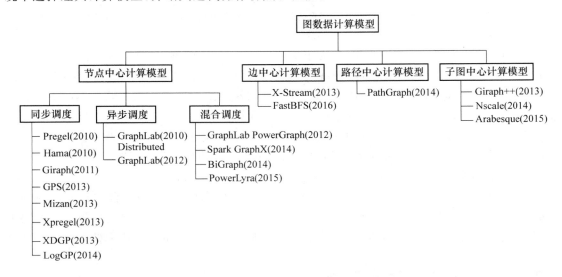

图 7.10　图数据计算模型分类及应用系统

7.3.1　Pregel

Pregel 系统定义的数据模型 Data Graph 和编程模型 Vertex-Centric Programming 目前仍然是各个后续系统参考和借鉴的对象。具体来说,所谓数据模型就是定义了如何将一个具体的问题表示成图的形式的方法,而在 Pregel 系统中所有处理的数据都必须要存放在一个 Data Graph 里。虽然图 7.11 没有明确地标识出来,但 Data Graph 为一个有向图,其在各个点之间的拓扑关系的基础上还允许用户为每一个点或者边定义属性。例如,在最常见的 PageRank 算法的例子中,各个点的权值一般就是它的 PR 值,而边的权值则可以被忽略。

在这一数据模型的基础上,用户只需要通过 Pregel 系统提供的以点为中心的编程接口进行编程就可以实现各种算法,而无须考虑底层的通信等具体实现。它要求用户所实现的节点的操作范围仅为对应点的临域(即自己的点权和所有相连的边权),而且只被允许读取入边上的值和修改出边上的值。这些限制的主要目的在于方便并行的实现,理论上只要没有操作到共享的数据对应两个点的节点编程(vertex program)就可以并行地执行。Pregel 的计算系统遵循所谓 BSP 的计算模式,即"每一次计算由一系列超步组成,每一个超步又可以分成本地并发计算、全局通信和同步三个步骤,而且,在本地计算时不产生任何通信,全局通信时也不进行任何计算"。这种计算模式的好处在于其非常的简单,基本不需要做任何的并发控制,同时也便于实现基于 checkpoint 的容错机制。同时缺点在于同步的开销大，如果负载不均衡的话很容易得到次佳的执行效率。在 Pregel 系统中，每一个超步的本地并发计算阶段就是各个节点分别执行 Vertex Program 的过程，而全局通信阶段则负责把产生的消息（附带在出边的边权上）送达相应的计算节点。由于 Pregel 系统采用的是基于点的图划分方法（即将 Data Graph 中点均匀地划分给不同的机器，每个点与它所有的邻边都存储在一起），每一条被分割的边（即这条边的两个点被分到了不同的机器上）会产生一次远程通信。

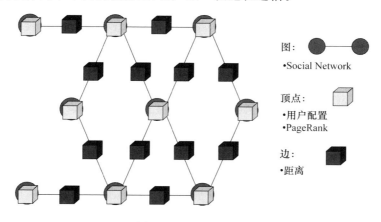

图：
•Social Network

顶点：
•用户配置
•PageRank

边：
•距离

图 7.11　Data Graph

　　Pregel 系统结构十分简单并且行之有效，但仍然存在很多的问题。其中一个问题就是 Pregel 系统的同步计算模式要求运算速度快的节点每一个超步都必须要等待运行速度慢（或负载更高）的节点，这造成了大量的浪费。特别是在诸如 BFS 的一类问题中，随着计算的运行，可能每一个超步只有对应一部分的点的 Vertex Program 需要被执行，而且每次需要被执行的点集合都是不同的。这一状况无疑加重了系统的浪费情况。为了解决这一问题，以 GraphLab 为代表的一系列系统都支持被称之为"异步"的计算模式。

7.3.2　Spark GraphX

　　Spark GraphX（下面简称 GraphX）也是基于 BSP 模式。GraphX 公开了一个类似 Pregel 的操作，它是广泛使用的 Pregel 和 GraphLab 抽象的一个融合。在 GraphX 中，Pregel 操作者执行一系列的超步，在这些超步中，顶点从之前的超步中接收进入（inbound）消息，为顶点属性计算一个新的值，然后在以后的超步中发送消息到邻居顶点。

　　GraphX 不像 Pregel，而更像 GraphLab，消息通过边 triplet 的一个函数被并行计算，消息的计算既会访问源顶点特征，也会访问目的顶点特征。在超步中，没有收到消息的顶点会被跳过。当没有消息遗留时，Pregel 操作停止迭代并返回最终的图[7]。

　　GraphX 的核心抽象是 Resilient Distributed Property Graph（弹性分布式属性图），这种图是一种点和边都带属性的有向多重图。它扩展了 Spark RDD 的抽象，有 Table 和 Graph 两种视图，而只需要一份物理存储，如图 7.12 所示。两种视图都有自己独有的操作符，从而获得了灵活操作和执行效率。

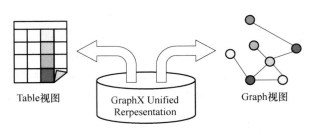

图 7.12　GraphX 的两种视图

7.3.3　GraphLab

GraphLab 是由 CMU 的 Select 实验室在 2010 年提出的一个基于图像处理模型的开源图计算框架[8]。该框架使用 C++语言开发实现。

该框架是面向机器学习的流处理并行计算框架，可以运行在多处理机的单机系统、集群或是亚马逊的 EC2 等多种环境下。框架的设计目标是像 MapReduce 一样高度抽象，可以高效运行与机器学习相关的，具有稀疏的计算依赖特性的迭代性算法，并且保证计算过程中数据的高度一致性和高效的并行计算性能。该框架最初是为处理大规模机器学习任务而开发的，可是该框架也适用于很多数据挖掘方面的计算任务。在并行图计算领域，该框架在性能上高出非常多其他并行计算框架（如 MapReduce、Mahout 等）几个数量级。

GraphLab 的出现不是对 MapReduce 算法的替代，相反，GraphLab 借鉴了 MapReduce 的思想，将 MapReduce 并行计算模型推广到了对数据重叠性、数据依赖性和迭代型算法适用的领域。本质上，GraphLab 填补了高度抽象的 MapReduce 并行计算模型和底层消息传递、多线程模型（如 MPI 和 PThread 等）之间的空隙。

当前流行的并行计算框架 MapReduce 将并行计算过程抽象为两个基本操作，即 map 操作和 reduce 操作，在 map 阶段将作业分为相互独立的任务在集群上进行并行处理，在 reduce 阶段将 map 的输出结果进行合并得到最终的输出结果。GraphLab 模拟了 MapReduce 中的抽象过程。对 MapReduce 的 map 操作，通过称为更新函数（update function）的过程进行模拟，更新函数能够读取和修改用户定义的图结构数据集。用户提供的数据图代表了程序在内存中和图的顶点、边相关联的内存状态，更新函数能够递归地触发更新操作，从而使更新操作作用在其他图节点上，进行动态的迭代式计算。GraphLab 提供了强大的控制原语，以保证更新函数的执行顺序。GraphLab 对 MapReduce 的 reduce 操作通过称为同步操作（sync operation）的过程进行模拟。同步操作能够在后台计算任务进行的过程中执行合并（reductions），和 GraphLab 提供的更新函数一样，同步操作能够同时并行处理多条记录，这也保证了同步操作能够在大规模独立环境下运行。

2012 年 CMU 发布了 GraphLab2，GraphLab2 在 GraphLab1 的基础上对程序并行执行的性能有了较大的提升。GraphLab2 将程序的执行过程抽象为 3 个基本的操作，即 G(gather)、A(apply)、S(scatter)，每个顶点每一轮迭代都要按照顺序经过 gather→apply→scatter 这 3 个阶段。

7.3.4　X-Stream

洛桑联邦理工学院在 2013 年提出边中心模型,并将其应用于图计算系统 X-Stream。

X-Stream 系统是一种用于在单个共享内存机器上进行大规模图处理的系统。与 Pregel 和 PowerGraph 等系统类似,X-Stream 系统在顶点迭代状态,并使用 scatter-gather 编程模型。图计算被设计为一个循环,每次迭代由 scatter 阶段和 gather 阶段组成。scatter 和 gather 阶段都遍历所有顶点。用户提供 scatter 函数,以将顶点状态传播到邻居,并提供 gather 函数,以累积来自邻居的更新,从而重新计算顶点状态。这种简单的编程模型足以用于各种图算法,使用范围从计算最短路径到计算搜索引擎中的排名网页,因此是图形处理系统的流行界面[9]。

7.3.5　GraphLab PowerGraph

GraphLab PowerGraph 学术项目于 2009 年在卡耐基梅隆大学启动,旨在开发适合机器学习的新并行计算框架[10]。GraphLab PowerGraph 1.0 采用共享内存设计。在 GraphLab PowerGraph 2.1 中,重新设计了框架,以定位分布式环境。它解决了现实世界幂律图的困难,并在当时实现了无与伦比的性能。在 GraphLab PowerGraph 2.2 中,引入了 Warp 系统并提供了一种围绕细粒度用户模式线程(光纤)的新的灵活分布式架构。Warp 系统允许人们轻松扩展抽象,同时还可提高可用性。

GraphLab PowerGraph 是图形计算、分布式计算和机器学习 4 年研究和开发的结晶。GraphLab PowerGraph 可轻松扩展到具有数十亿个顶点和边缘的图形,比竞争系统的执行速度快几个数量级。GraphLab PowerGraph 结合了机器学习算法、异步分布式图形计算、优先级调度和图形放置方面的进步,其优化的低级系统设计和高效的数据结构在具有挑战性的机器学习任务中实现了无与伦比的性能和可扩展性。

7.3.6　PathGraph

华中科技大学服务计算技术与系统实验室提出更接近理想图计算分析的模型——路径中心计算模型,并将其应用于图计算系统 PathGraph,这突破了边中心计算模型和节点中心计算模型将图计算的并行性限定在节点和边层次上的限制。

在计算层,PathGraph 首先执行以路径为中心的图划分,以获得路径划分。然后它提供了两种表示图形计算的主要方法:以路径为中心的 scatter 方法和以路径为中心的 gather 方法,两者都是从边遍历树(前向边遍历树和后向边遍历树)中得到一组路径,并生成一组局部更新的顶点,这些顶点位于输入路径集的本地。以路径为中心的 scatter 和 gather 模型允许 PathGraph 并行树级别划分的迭代计算,并对每个树划分中的顶点执行顺序本地更新,以提高收敛速度。

在存储层,我们将同一边遍历树的路径聚集并存储在一起,同时平衡每个路径分区块的数据大小。这种以路径为中心的存储布局可以显著改善访问局部性,因为大多数迭代图计算都沿着路径遍历。相比之下,现有的以顶点为中心或以边为中心的方法将图形分割并存储到一组分片(分块)中,每个分片存储顶点及其传出(前向)边或存储顶点及其传入(反向)边。因此,当将一个分片上传到存储器时,可能在计算中存在一些未被使用的顶点及其边,这导致无效的数据访问或不良的访问局部性。除了为图使用基于树划分的集合建模以改进迭代计算算法的内存和磁盘局部性之外,我们还使用增量压缩设计紧凑存储,并以 DFS 的顺序通过基于树划分的方法来存储图。通过将高度相关的路径聚集在一起,我们进一步最大化顺序访问并最小化存储介质上的随机访问[11]。

PathGraph 的架构图如图 7.13 所示。

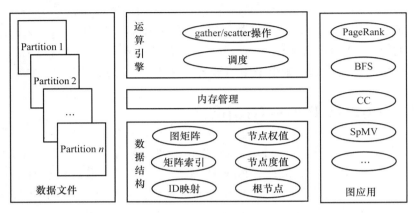

图 7.13　PathGraph 架构图

7.3.7　Apache Giraph

Apache Giraph 是一个为高可扩展性而构建的迭代图处理系统[12]。它目前在 Facebook 上用于分析用户及其连接形成的社交图。Apache Giraph 起源于 Pregel 的开源版本,Pregel 是谷歌开发的图形处理系统。这两个系统都受到由 Leslie Valiant 介绍的分布式计算模型 BSP 的启发。Apache Giraph 在 Pregel 系统的基础上增加了几个功能,包括主计算、分片聚合器、边缘导向输入、核外计算等。凭借稳定的开发周期和不断增长的全球用户群,Apache Giraph 是大规模释放结构化数据集潜力的自然选择。

7.3.8　GRAPE

图形查询已经在交通网络分析、知识提取、Web 挖掘、社交网络和社交营销领域中得到了普遍应用。我们熟悉的图形查询包括:①图形遍历(如最短距离查询等);② 图形中的关键字搜索;③通过子图同构或模拟的模式匹配。在拥有数十亿个节点和边缘的真实图形中,即使对于可达性(线性时间),图形查询也是昂贵的,更不用说子图同构。

要使用已有的并行系统,如 Pregel 等,人们必须"像顶点一样思考",并将整个现有算法重铸为以顶点为中心的模型;类似地,当用其他系统编程时,其通过将块视为顶点而采用以顶点为中心的编程。对于不熟悉此模型的人来说,重铸是非常重要的,这使得这些系统仅对有经验的用户具有优势。

为了支持大规模图形上的图形查询,樊文飞等人提出基于部分计算、增量计算和不动点计算的并行计算系统 GRAPE,其支持串行(单机)图算法的即插即用,能够将现有的串行图算法自动并行化,在性能方面有较大优势[13]。

GRAPE 系统提供基于部分和增量评估的同时定点计算的并行模型。它与现有其他系统的不同之处在于它能够将现有的顺序图算法整体并行化,而无须将整个算法重新构建到新模型中。它的一个独特功能是,在单调条件下,只要顺序算法"插入"正确,GRAPE 并行化就可以保证终止答案的正确性。

它具有以下与以前的并行图形系统不同的独特功能。

(1)易于编程。GRAPE 提供了一个简单的编程模型。对于图 Q 的查询,用户只需要为 Q 提供三个(现有的)顺序(增量)算法,并只需进行微小的更改。这使得了解传统图算法的用户可以访问并行计算。

(2)可以半自动并行化。GRAPE 基于部分评估和增量计算的组合来并行化顺序算法。只要插入的顺序算法是正确的,它就保证在顺序条件下最终正确的答案。

(3)可以实现图层次上的优化算法。GRAPE 继承了可用于顺序算法和图形的优化策略,如索引、压缩和分区。对于以顶点为中心的程序,这些策略很难实现。

(4)性能好。除了易于编程之外,GRAPE 的性能可与最先进的系统相媲美,如以顶点为中心的系统 Giraph 和 GraphLab 以及以块为中心的 Blogel 等,在大多数情况下,表现都优于这些系统。

7.3.9　Scalable Graph

随着图规模数据变得越来越大,我们现在看到的新图规模是以前根本无法处理的。例如,社交网络图数据有数亿到数百万亿条边,此类规模问题超出了典型服务器和集群的计算能力。这时人们自然地想到了超级计算机。

在 SC2018 期间举办的 HPC Connection Workshop(超算高峰论坛)上,清华大学林恒博士介绍了一个超大规模图计算系统"神图",它能够利用数百万个超级计算机内核,在半分钟内处理有多达 70 万亿条边的图数据。这也是入围 Gordon Bell 2018 决赛名单的六大作品之一。"神图"利用了太湖之光超级计算机上接近 40 000 个异构内核,实现了对超大规模图数据的快速处理,具有卓越的性能与可扩展性。

坦率地讲,超级计算机设计的初衷不是为了解决图计算问题。"神威·太湖之光"就是一台典型的 HPC(高性能计算)机器,它拥有 4 万多个节点,其异构架构采用了加速内核。它确实在处理超大图计算问题上具有优势,在计算、内存存取、网络通信方面都拥有卓越的聚合吞吐量。然而,"神威·太湖之光"也带来了巨大挑战,包括处理 4 万个节点间的大量消息,将复杂的工作负载映射到其异构处理单元,以及在规则加速内核网格中调度不规则的数据流。

单机器、共享内存解决方案显然不能解决问题,原因是我们无法将一个大图放入单个节点的主内存中。内核外解决方案无论是单节点还是多节点都不行,因为它们受限于 I/O 吞吐量,处理速度太慢。因此,唯一可用的选择是基于内存的分布式处理方案。但是,目前的这类系统多不适合超大规模图数据或超级计算机环境,原因包括内存消耗大、通信低效等。

"神图"就负载均衡、太多小消息、异构体系结构等问题,给出了自己的解决方案。通过端到端的优化解决了超大图数据与机器相结合所带来的独特挑战,在现实图和合成图上实现了令人印象深刻的性能和扩展能力。最后,它将所有复杂的优化隐藏到标准图计算 API 背后,只需几十行代码即可实现常见的图算法。

7.3.10　TurboGraph＋＋

Ko S 等人提出了以邻接信息为核心的流计算框架 TurboGraph＋＋[15]。

TurboGraph＋＋是一种新的计算框架,其以邻接信息为核心,采用嵌套窗口化的流计算模型。该类型框架能够在合理的时间内处理相同问题,且成本低廉。但是,它针对 I/O 密集型算法磁盘访问命中率问题暂未有最优解决方案,同时会耗费大量的预处理时间,且对于调度机制要求较高。

现有的分布式图形分析系统分为两大类:侧重于检测存在内存溢出错误风险的效率的系统以及侧重于具有固定内存预算和牺牲性能扩展的系统。前者使分区图保持在每台机器的内存中,并使用内存处理技术;后者将分区图存储在每台机器的外部存储器中,并利用流处理技术。

TurboGraph ＋＋是一个可扩展的快速图形分析框架,它通过利用外部存储器进行扩展来高效处理大型图形,而不会影响效率。首先,TurboGraph ＋＋提供了一种新的图形处理抽象概念,用于有效地支持邻域分析,这需要处理具有固定内存预算的顶点的多跳邻域,如三角计数和局部聚类系数计算等。然后,TurboGraph ＋＋提供了一种平衡的 bufferaware 分区方案,可确保以合理的成本在机器之间实现平衡的工作负载。最后,TurboGraph ＋＋利用三级并行和重叠处理来充分利用群集中的三个硬件资源(CPU、磁盘和网络)。大量实验表明,TurboGraph ＋＋可以很好地扩展到非常大的图形,如 Chaos 等,而其性能可与 Gemini 相媲美。

习　　题

1. 描述 Spark RDD 的生成过程,说明一共分为哪几个阶段? 每个阶段的任务是什么?
2. 简述 Storm 和 Spark Streaming 之间的对比。
3. Spark 和 Hadoop 对比,有哪些优势?
4. 描述图的存储方式有哪几种?
5. 图的遍历算法有哪几种?

本章参考文献

[1]　Samza. DOCUMENTATION[EB/OL]. [2019-03-19]. http://samza. apache. org/learn/documentation/1. 0. 0/core-concepts/core-concepts. html.

[2]　Spark 2. 4. 0. Spark streaming programming guide[EB/OL]. [2019-03-19]. http://spark. apace. org/docs/latest/streaming-programming-guide. html.

[3]　维基百科. Apache hive[EB/OL]. (2017-03-08)[2019-03-19]. https://en. wikipedia. org/wiki/Apache_Hive.

[4]　Spark 2. 4. 0. Spark SQL, data frames and datasets guide[EB/OL]. [2019-03-19].

http://spark. apache. org/docs/latest/sql-programming-guide. html.

［5］　刘梦雅,刘燕兵,于静,等.图数据分析系统计算模型综述［J］.计算机应用研究,2017,34 (11):3204-3213.

［6］　IBM. IBM Research｜Almaden［EB/OL］.［2019-03-19］. http://www. research. ibm. com/labs/almaden/index. shtml.

［7］　Spark 2. 4. 0. GraphX programming guide［EB/OL］.［2019-03-19］. http://spark. apache. org/docs/latest/graphx-programming-guide. html.

［8］　Low Y,Gonzalez J,Kyrola A,et al. Graphlab:a new parallel framework for machine learning［C］//Conference on Uncertainty in Artificial Intelligence (UAI).［S. l. :s. n.],2010.

［9］　Roy A,Mihailovic I,Zwaenepoel W. X-Stream:edge-centric graph processing using streaming partitions［C］// Twenty-fourth ACM Symposium on Operating Systems Principles.［S. l.]:ACM,2013.

［10］　Gonzalez J E,Low Y,Gu Haijie,et al. Powergraph:distributed graph-parallel computation on natural graphs［C］// The 10th USENIX Conference on Operating Systems Design and Implementation.［S. l.]:ACM,2012.

［11］　Yuan Pingpeng,Xie Changfeng, Liu Ling,et al. PathGraph:a path centric graph processing system ［J］. IEEE Transactions on Parallel and Distributed Systems, 2016,27(10):2998-3012.

［12］　Avery C. Giraph:large-scale graph processing infrastructure on hadoop［J］. Proceedings of the Hadoop Summit. Santa Clara,2011,11(3):5-9.

［13］　Fan Wenfei, Xu Jingbo, Wu Yinghui, et al. GRAPE:parallelizing sequential graph computations［J］. Proceedings of the VLDB Endowment,2017,10(12):1889-1892.

［14］　Lin Heng, Tang Xiaochao, Yu Bowen, et al. Scalable Graph Traversal on SunwayTaihuLight with Ten Million Cores［C］// 2017 IEEE International Parallel and Distributed Processing Symposium (IPDPS). Orlardo:IEEE,2017.

［15］　Ko S, Han W S. TurboGraph＋＋:a scalable and fast graph analytics system［C］// Proceedings of the 2018 International Conference on Management of Data.［S. l.]: ACM,2018.

第8章

大数据下的网络计算

本章思维导图

近年来,随着大数据时代的到来,各个应用领域逐渐积累了海量数据。大数据时代下的海量数据正促使不同行业实现产业升级。网络结构作为一种表示和分析大数据的有效方法,能够对大量现实应用场景中复杂的数据进行建模,如社交网络、文本网络、科研合作网络、知识图谱、生物网络、人物关系网络、迁徙网络等,并已广泛应用于社交网络、推荐系统、网络安全、文本检索和生物医疗等领域的数据分析和挖掘工作中。针对大规模社交网络所含有的丰富属性,本章详细介绍了 Spark GraphX(简称 GraphX)这一图计算框架,讲述了其弹性分布式属性图的特点及处理大规模属性图的计算模式和内置算法。为适应多种网络分析需求,北京邮电大学数据科学与服务中心利用现有技术开发了大规模社交网络挖掘系统和大规模多维网络分析系统,本章将介绍其分析方法和技术框架。本章思维导图如图 8.1 所示。

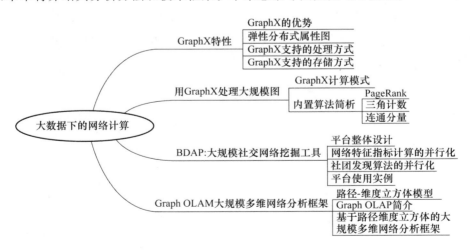

图 8.1　本章思维导图 8

8.1　GraphX 特性

8.1.1　GraphX 的优势

GraphX 拓展材料

第 7 章已经介绍过 GraphX[1] 是一个新的 Spark API，它用于处理图和分布式图（graph-parallel）的计算。

GraphX、Apache Giraph 和 GraphLab 各自独立实现了 Google Pregel 论文中的设想。Apache Giraph 是第 7 章介绍的另一个图处理系统，但是性能差的 Hadoop Map Reduce 计算机制限制了 Apache Giraph。GraphX 综合了 Pregel 和 GraphLab 两者的优点，即接口相对简单，但又能保证性能，可以应对点分割的图存储模式，胜任符合幂律分布的自然图的大型计算，这些优点将会在后面章节做分析。

8.1.2　弹性分布式属性图

GraphX 的核心抽象是弹性分布式属性图[2]，它是一个有向多重图，带有连接到每个顶点和边的用户定义的对象。有向多重图中多个并行的边共享相同的源和目的顶点。支持并行边的能力简化了建模场景，相同的顶点可能存在多种关系。每个顶点用一个唯一的 64 位长的标识符（VertexID）作为 key。GraphX 并没有对顶点标识强加任何排序。同样，边拥有相应的源和目的顶点标识符。

在现实世界中，在简单的顶点和边之间的连接之外，还有一些有价值的信息。图因为有了很多数据才更丰富，我们需要一种方式来表示这个丰富性。GraphX 实现了一个属性图的概念。顶点和边可以有与它们相关联的任意一组属性集。属性可以是人的年龄这种简单的数据，或者是文件、图像和视频这类复杂数据。属性图扩展了 SparkRDD 的抽象，有 Table 和 Graph 两种视图，但是只需要一份物理存储。两种视图都有自己独有的操作符，从而使我们同时获得了操作的灵活性和执行的高效率。属性图以 vertex(VD) 和 edge(ED) 类型作为参数类型，这些类型分别是顶点和边相关联的对象的类型。

和 RDD 一样，属性图是不可变的、分布式的、容错的。图的值或者结构的改变需要生成一个新的图来实现。注意，原始图不受影响的部分都可以在新图中重用，用来减少这种固定功能的数据结构的成本。执行者使用一系列顶点分区试探法对图进行分区。如 RDD 一样，图的每个分区可以在发生故障的情况下被重新创建在不同的机器上。

逻辑上，属性图对应于一对类型化的集合（RDD），这个集合包含每一个顶点和边的属性。因此，图的类中包含访问图中顶点和边的成员变量，源码分析如下：

```
class Graph[VD, ED] {
  val vertices: VertexRDD[VD]
  val edges: EdgeRDD[ED]
}
abstract class VertexRDD[VD](
    sc: SparkContext,
    deps: Seq[Dependency[_]]) extends RDD[(VertexId, VD)](sc, deps)
abstract class EdgeRDD[ED](
    sc: SparkContext,
    deps: Seq[Dependency[_]]) extends RDD[Edge[ED]](sc, deps)
```

其中，VertexRDD[VD]和 EdgeRDD[ED]类是 RDD[(VertexID，VD)]和 RDD[Edge[ED]]的继承和优化版本。VertexRDD[VD]和 EdgeRDD[ED]都提供了额外的图计算功能并提供了内部优化功能。

8.1.3　GraphX 支持的处理方式

　　图分析是从原始数据到图，再到相关子图，应用图算法，分析结果，然后用不同的子图重复这个过程的过程。分布式图计算比分布式数据计算更适合图的处理，但是在典型的图处理流水线中，它并不能很好地处理所有操作。例如，虽然分布式图系统可以很好地计算 PR 值以及 label diffusion，但是它们不适合从不同的数据源构建图或者跨过多个图计算特征。更准确地说，分布式图系统提供的更窄的计算视图无法处理那些构建和转换图结构以及跨越多个图的需求。因此，在目前的图分析技术路线中，常常通过分布式文件接口组成数据并行和图形并行系统。GraphX 系统的目标是将计算的数据并行视图和图形并行视图统一到一个系统中，并加快整个流水线的速度。

　　GraphX 同样支持多种数据处理方式。文献[2]指出，GraphX 内部是一个批处理系统，GraphX 可以提供许多不同的批处理数据流，图 8.2 展示了这些数据流。

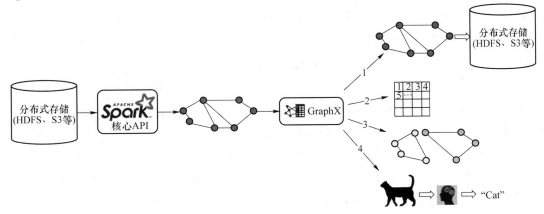

图 8.2　各种可能的 GraphX 数据流

因为 GraphX 读取图数据文件的能力是有限的,通常的数据文件需要用 Spark 的核心 API 转换成 GraphX 需要的图数据格式。GraphX 算法可以输出为图、数字、子图或机器学习模型。图 8.2 中的第一条输出路径代表常见的工作流,图被转换成一个新图(例如,顶点或边可能产生了新的属性值),如 PageRank 算法等;第二条输出路径代表一些算法,如全局聚类系数算法,他们仅仅输出一个描述整个图的全局 metric 数据;第三条输出路径代表的算法通常输出子图,如连通分量算法等;最后一条输出路径代表 GraphX 实现的机器学习算法,输出一个机器学习模型,这个模型可以用于预测——当原始数据输入到模型中时,模型会输出预测的结果数据或者标签。

8.1.4　GraphX 支持的存储方式

图系统可以分成两个被广泛认可的类别:图处理系统和图数据库。图数据库(如 Neo4j、Titan、Oracle Spatial 等)在一些方面有很大的优势,可提供数据库事务、查询语言、简单的增量更新和持久化,但是一个基于磁盘的图数据库性能比不上 GraphX 这种全内存的图处理系统,如用于响应 Web 服务的请求或者运行一次长时间执行的独立计算等。

GraphX 是一个图处理系统而不是图数据库。GraphX 是一个严格的内存处理系统,所以需要一个存储图数据的地方。Spark 使用的分布式存储是通常采用的方式,如 HDFS、Cassandra 或 S3 等。也有将 GraphX 这个图数据系统与图数据库组合在一起使用的,充分利用二者的长处,即利用图数据库的事务处理能力和 GraphX 的快速处理能力。对一些使用场景,将二者结合使用比单独使用一个要好很多。

8.2　用 GraphX 处理大规模图

8.2.1　GraphX 计算模式

(1) 整体代码框架

跟 Spark 一样,GraphX 的整体代码非常简洁,核心的 GraphX 代码只有 3 000 多行,而在此之上实现的 Pregel 模型,其代码只要短短的 20 多行。GraphX 的代码结构整体如图 8.3 所示。

可以看到,整体结构设计得十分清晰明了,其中大部分的 impl 包的实现都是围绕着 Partition 而优化和进行的。这种某种程度上说明,点分割的存储和相应的计算优化是图计算框架的重点和难点。

(2) GraphX 的点分割模式

巨型图的存储总体上有边分割和点分割两种存储方式。2013 年,GraphLab 2.0 将其存储方式由边分割变为点分割,使得其在性能上取得重大提升,目前基本上被业界广泛接受并使用。点分割占上风的主要原因有以下两点:

① 磁盘价格下降,存储空间不再是问题,而内网的通信资源没有突破性进展,集群计算时内网带宽是宝贵的,时间比磁盘更珍贵。这点就类似于常见的空间换时间的策略。

② 在当前的应用场景中,绝大多数网络都是"无尺度网络",遵循幂律分布,不同点的邻居数量相差非常悬殊。而边分割会使那些多邻居的点所相连的边大多数被分到不同的机器上,这样的数据分布会使得内网带宽更加捉襟见肘,于是边分割存储方式被渐渐抛弃了。

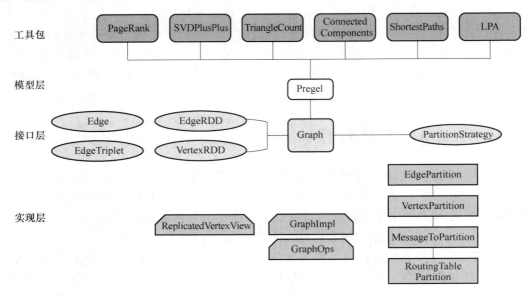

图 8.3　GraphX 代码框架图

GraphX 借鉴 PowerGraph,使用的也是点分割方式存储图。这种存储方式特点是任何一条边只会出现在一台机器上,每个点有可能分布到不同的机器上。当点被分割到不同机器上时,这些机器中存储的点是相同的镜像,但是有一个点作为主点,其他的点作为虚点,当点的数据发生变化时,先更新主点的数据,然后将所有更新好的数据发送到虚点所在的所有机器,更新虚点。这样做的好处是在边的存储上是没有冗余的,而且对于某个点与它邻居的点的交互操作,只要满足交换律和结合律,就可以在不同的机器上面执行,网络开销较小。但是这种分割方式会存储多份点数据,更新点时,会发生网络传输,并且有可能出现同步问题。

（3）GraphX 的关键技术优化

① 图的 cache

由于在 GraphX 中一个图是由 3 个 RDD 组成的,所以会占用更多的内存。相应图的持久化操作（cache、unpersist 和 checkpoint）更需要留意使用技巧。出于最大限度地复用边的理念,GraphX 的默认接口只提供了 unpersistVertices 的方法,如果要释放边,需要自己调用 g.edges.unpersist（）方法才能释放,这个给用户带来了一定的不便,但是却给 GraphX 的优化提供了便利和空间。

参考 GraphX 的 Pregel 代码,对一个大图,目前最佳的图计算实现方法如下:

```
var g = ···
var prevG: Graph[VD, ED] = null

    while(······){
        prevG = g
        g = g.(················)
```

```
g.cache()
prevG.unpersistVertices(blocking = false)
prevG.edges.unpersist(blocking = false)
}
```

以上操作是根据 GraphX 中 graph 的不变性。对 g 做了操作并赋回给 g 之后,g 已经不是原来的 g 了,而且它会在下一轮迭代使用,所以必须 cache。另外,必须先用 prevG,保留住对原来的图的引用,并在新图产生之后,快速地将旧图彻底的释放掉。否则一个大图,几轮迭代下来,就会有内存泄漏的问题,很快耗光作业内存。

② 邻边聚合

很多图处理任务需要聚集从周围本地邻居顶点发出的关系。例如,三角型计数算法中,需要考虑与该顶点相连的边集,及这些边初顶点之外的顶点集,以及这些点之间是否也有连接的边。对每个顶点而言都要考虑它们的邻居信息。更普遍的例子是统计每个顶点的"出度",对于每个顶点而言,即离开该顶点的边的条数。为了完成上述操作,我们会间接处理每条边以及与边相关联的源顶点和目标顶点。相比于直接统计从每个顶点出发的边条数,我们会让每条边发出消息到关联的源顶点。这两种方法是等效的。汇总这些消息后,就可以得到想要的答案。

aggregateMessages 是 GraphX 最重要的 API,用于替换 mapReduceTriplets。目前 mapReduceTriplets 最终是通过 aggregateMessages 来实现的。它主要功能是向邻边发消息,合并邻边收到的消息,返回 messageRDD。aggregateMessages 的接口如下:

```
def aggregateMessages[A: ClassTag](
    sendMsg: EdgeContext[VD, ED, A] => Unit,
    mergeMsg: (A, A) => A,
    tripletFields: TripletFields = TripletFields.All)
  : VertexRDD[A] = {
    aggregateMessagesWithActiveSet(sendMsg, mergeMsg, tripletFields, None)
}
/* 使用 aggregateMessages()计算每个顶点的出度 */
myGraph.aggregateMessages[int](_.sendToSrc(1),_ + _).collect
```

aggregateMessages 的两个参数是 sendMsg、mergeMsg,分别提供了转换和聚合的能力。

• sendMsg:发消息函数。

sendToSrc:将 Msg 类型的消息发送给源顶点。sendToDst:将 Msg 类型的消息发送给目标顶点。这两个方法是 aggregateMessages 工作原理的重要组成部分。传递的消息其实就是发送给顶点的一些数据。对于图中的每条边,我们可以选择向源顶点或目标顶点(或同时向这两个顶点)发送消息。在示例代码中,我们需要计算每个顶点发出的边数,所以在边上将包含整数 1 的消息发送到源顶点。

• mergeMsg:合并消息函数。

该函数用于在 map 阶段合并每个 edge 分区中每个点收到的消息,并且它还用于在 reduce 阶段合并不同分区的消息。合并 vertexId 属性相同的消息。每个顶点收到的所有消息都会被聚集起来传递给 mergeMsg 函数。这个函数定义了如何将顶点收到的所有消息转换成我们需要的结果。在示例代码中,我们将所有发给源顶点的数字 1 累加起来得出边的总数。

③ 进化的 Pregel 计算模型

在第 7 章我们介绍了 Pregel 以及整体同步并行计算模型,基于这个需求,GraphX 提供了方便开发者的、基于谷歌 Pregel API 的迭代算法,还针对一些内部数据集的缓存和释放操作提升了性能,这样开发者就不需要通过考虑底层调优细节来方便调用。大部分 GraphX 的内置算法都是用 Pregel 实现的。

Graphx 中的 Pregel 接口,并不严格遵循 Pregel 的模型,它是一个参考 GAS 改进的 Pregel 模型,定义如下:

```
/* Pregel 定义 */
defpregel[A]
    (initialMsg:A,
      maxlter:Int = Int.MaxValue,
      activeDir:EdgeDirection = EdgeDirection.Out)
    (vprog:(VertexId,VD,A) => VD,
      sendMsg:EdgeTriplet[VD,ED] => Iterator[(Vertexid,A)],
      mergeMsg:(A,A) => A)
:Graph[VD,ED]
/* 使用 Pregel 求距离最远节点 */
    valg = Pregel(myGraph.mapVertices((vid,vd) => 0),0,
            activeDirection = EdgeDirection.Out)(
            (id:Vertexid,vd:Int,a:Int) => math.max(vd,a),
            (et:EdgeTriplet[Int,String]) =>
                Iterator((et.dstid,et.srcAttr + 1)),
            (a:Int,b:Int) => math.max(a,b))
g.vertices.collect
```

Pregel API 中有 vprog、sendMsg、mergeMsg 三个参数(函数)。与 aggregateMessages 仅需要两个函数来定义操作相比,Pregel 提供了 vprog 这个顶点处理程序,可以更灵活地处理逻辑。mergeMsg 函数运行的方式与 aggregateMessages 的 mergeMsg 函数完全一致,但不同的是 mergeMsg 函数会返回结果消息但不会直接对顶点进行更新,它会把返回的结果消息作为参数传递给顶点处理程序 vprog,vprog 以顶点(包括顶点的 VertexID 及其数据)和消息作为输入,返回新的顶点数据,以便新的数据被框架更新到顶点中。然后顶点将用自定义的 sendMsg 发送参数,这些消息将传递到下一个超步。Pregel 完成一个超步的内部细节如图 8.4 所示。

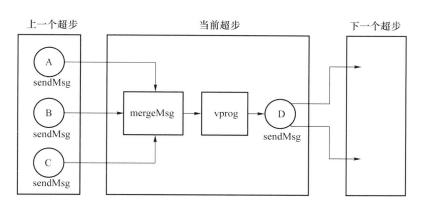

图 8.4　Pregel 完成一个超步的内部细节

8.2.2　内置算法简析

（1）PageRank 算法

PageRank 算法是衡量图中顶点的权值的一种方法。在 GraphX 中，实现了 PageRank 算法，GraphOps 允许直接调用这些算法作为图上应用的方法，并提供了两种不同的方式。下面介绍相关的算法参数设置和使用案例。

终止方式选择参数：基于 PageRank 算法，我们可以选择静态退出和动态退出两种运行终止方式：一种是在指定的迭代次数后退出；另一种是重复迭代直到满足一个退出条件后再退出。静态退出方式传入一个 numiter 参数（迭代的次数），动态退出方式传入 tol 参数（公差）。如果在上一次迭代和当前迭代间，顶点的 PR 值的变化小于 tol 公差，应用将会从算法中跳出，不发送顶点的 PR 值到相邻顶点，也不关注相邻顶点发送过来的 PR 值。tol 用于决定算法什么时候终止：如果全图中的顶点变化值全部小于 tol，算法终止。如果想快速收敛，则 tol 取一个较大的值（0.001），如果要更精确的结果，则 tol 就要取较小的值。

参数 resetProb：在 API 文档中也被称为 alpha。这个 resetProb 参数与 1998 年佩奇和布林的论文[3]中的参数相符，又称为抑制因子。resetProb 参数表示为即使当前页面没有指向其他页面的跳转链接，用户也能随机跳转到其他页面的概率，这对于计算具有入站链接但没有出站链接的 sink-web 页面很有用。resetProb 确保所有的页面都有最小的 PR 值，同样前面的设定值（1-resetProb）抑制从相邻顶点传入的 PR 值的贡献。这就像添加了从 sink 顶点指向图中其他点的连出的虚拟边，这是为了保证公平，同样也会适用于无出站的顶点。

GraphX 包含一个我们可以运行 PageRank 的社交网络数据集的例子。用户集在 graphx/data/users.txt 中，用户之间的关系在 graphx/data/followers.txt 中。我们通过下面的方法计算每个用户的 PR 值：

```
/*从边表读入图*/
val graph = GraphLoader.edgeListFile(sc, "graphx/data/followers.txt")
/*运行 PageRank*/
val ranks = graph.pageRank(0.0001).vertices
```

```
/* 使用 PR 值对 usernames 进行排序 */
val users = sc.textFile("graphx/data/users.txt").map { line =>
  val fields = line.split(",")
  (fields(0).toLong, fields(1))
}
val ranksByUsername = users.join(ranks).map {
  case (id, (username, rank)) => (username, rank)
}
/* 从 RDD 输出结果 */
println(ranksByUsername.collect().mkString("\n"))
```

(2) 三角形计数算法

当一个顶点有两个相邻的顶点以及相邻顶点之间的边时,这个顶点是一个三角形的一部分。可以通过计算三角形数衡量图或子图的连通性,进而分析顶点如何共同互相影响。例如,在一个社交网络中,如果每个人都连接到其他人并对他人造成影响,那么网络中可以产生大量的三角关系。三角形数也可以作为聚类系数和传递率的一个因子。在 Spark 1.6 的版本中 GraphX 并没有内置这些很复杂的计算方法,但可以通过计算三角形数并使用分母来标准化,可以很容易比较不同图的连通性。

GraphX 在 TriangleCount object 中实现了一个三角形计数算法,它计算通过每个顶点的三角形的数量。需要注意的是,在计算社交网络数据集的三角形计数时,GraphX 把图当作无向图,重复的边合并为一个,同时忽略顶点指向自身的循环边。因此 TriangleCount 需要边的方向是规范的方向(srcId < dstId),并且图通过 Graph.partitionBy 分片过。

可以通过下面的方法使用三角形计数:

```
/* 按规范顺序加载边,并对图形进行分区,以便进行三角形计数 */
val graph = GraphLoader.edgeListFile(sc, "graphx/data/followers.txt", true).
partitionBy(PartitionStrategy.RandomVertexCut)
/* 找出每个顶点的三角形计数 */
val triCounts = graph.triangleCount().vertices
/* 将三角形计数值与用户名连接 */
val users = sc.textFile("graphx/data/users.txt").map { line =>
  val fields = line.split(",")
  (fields(0).toLong, fields(1))
}
val triCountByUsername = users.join(triCounts).map { case (id, (username, tc))
=>
  (username, tc)
}
/* 输出最终结果 */
println(triCountByUsername.collect().mkString("\n"))
```

（3）连通分量算法

在社交网络中,连通体可以近似为集群。连通分量算法能在社交网络图中找到一些孤立的小圈子,并把它们在数据中心网络中区分开。连通分量算法与有向图和无向图都有关联。连通体算法用 ID 标注图中每个连通体,将连通体中序号最小的顶点的 ID 作为连通体的 ID。GraphX 在 ConnectedComponents. object 中包含了这个算法的实现,我们通过下面的方法计算社交网络数据集中的连通体:

```
/ * 按照示例加载图表 * /
val graph = GraphLoader.edgeListFile(sc, "graphx/data/followers.txt")
/ * 寻找连通分量 * /
val cc = graph.connectedComponents().vertices
/ * 将连通分量与用户连接 * /
val users = sc.textFile("graphx/data/users.txt").map { line =>
  val fields = line.split(",")
  (fields(0).toLong, fields(1))
}
val ccByUsername = users.join(cc).map {
  case (ID, (username, cc)) => (username, cc)
}
/ * 输出结果 * /
println(ccByUsername.collect().mkString("\n"))
```

如图 8.5(a)和表 8.1 所示,connectedComponents()函数返回一个与输入的图对象结构相同的新 Graph 对象。连通组件是用其中最小的顶点 ID 标示的,而这个最小的顶点 ID 会赋值给这个连通组件中每个顶点属性。

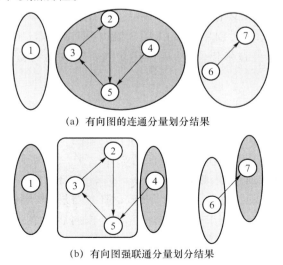

(a) 有向图的连通分量划分结果

(b) 有向图强联通分量划分结果

图 8.5　在简单网络中查找连通分量和强连通分量

如图 8.5(b)所示,对于有向图中计算强连通分量,调用 stronglyConnectedComponents()和调用 connectedComponents()很相似,唯一不同的是,stronglyConnectedComponents()要求传入 numiter 参数。

表 8.1　连通分量(组件)及其最小顶点标识

组件 ID	组件成员
1	1
2	2,3,4,5
6	6,7

8.3　大规模社交网络挖掘平台

随着信息技术与互联网的高速发展,社会网络数据爆炸性增长。传统网络分析方法处理大数据时出现性能和可扩展性的瓶颈。研究开发新的高效的大数据分析、挖掘平台已经成为各方的研究重点。随着并行化图计算框架的提出,图计算因其数据之间依赖性强而受到研究者的关注[4]。针对社会网络分析需求,北京邮电大学数据科学与服务中心团队研究开发了一个基于 Hadoop、Spark、GraphX 等计算框架的分布式大规模社会网络并行挖掘平台(big data analysis platform,BDAP)[5]。该平台下有支持社交网络挖掘的子系统,其基于 GraphX 计算框架开发,实现了具有良好运行性能、高度并行化的网络特征计算和社团发现等分析算法。平台采用 OSGI 技术构建、开发低耦合的组件模型,提高了组件算法复用性,并引入工作流机制、友好的图形式交互界面 Studio,减少了用户操作的复杂性。支持用户采取工作流图的形式自行组织数据挖掘任务,能适应不同的数据挖掘分析需求。

8.3.1　平台整体设计

大数据下的图挖掘系统需要在大规模网络中进行社会网络分析,传统的 C/S 架构的社交网络分析平台已无法应付,因此 BDAP 采用 B/S 架构(即浏览器/服务器架构)。本节将主要首先从整体上介绍 BDAP 的技术架构,然后讲述功能框架和运行流程,进而从上往下具体化讲述各部分的设计。

(1) 技术角度

BDAP 采用的整体技术架构如图 8.6 所示。

从图 8.6 中可以看出,BDAP 结构大致可分为 5 部分,底层为 Spark 大数据平台,这是 BDAP 中算法运行的基础,提供 API 为上一层所调用。平台基础层上面一层以 Tomcat 作为后台服务器,该部分使用 Jersey 框架作为后台的 MVC 框架管理后台代码,同时使用 Maven 管理各种依赖包,以方便开发。再往上一层为 Web 服务器层,该层使用 NodeJs 为服务器,处于前端与后台之间,前端发出的请求通过该层,由该层再向后台发送请求,这种模式可以避免暴露后台接口,且可以减轻后台服务器压力。该层使用 Sails 框架构建项目,另外通过 NPM 管理各种包。最顶层为浏览器层,该层使用 AngularJs 框架,框架为前端 MVC 框架,以帮助开发人员构建单页应用。中间两层服务器层需要与数据存储层进行交互,数据存储层采用

MongoDB 作为数据库。

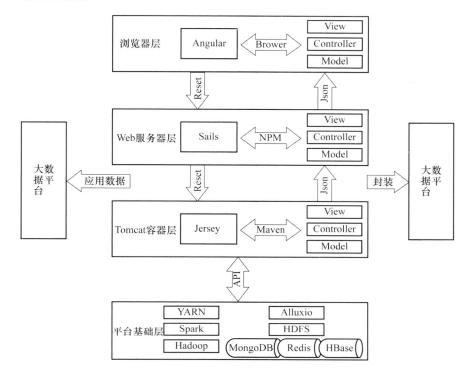

图 8.6　架构图

　　BDAP 的目的是实现一个支持大数据图的分析系统工具,对于图的分析指标以及社团发现算法,系统采用 Spark 进行实现,并通过 Java 后台进行算法的调度。本书实现了多种社会网络分析指标的基于 Spark 的并行计算,同时,对并行效果进行了测试,并将其已组件的形式加入系统中。本系统包括了多种组件,主要包括算法组件和展示组件,系统通过对组件的操作可以选择导入的数据进行分析和计算,并对结果进行统计展示和布局展示。对于数据的管理,系统以 HDFS 和 MongoDB 进行管理,算法的输出结果存储到 HDFS 上,而系统导入的数据在 HDFS 上的信息以及保存的工作流的信息则保存到 MongoDB 中。

　　本系统的设计采用松耦合设计的原则,模块之间相对独立,一个模块的修改不会影响到其他模块的功能。

　　(2) 功能角度

　　BDAP 可分为 5 个部分,各层之间的整体架构如图 8.7 所示,具体说明如下。

　　① 数据层

　　数据层所针对的是源自不同数据源的社会网络数据,其中包含有社交网络、学术资源等数据。网络种类繁多并且数据量巨大,需要针对性地进行数据预处理才能提取得到所需要分析的网络结构。目前社会网络的数据格式并不统一,包括 Pajeknet、csv、边表等,还有一些从某些网站提取的非固定格式,因此需要对数据格式进行预处理,使其统一。GraphX 计算引擎提供用户自由选择提取和固定格式导入两种方式,输出一个 .node 和一个 .edge 的文件,分别为节点文件和边文件,另外输出一个 .meta 文件,保存该数据的一些整体信息,同时在数据库中新建一个表项。

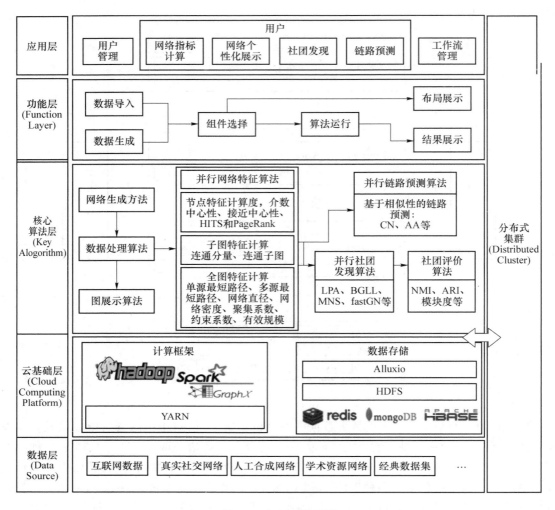

图 8.7　BDAP 框架图

同时，数据层针对用户使用的基于 MySQL、Oracle 等传统的关系型数据库中的数据，提供 Sqoop 等工具将原有数据系统中的数据提取转存至分布式存储系统，提升存储性能，以及通过多备份形式提升存储安全。

② 云基础层

基础平台层次包含有两个模块部分。一个模块是以 NoSQL、HDFS、Alluxio 等组成的数据仓库模块。数据仓库模块将数据划分结构化、非结构化数据存储于数据仓库上。为了数据仓库模块中存储数据，并行平台定义了统一的元数据信息，其中包括数据存储类型、数据存储位置、数据存储量等信息，并以 HDFS 进行存储。数据仓库模块在 HDFS 基础之上集合了内存分布式文件系统 Alluxio，以文件形式在内存或其他存储设施中提供数据的快速读写服务。此外，针对运行监控等辅助功能，数据仓库模块还引入 Redis、MongoDB 数据库，以支撑运行监控等辅助功能数据存储。

基础平台层次中包含的另一模块是平台框架模块，该模块实现了多混合计算框架，可同时兼容运行 Spark、Hadoop 等。各个计算框架都有着各自支持的不同资源管理体系。为实现混合计算框架整体规范管理调度，并行平台基于 Hadoop 的 YARN 资源管理框架，实现了各计

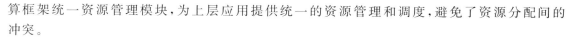

算框架统一资源管理模块,为上层应用提供统一的资源管理和调度,避免了资源分配间的冲突。

③ 核心算法层

核心算法层是 BDAP 的核心,并行平台上所有算法基于 Spark、MapReduce、GraphX 等框架,通过提高算法计算并行程度,以及改进、设计新的算法框架等方法,开发出数十个并行度高、计算效率高的图挖掘算法,实现了经典的网络指标计算、社团发现和社团发现结果评价等功能的算法支持。

④ 功能层

功能层在底层基础上实现社会网络的完整处理流程。在本系统中,用户首先需要通过数据导入功能对数据进行格式转化,将其导入 HDFS 上的目标目录。因源数据格式不统一,用户需根据具体的类型选择对应的导入方式,然后用户可以通过自己选择组件进行拖动的方式,也可以通过工作流管理中保存过的工作流直接加载,选择好要使用的算法后,执行 Spark 算法,算法的结果保存到输出目录下对应的位置,最后通过展示组件将算法计算的结果进行统计展示,或者在组件选择时可选择布局展示组件,对网络结构进行布局展示。

⑤ 应用层

应用层为使用者提供交互界面 Studio 进行交互,该界面以 NodeJs 等技术框架实现图形化操作,是使用者从并行平台中获取服务的主要方式。使用者的操作都以工作流的形式构建,工作流是以组件为节点、组件间的数据交互为节点连线所构建而成的一个数据流程 DAG 图。工作流将整个数据挖掘分析过程视为数据在一个数据通道中流通及转换,数据每流经一个组件节点即转换成相应数据。若数据通道中某一节点失效或处理数据失败,则数据流在此中断,不再向后续流动,并提示其任务失败原因,而每个成功的节点则都可查看其中的输出。借由这些特性,使用者可以清晰了解到数据的分析处理流程、流程中断处及中断原因,可以在解决问题的情况下继续上一步数据分析操作。

此外,并行平台提供有任务实时监控部分,可调取查看当前提交数据分析流程的运行状态,实时了解当前分析流程处理到哪个组件节点及其状态,以辅助使用者更好地使用。

8.3.2 网络特征指标计算的并行化

BDAP 的核心算法层包含了网络分析中常用的分析指标。该层共有度计算、单源最短路径、多源最短路径、网络密度、网络约束系数、网络有效规模、PR 值、权威值和枢纽值、聚集系数等十几种指标算法。由于指标数量较多,因此本节将着重以权威值和枢纽值、网络约束系数、单源最短路径为例,介绍基于 Spark 的社会网络分析指标的并行方案。

下面首先介绍系统中图的存储结构,首先,本系统的算法均基于 GraphX 实现,因此系统中算法运行首先是读取数据,并以 Graph 的结构存储。Graph 是 GraphX 中提供的数据结构,它内部包含了三个结构:第一个是节点的 RDD,该 RDD 内部每条数据的存储结构为(节点 ID,属性值);第二为边 RDD,存储结构为 Edge 对象,包含起点 ID、目的 ID、边属性;第三个是元组 RDD,该对象包含节点边、边属性、节点属性。三种 RDD 包含了许多图的常用操作,而 Graph 中也包含了一些对于图的操作。

(1)权威值和枢纽值的并行化

HITS 算法的目标是计算枢纽值(hub)和权威值(authority),算法的并行流程图如图 8.8

所示。

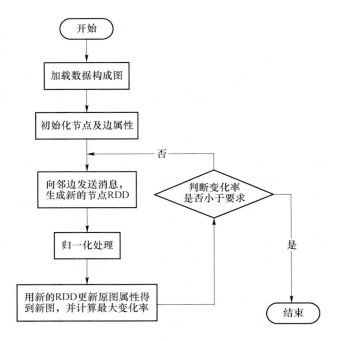

图 8.8　HITS 算法并行流程图

　　HITS 算法首先从 HDFS 上读取数据，将其生成一个 Graph 对象。接下来初始化图的初始属性值，通过 mapVertices 操作将节点属性值初始化为（1.0，1.0，1.0），前两个值分别为 hub 和初始值 authority，第三个值是最大变化值，初始设置为 1，确保能进入循环。下面则是该算法最重要的一步操作，这步操作为调用 mapReduceTriplets 函数，该函数目的是让所有节点将其当前节点属性作为一条消息发送给所有邻居节点，然后每个节点收集所有发送到自己的消息。最后节点 RDD 用收集到的消息更新自身节点，生成一个新的 RDD。mapReduceTriplets 函数有三个传入函数，分别为 sendMessage、messageCombiner、vertexProgram。sendMessage 负责根据一个边元组把每个节点的 hub 和 authority 生成两个消息对象，分别发送给边元组的源点和目的节点；messageCombiner 负责将发送到同一个节点的消息相加合并成一个消息；vertexProgram 为每个节点的处理函数，每个节点通过该函数根据收到的合并后的消息重新计算节点属性值，把收到的 authority 之和赋值给新的 hub，将收到的 hub 之和赋值给新的 authority。值的变化量暂时不变，生成新的节点 RDD。得到新的 RDD 后需要对图进行归一化处理，该步通过一个 map 操作和 reduce 操作分别求取 hub 最大值和 authority 最大值，再对新生成的节点 RDD 进行 innerJoin，更新节点的第三项属性值，即最大变化值，该变化值由 hub 和 authority 变化值的绝对值之和得到，并求的变化率的最大值。最后通过 outerJoinVertices 操作去更新原图，得到一个新图，此时判断如果节点变化率小于用户的输入参数精确系数，则终止循环，将新图返回输出结果，否则将新图作为输入进行下来一轮计算。

　　算法的伪代码如下：

算法 1　权威值和枢纽值并行化计算

输入：graph：g(V,E)；精确度：acur

输出：result RDD

符号：δ_{max} 精确度阈值

```
1  function HITS(g,acur)
2      G ← g.mapVertices and mapEdges；
3      δmax ← 2.0；
4      messages ← null；
5      while i＜ Positive && δmax＞acur do
6          /＊向两边节点发送 Hub 值和 Authrity 值并合并,生成新的节点属性 RDD ＊/
7          messages ← g.mapReduceTriplets；
8          Max ← messages map and reduce；
9          MaxHub ← Max；
10         MaxAuthrity ← Max；
11         messages ← message.mapValues；//归一化处理
12         newVerts ← G.vertices innerJoin messages；
13         vertsWithDelta ← newVerts innerJoin G.vertices；
14         G ← G outerJoinVertices vertsWithDelta；
15         δmax ← G.vertice map and reduce；
16     end while
17     result ← G.vertices map；
18 end function
```

该算法为并行算法,因并行情况与单机有所不同,所以结果或有些微差异,但对整体排名影响不大。原因在于单机算法每次更新 hub 和 authority 时,用的是本轮已计算过节点的新值,而在并行化的过程中,每个节点无法及时得到其他机器计算的新值,使用的为上一轮迭代时计算的值,因此会有少许差异。另外,在迭代过程中,Spark 是基于内存的计算,将中间结果保持在内存中将大大提高效率,因此每轮迭代时都要把图进行 cache,把上轮完成计算的图适时释放,并且该算法启动时需要保证足够的内存,以避免内存不足,否则会导致后面每次迭代计算时通过 RDD 的链重新计算,这会导致运算时间大大加长。

（2）网络约束系数的并行化

个人在网络的位置比关系的强弱更为重要,其在网络中的位置决定了个人的信息、资源与权力。网络约束系数描述的是网络中某个节点与其他节点直接或间接联系的紧密程度。该指标是结构洞常用的测量指标[6-7]。

由此可见,网络约束系数的计算主要分为三个过程：

① 计算任意两点之间的关系长度 P_{ij}。

$$P_{ij} = \frac{a_{ij} + a_{ji}}{\sum\limits_{k}(a_{ik} + a_{ki})}$$

其中,a_{ij} 是指 i、j 两点间边的权重,表示 i 与 j 联系的强度。

② 用得到的关系长度计算每个节点对应的约束系数 C_i,并将每个节点计算需要的所有值存到一个节点的属性值上。

$$C_i = \sum_{k}(P_{ij} + \sum_{q,q\neq i,q\neq j} P_{iq}P_{qj})^2$$

其中,q 为 i 与 j 的共有邻居。网络约束系数越高,表示网络闭合性越高,结构洞也越少。

③ 在每个节点上计算该节点的约束系数值。

算法的流程如图 8.9 所示。

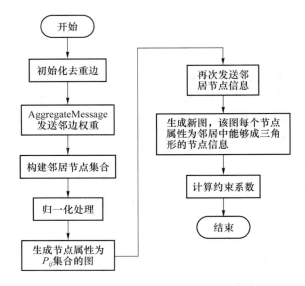

图 8.9　网络约束系数并行化计算流程图

该算法的伪代码如下:

算法 2　网络约束系数并行化计算

输入:graph:g(V,E);

输出:result RDD

1 **function** Constraint (g)

2　G ← g.mapVertices and mapEdges;

3　G ← G.groupEdges;

4　/*发送边消息,生成节点信息为边信息的图*/

5　messages ← G.aggregateMessages;

6　N_G ← G.outerJoinVertices messages;

7　/*收集邻居节点信息,并计算值*/

8　nbrSet ← G.collectNeighbors;

9　N_G ← N_G.outerJoinVertices.nbrSet;

10　/*发送所有节点处保存的邻居信息集合,找出共同邻居集合*/

11　msgSet ← N_G.aggregateMessages;

12　finalG ← N_G.outerJoinVertices.msgSet;

13　/*根据节点信息集合得到值*/

14　result ← finalG.mapVertices;

15 **end function**

该算法步骤不多,但算法计算过程中需要发送大量邻居节点的信息,尤其是第 2 步,在计算值时,需要共同邻居节点的值,由于每个节点只能直接获取其邻居节点的值,因此可以通过将所有邻居节点集合收集,在节点处理函数中,查找对应关系的值。

（3）单源最短路径的并行化

单源最短路径的并行化计算是指迪杰斯特拉算法的并行化,算法的主要流程如图 8.10 所示。算法的节点数据结构为(ID,Array[Edge(Double)]()),它用来保存源节点到该节点的当前最短路径长度和路径。算法最初将除源节点外各个节点的属性的路径长度,初始化为正无穷,在每轮迭代时节点将自己的节点信息发送给邻边,有向图只向目的节点发送消息,无向图则向边两端发送消息,该步生成邻边信息 RDD,并用该 RDD 与原图 Join 生成新图,合并过程中在节点更新函数中计算路径长度,判断是否更新节点。最后判断该轮迭代产生的消息数量是否为 0,为 0 表示所有可达节点均已到达,此时终止循环。

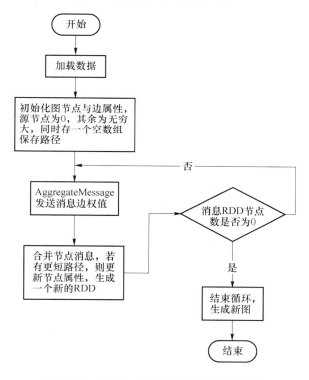

图 8.10　单源最短路径并行化计算流程图

该算法在迭代过程中不需要每个节点都向邻居发送消息,只需将能使到该节点的距离更新的节点发送消息,从而减少消息通信量;算法的核心是迭代过程,在迭代过程中需要及时 cache 以及释放,避免在下轮迭代时重新从最初的 RDD 的链中重新计算。

在各个指标的计算中,有些指标有一些共同之处,主要的常用操作有三角形计算、迭代操作。其中聚集系数、网络约束系数、有效规模的核心是三角计算,每个节点都要获取它的邻居节点中能与它构成三角形的节点信息,而 PageRank、Hits、单源最短路径等则主要是进行迭代操作。单源最短路径并行化算法配合 GraphX 中已有的模块化组件,足以满足大部分特征指标并行计算的需求。

8.3.3　社团发现算法的并行化

复杂网络通常可用来描述许多领域的数据间的关系,复杂网络的深入研究有助于人们研究网络的模块和功能,而网络中各节点之间的关系往往会呈现出聚集的现象。随着近年来网络科学的发展,学者们对社团发现的研究使得社团发现有了迅猛的发展,涌现了大量优秀的算法,目前社团发现算法大致可分为基于模块度优化的算法[8]、基于谱分析的算法、基于信息论的算法、基于标号传播的算法、基于团渗透的算法[9]等,BDAP 也集成了许多社区发现方法,从中选择 3 个算法进行并行化实现的介绍,分别为 LPA[10]、BGLL 算法、MNS 算法。

(1) LPA

LPA 的思想主要分为两步:第一步是每个节点指定一个唯一的标签;第二步是所有节点将自己的标签发送给邻居节点,每个节点统计收到的标签值,选择数目最多的标签后,更新自己的标签,直到整个网络稳定,迭代结束。为了防止迭代次数过多,因此有时需要设置迭代的最大次数,这样可以防止时间过长。算法流程图如图 8.11 所示。

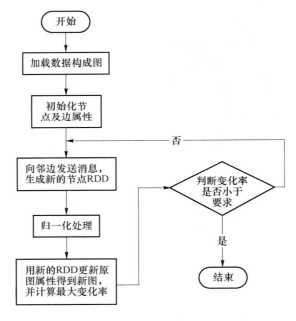

图 8.11　LPA 并行流程图

LPA 是一个复杂度呈线性的社团发现算法,过程相对比较简单,但需要多次迭代,算法的并行思路如下。

加载数据为一个 graph,并对 graph 进行初始化操作。初始化操作主要分为两个方面:一个是需要去除重边,因此需要通过 groupEdges 操作将重复的边合成一条,避免多次传递标签,节点无法稳定;另一个是算法开始时每个节点需要一个标签,因此最开始所有节点将其节点属性的属性值标记为该节点的 ID,定义一个变量 oldVerts 保存当前节点 RDD。

算法开始进入循环,当活动节点数大于 0 且迭代数小于最大值时迭代停止。设此时图为 g,算法进入循环,则图 g 调用 mapReduceTriplets 开始发送消息,发送消息时对每条边均向两边发送消息,然后合并消息,生成一个统计完所有邻居标记的 RDD(它的内容是映射型的集合),再与图的节点 RDD 通过 join 操作选择 map 中的 value 值最大的标签作为节点新的标签。

此时让得到的新节点 RDD 与上一轮计算前的节点 RDD 进行 join 操作,比较节点属性不相等的数量,若为 0,则迭代到本轮截止,否则迭代继续。这个步骤完成后则更新 oldVerts,重新生成新图 g,并把新图 cache,释放掉旧图。

LPA 的伪代码如下:

算法 3　并行 LPA

输入: graph: g(V,E);最大迭代次数:maxIter
输出: result RDD
1 **function** labelPropagation(g,maxIter)
2　　G ← g.groupEdges / * 去除重边 * /
3　　/ * 初始化图 G,为每个节点附一个标签 * /
4　　G ← G.mapVertices
5　　i ← 0
6　　prevG ← G
7　　oldVerts ← G.vertices
8　　**while** acticenum>0 &&. i<maxIter **do**
9　　/ * 向邻居发送标签消息,并合并每个节点收到的消息 * /
10　　　messages ← G.mapReduceTriplets
11　　　newVerts ← G.vertice innerJoin messages
12　　　**if** i = 0 **then**
13　　　　activenum ← Long.MAX
14　　　**end if**
15　　　**else**
16　　　　activenum ← oldVerts innerJoin newVerts and filter oldVerts'tag not equals newVerts'tag
17　　　　oldVerts ← G.vertices
18　　　**end else**
19　　G ← G outerJoinVertices newVerts
20　　i ← i + 1
21　　**end while**
22　　　result ← G.vertices map and reduceByKey / * 生成社团 RDD * /
23 **end function**

该算法的优点是速度快,但效果相对差一点。该算法很适合并行化,其中关键一点是由于算法需要迭代,因此需要及时地进行缓存,并适时释放掉不用的数据;另外关键一点是判断迭代停止的条件,由于每次迭代都会获得邻居节点的标记,因此当实际社团不再变化时节点属性值仍会变化,邻居节点会互换标记,所以判断时要与上上一次的进行比较。

（2）BGLL 算法

BGLL 算法是一个基于模块度的社团发现算法,目前该算法是一个既高效又准确的一个算法。模块度的计算公式如下：

$$Q = \sum_c \frac{\sum\text{in}}{2m} - \left(\frac{\sum\text{tot}}{2m}\right)^2$$

其中，$\sum\text{in}$ 表示一个社区内部的连线数，$\sum\text{tot}$ 表示一个社区所有节点的度数之和，m 值表示图中的边总数，c 代表所有划分社区个数。

算法思想如下：每个节点所属一个社区，分别尝试将两个节点合并，若合并后网络模块度的值变小，则不合并，否则进行合并，迭代计算直到模块度不能再增大为止。然后，将合并后的社区当作新的网络，重新按照前面的步骤进行计算和迭代运行，直到网络不能再进行合并为止。

BGLL 算法是基于模块度的算法，模块度用于评估社区发现的效果。该算法的时间复杂度比较低，属于线性的算法。

BGLL 算法过程相对比较复杂，首先是对图进行初始化，将节点属性值初始化为一个七元组，边属性为 1，而七元组属性值分别为{目标社团 ID、该节点将归属的社团内部度数之和、目标边权重、当前节点社团、当前社团度数之和、本节点的度值、本节点邻边权重值之和}。最初初始化为(vid,0.0,0.0,vid,0.0,0.0,0.0)，vid 为当前节点 ID。算法步骤将大致分为如下几步。

① 对边计数得到 m 值，即计算 Q 需要计算的边总数 m，记原图为 g。

② 计算节点度数，更新 RDD 属性值第四个值。

③ 通过 mapReduceTriplets 操作，把边的属性值发送给两端节点，从而得到一个节点属性值为邻边权重值之和的 RDD，再通过 outerJoinVertices 操作得到七元组中第 7 个值。

④ 使用 aggregateMessages 再次发送消息，每条边向两端发送该边的权重以及对方节点 ID 值和节点内部度数之和。

⑤ 用上步得到的 RDD 与图的节点 RDD 进行 Join，修改节点属性值，并通过 map 操作并行计算每个节点是否要合并。该步操作生成属性值为节点所属社团的 RDD，记为 newVertex。

⑥ 以 newVertex 构造新图 g0，则 g0 通常为一个非连通图，此时调用 GraphX 自带的最大连通组件，从而得到每个节点在本轮的最终归属社团，得到的 RDD 记为 idCommunity。

⑦ 以原图 g 的边 RDD 和 idCommunity 进行两次 leftOuterJoin，把原图中的节点均改为合并后的社团，然后进行去重。

⑧ 此时 newVertex 与 idCommunity 进行 Join，重新计算节点内部度数之和。

⑨ 第 7 步和第 8 步得到的结果重新生成新图 g，并将 g 图进行初始化，作为下一轮计算。

该算法的一个关键步骤在于第 3 和第 4 步两次消息传递，用于得到计算 Q 的参数；另一个关键步骤是第 6 步，该步之前得到了每个节点本轮确定要合并于哪个社团，但是可能会出现节点 3 要合并到节点 2，节点 2 要合到节点 1，节点 6 要合并到节点 5，节点 5 要合并到节点 4 这种情况，如图 8.12 所示。节点目标归属为节点 1、2、3 合并为节点 1；节点 4、5、6 合并为节点 4。但在一个 RDD 中每个节点只能得到它要合并的邻居节点的对象，无法确定本轮最终所属社团。而重新构建非连通图，求解连通区域，则可以将同一个连通区域的点都归为一个社区。以每个节点(节点 ID，所应属社团 ID)作为一条边，则可以通过该 RDD 生成一个非联通的图，对这个非连通图求连通组件，可求得每个节点的最终归属。生成非连通图后，如三个节点归属<1,1>,<2,2>,<3,1>,则经连通组件求解后,1、2、3 节点都归属于节点 1,如图 8.12 中的状态 2,最后节点合并成状态 3。

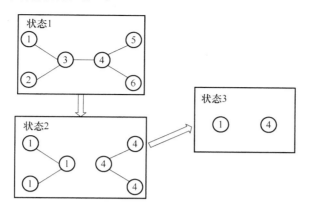

图 8.12　BGLL 算法求连通组件过程图

算法的伪代码表示如下:

***

算法 4　并行 BGLL 算法

***

输入:graph:g(V,E);

输出:result RDD

1 **function** BGLL(g)

2 /* 初始化节点属性与边属性 */

3　　G ← G mapVertices and mapEdges

4　　m ← 2 * G.count

5　　communityrdd ← G.vertice map

6　　degrees ← G.degrees

7　　g ← G.joinVertices

8　**while** num! = 0 **do**

9　　/* 发送边权重,求邻边权重值和 */

10　　　edgemessages ← g.mapReduceTriplets

11　　　g ← g outerJoinVertices edgemessages

12　　　/* 发送邻居节点属性,用于计算模块度 Q */

13　　　vmessages ← g.aggregateMessages

14　　　newVertex ← G.vertices leftZipJoin vmessages and map calculate Q to get
　　　　　　　　　　vertices can be merged

15　　　num ←newVertex.filter and count

16　　　comm ←newVertex.map

17　　　**if** num>0 **then**

18　　　　rawG ← comm fromEdgeTuples

19　　　　idCommunity ← rawG.connectedComponents join comm

20　　　　newedgerdd ← edgerdd leftOuterJoin idCommunity twice to change vertex ID

```
21        newEdge ← newedgerdd reduceByKey and filter to get new edge RDD
22        G ← newEdge fromEdges get new iteration graph G
23        G ← G join G.degrees
24     end if
25   end while
26   result ← community map and reduceByKey achieve each community and it's
                inner vertex
27end function
```

最后要注意的一点是,对于每层迭代时都需要对中间结果进行保存,因为该算法通过每轮迭代合并后图会越来越小,所以需用一个 RDD 记录更新每个节点所属社团,用来得到最终社团归属。该算法非常适合并行,并行化能大大提高计算效率,且该算法稳定性与划分效果都好,因此该算法的并行化很有实际意义。

（3）MNS 算法

MNS 算法是一种基于相似度的社团发现算法,该算法的思想是利用每个节点与其未分类邻接点间的关系进行社团划分,不考虑其他节点的影响,而这个关系就是相似度。因此,该算法需要首先计算任意两点之间的相似度,然后根据节点间的相似度进行合并,而是否合并则需要用户设置这个阈值,这个阈值大致在 0.2 到 0.4 之间。下一步则是对合并后的社团进行重新划分,由于可能有些社团节点数太少,因此需要用户设置最小社团节点数,然后将所有社团内节点数小于该值的点重新划分,原则是根据多数表决法,选择邻居社团 ID 最多的。

MNS 算法是一个基于相似度的社团发现算法,而相似度的计算有多种方式,BDAP 中采用的是 Jaccard 相似度[11],计算方式如下:

$$S_{Jaccard}(i,j) = \frac{|T_i \bigcap T_j|}{|T_i \bigcup T_j|}$$

其中,$T_i \bigcap T_j$ 表示节点 i 和节点 j 共有的邻节点个数。单机算法中,该算法主要分为两部分:第一部分是计算相似度,从未被分类的节点集合中以度最大的节点为开始节点,计算所有与其相邻的未分类节点的相似度,若相似度大于阈值,则将该节点和可以合并的邻居节点划入一个新的社团,并从未分类节点集合中去掉该节点,重复运行,直到未分类节点集合为空;第二部分是统计所有社团节点数,对其中节点数不足的社团内部节点依据多数表决法进行重新划分。

基于 GraphX 的 MNS 算法并行化实现过程如图 8.13 所示,该算法分为两部分。计算相似度的部分如图 8.13 中左部分所示,两个节点之间的相似度的计算首先需要计算两点之间的邻居总数和共有邻居数,因此可以通过发送含有邻居信息的集合,获得含有邻居节点集合的 RDD,再更新原图属性值并通过 mapTriplets 操作计算相似度,再次发送相似度的消息初步得到每个节点所属社团,最后用与 BGLL 算法同样的方式计算连通组件,得到每个节点真正的所属社团。得到初步的社团后,因部分社团可能内含节点数太少,需要对这部分进行重新计算,算法步骤如图 8.13 中的右部分所示,首先把需要重新划分的节点所属社团重新标记为－1L,该值作为未划分节点的标示符,然后利用 GraphX 的 Pregel 模型,向未划分的邻居发送社团 ID,对于未划分的节点选择邻居中最大的社团为其新的社团,直到所有未划分的节点重新完成划分。

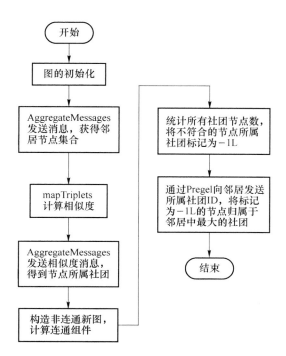

图 8.13　MNS 算法并行流程图

该算法的伪代码表示如下：

算法 5　并行 MNS 算法

输入：graph：g(V,E)；相似度阈值：threshold；最小社团数：minnum

输出：result RDD

1 **function** MNS(g,threshold,minnum)

2　　G ← g mapEdges and mapVertices

3　　/ * 发送邻居节点信息,获得每个节点的邻居集合 * /

4　　neibor ← G aggregateMessages

5　　newVerts ← G. vertices innerJoin neibor

6　　G ← G outerJoinVertices newVerts

7　　thresholdRdd ← g mapTriplets and mapvertices calculate threshold

8　　/ * 发送相似度值消息,生成节点属性为与邻居相似度的 RDD * /

9　　thresholdmsg ← thresholdRdd aggregateMessages

10　　G ← thresholdRdd outerJoinVertices thresholdmsg

11　　idcomm ← G. vertices flatMap to get each vertex's new community

12　　newIdCommunity ← idcomm fromEdgeTuples and connectedComponents

13　　**if** minnum>0 **then**

14　　　　table ← newIdCommunity map and reduceByKey divided too small communities
　　　　　　　　　into not divided

15　　　　G ← G outerJoinVertices table

16　　　　G ← G Pregel send neighbor messages to redivided vertexs which is not divied

17　**end if**

18　result ← G.vertices map and reduceByKey change result format

19 **end function**

　　MNS算法的稳定性较差,它需要两个输入参数,且对输入参数敏感,用户的输入对其影响比较大,但其运算速度快,属于一种高效的算法,也适合进行大规模复杂网络下的社团发现,也适合并行化。

8.3.4　平台使用实例

　　本书设计并实现了一个并行图计算系统,所有集成算法基于 Spark 实现分布式计算,可提供快速准确的分析服务,方便用户对大规模网络进行处理。系统的主界面如图 8.14 所示。接下来介绍各个模块的具体实现。

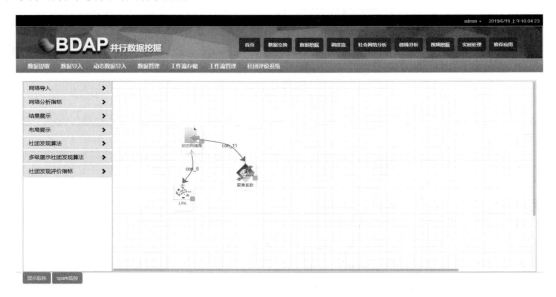

图 8.14　系统主界面

（1）网络导入与管理

　　系统中导入的网络主要有静态网络与动态网络两种,其导入方式是相同的。针对动态网络,用户根据自身需求选择导入多个网络或将其合并成一个网络进行导入。然而,目前网络系统复杂,数据源丰富,网络结构也多种多样,无法直接进行网络分析。这就需要对网络数据进行提取,将其转变为格式标准的数据,这样数据才能作为工作流中下一个组件的输入。图8.15为一个简单的网络提取实例,连边与节点均具有相关属性,仅提取部分数据构成网络。

　　网络导入至系统后,其数据存储在 HDFS 中,其他具体信息存储 MongoDB 中,如网络编号、存储位置、分析记录以及输入路径等,根据输入路径推断出各算法组件计算结果输出路径,用户可以通过向数据库发送请求查看具体信息,如图 8.16 所示。对于无用网络,用户可以进行删除操作,这样存储在 MongoDB 和 HDFS 中的数据都会被删除。

（a）　　　　　　　　　　　　　　　　　（b）

图 8.15　网络提取实例

（a）网络序号　　　　　　　　　　　　（b）查看分析情况

图 8.16　网络数据管理

（2）并行算法组件选择

并行图计算系统实现了多个算法模块，如网络指标分析、静态社区发现以及动态社区发现等，一个模块代表一种类型的算法，每个模块都集成了一些并行算法，以组件形式供用户调用。

网络指标分析模块如图 8.17 所示，基于 Spark，系统开发了 PageRank、HITS 等 10 种算法，实现了大规模网络的基本指标计算，这些指标可以为网络提供基础的结构描述。在静态社区发现模块中，系统集成了并行的 LPA 与 BGLL 算法，这两种算法是经典的静态算法，广泛应用于网络分析领域。

此外，针对网络指标，系统还将其分析状态记录下来，对已分析的指标和未分析的指标进行不同标注，方便用户查看结果。同时，一些社区发现算法可能会用到这些指标，这样根据标记可以直接访问其存储结果，有效避免了冗余计算。

（3）绘制工作流

算法组件的执行依赖于工作流，它将前一个组件保存的信息作为该组件的输入，后台基于用户在面板中配置的参数启动 Spark 程序，然后将算法结果保存，并作为下一个组件的输入。算法组件的集成流程如图 8.18 所示。

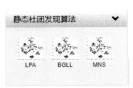

　　(a) 网络分析指标　　　　(b) 社团发现算法

图 8.17　网络分析模块选择

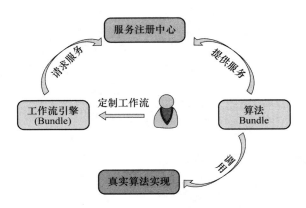

图 8.18　算法组件的集成流程

Bundle 应用是核心内容,用户可通过 Bundle 加载或卸载算法。一方面,将算法以 Bundle 包形式进行封装,并在服务注册中心通过 BundleContext. registerService 注册一个服务对象;另一方面,将工作流以 Bundle 包形式进行封装,当用户合成工作流进行计算时,Bundle 在服务注册中心寻找相关服务并请求使用。实际上,这里的算法 Bundle 包并不是真正的开发程序,而是一个提交程序,其中包含了相关参数的设置与算法 jar 包的调用。

　　绘制一条简单的工作流,从网络导入开始,选择已提取并保存在系统中的网络序号,以及在后面链接想要执行操作的相关组件。图 8.19 中可看出,当前工作流包含计算 k 介数中心性和接近中心性两个操作,可以分别点击算法模块进行参数设置。点击工作流并开始执行,Spark 任务执行结束后,添加文本输出组件,查看计算输出的结果(以 key-value 形式保存)。

（a）网络导入界面

（b）网络分析模块参数选择界面

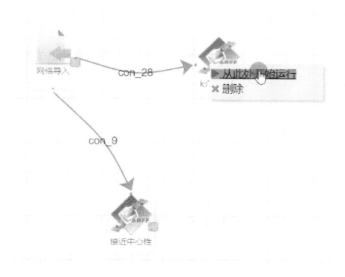

（c）右键运行网络分析模块

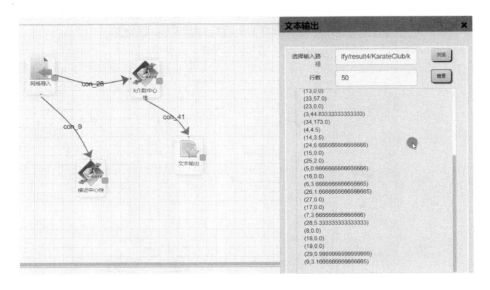

(d) 结果展示

图 8.19　绘制工作流并执行演示

（4）网络可视化

系统提供了两种可视化服务：针对网络的结构展示与针对网络指标分析结果的展示。首先，针对导入系统的网络，可以使用一些组件将其拓扑结构展示出来，使用户可以直观感受网络规模与紧密程度等，系统集成了力导引、树形、中心树形、环形、雷达以及随机布局 6 种布局方式，使用户可以从各种角度观察网络结构。图 8.20 为海豚网络的力导引布局展示与环形布局展示。

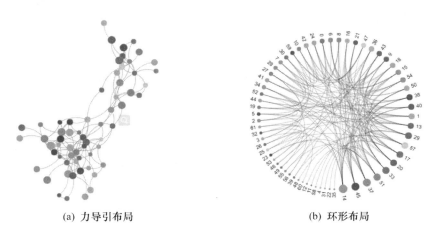

(a) 力导引布局　　　　　　　　　　　　(b) 环形布局

图 8.20　海豚网络的力导引布局展示与环形布局展示

然后，针对网络指标的分析结果，其大部分格式相同，如对度、HITS、聚集系数、PageRank 等指标的分析结果，经过后台的简单处理，可以轻松地使用前端组件将其展示出来。一种展示方式是度分布，统计每个值对应的节点数量，并通过〈值，节点数量〉的形式展示出来，便于用户观察不同值的分布。另一种展示方式是统计分布，将值划分为若干等大小区间，统计每个区间节点数量并计算比例，以〈区间，大于此区间节点比例〉形式展示出来，为图的结构提供更加细致的描述。针对海豚网络的两个展示如图 8.21 所示。

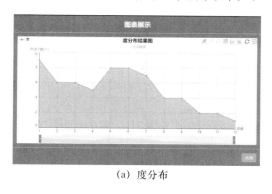
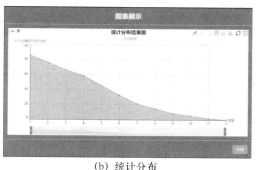

(a) 度分布　　　　　　　　　　　(b) 统计分布

图 8.21　海豚网络的两种展示

8.4　Graph OLAM 大规模多维网络分析框架

近年来包含丰富信息的网络数据大量涌现,这些网络中的节点与边通常具有较丰富的维度,其中蕴含着大量深层次的信息,有待处理和挖掘。针对多维网络数据分析挖掘的研究越来越受到研究人员关注,它旨在通过对现实应用场景中的多维网络数据从拓扑结构与维度属性等角度进行分析,进而挖掘出数据中隐藏的更深层次的不便于直接观察得到的信息,以辅助相关应用场景中决策的确定。

8.4.1　路径-维度立方体模型

现实应用场景中的多维网络数据通常较为复杂,网络中往往具有大量的节点类型与维度属性,根据关系路径聚合网络和关联维度聚合网络的定义,任意给定关系路径集与维度聚合都能衍生出对应的路径聚合网络与维度聚合网络,如何通过合理地构建图数据立方体模型来管理这些聚合网络,以支持高效的分析查询是一个值得研究的问题。

目前针对多维网络图立方体模型的研究,其中较为成熟的是 Wang Pengsen[12]等人提出TSMH 的图立方体模型。TSMH Graph Cube(图立方体)模型是目前针对多维异质网络分析较为成熟的图数据立方体模型。不同于传统的 Graph Cube 模型,该模型将聚合网络划分为维度的聚集网络和关系元路径的聚集网络。在立方体结构上,该模型采用了嵌套立方体结构,将立方体划分为实体超立方体和维度立方体两部分。图 8.22 给出了一个 TSMH 图立方体模型的样例,该多维网络中包含 4 种类型的实体以及每种实体对应的维度属性,如图 8.22 所示,实体超立方体按照关系元路径聚集进行组织,其中每个 cuboid(维度立方体的组成单元)嵌套一个维度立方体,维度立方体的每个 cuboid 对应了一个可能的聚合网络。

TSMH 图立方体模型以元路径为基础,极大地丰富了网络中节点之间关系的类型,解决了多维异质网络 Graph OLAP(在线联机分析处理)的问题。然而该模型也存在着一定的缺点,例如,该模型每条关系元路径聚集都对应着一个完整的维度立方体,但由于网络的连通性,关系元路径的聚集是不固定的,因此维度立方体也是不固定的,这样的设计带来了较大的物化难度；另外，两条包含相同实体类型的关系元路径的节点按照维度聚集是相同的，仅仅边的类型不同，因此模型存在大量的冗余存储，在网络规模较大时，物化的过程较为耗时且对存储的压力较大。

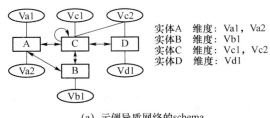

(a) 示例异质网络的schema

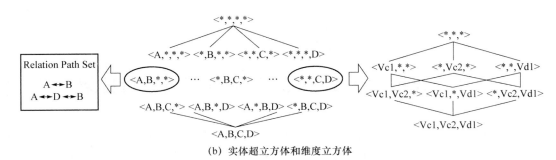

(b) 实体超立方体和维度立方体

图 8.22　TSMH 图立方体模型结构样例

　　由于该模型中实体超立方体的每个方体都对应一个完整的维度立方体，其数量是不固定的，这样的设计带来了较大的物化难度，且造成了维度立方体中大量的冗余存储；另外，模型的实体超立方体针对路径聚合网络构建方体，这样的结构导致了其大量的关系路径计算不可复用，物化时需要消耗大量的计算时间。上述弊端导致了 TSMH 模型更适合针对网络规模较小的多维网络进行建模，因为较大的数据规模会带来极大的计算与存储压力。

　　针对这些问题，本书借鉴了嵌套立方体结构，设计了路径-维度立方体模型[13]。假设存在一组多维网络数据，原始网络中存在四种实体类型：A、B、C、D，其中，A 实体包含 a1、a2 和 a3 三个维度的属性，与之类似，B、C 分别包含两个维度的属性，D 包含三个维度的属性，实体之间关系的模式图如图 8.23(a)所示。针对该网络构建路径-维度立方体模型，两个立方体模型结构分别如图 8.23(b)所示。路径-维度立方体模型采用了嵌套立方体结构，整体结构可以分为两部分：路径立方体与维度立方体。路径立方体的节点对应多维网络中的每种实体类型，每个边保存着源节点、目的节点，分别为该边连接的两种实体间所有可能的简单关系路径物化后的边，其中简单关系路径指的是关系路径中不存在重复的实体类型。例如，实体 A 与实体 B 之间所有的简单关系路径有两条，分别为 A-B 与 A-C-B，因此，图 8.23(b)中 A 与 B 之间的边保存着这两条关系路径物化后的边集。另外，路径立方体的每个节点嵌套了该实体对应的维度立方体。每种类型的实体对应一个实体立方体，每个相连的方体可以通过一定的计算进行转化，维度立方体的数量是固定的，这减小了物化与存储的压力。

　　相比于 TSMH 图立方体模型，路径-维度立方体模型采用了不同的立方体嵌套方式。TSMH 图立方体模型中实体超立方体与维度立方体是两种完整的立方体结构，实体超立方体中的每个方体都存储了一个完整的路径聚合网络，实体超立方体与维度立方体间通过聚合网络连接，因此维度立方体的数量是不定的，这是导致其预物化计算量较大的主要原因。而路径-维度立方体模型中的两种立方体是一个完整的高维立方体在低维不同层次上的映射,同时路径立方体中只存储物化后的简单关系路径,可解释性较差的、长度较长的关系路径则可以通过对路径立方体中已物化的简单关系路径进一步聚合得到,维度立方体则针对实体来构建,进一步降低了冗余存储,且更便于物化算法的设计,降低了物化的计算量与存储空间的占用。基于路径-维度立方体模型,关系路径上卷/下钻操作与关联维度上卷/下钻操作都可以基于路径-维度立方体模型实现,一个聚合网络的生成过程可以分解为两部分:首先在路径立方体中根据分析需求找到待查询的聚合网络中的全部聚合边,然后根据分析需求在维度立方体中将节点聚合成聚合点。

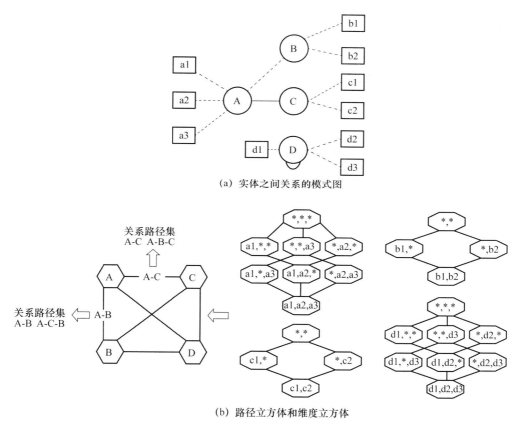

（a）实体之间关系的模式图

（b）路径立方体和维度立方体

图 8.23 路径-维度立方体模型

8.4.2 Graph OLAP 简介

在传统的关系型数据库领域,OLAP 技术是一种数据动态分析模型,它是由关系数据库之父——Edgar Frank Codd 在 1993 年提出的[14]。OLAP 技术是对数据进行多维分析的有效工具,经过多年的 OLAP 理论

OLAP 概述

研究和发展,OLAP 操作逐渐丰富,切片、切块、上卷、下钻等常见操作能够满足大部分用户的分析需求。它能够针对多维数据建立多维度和多层次的数据立方体,并以一种称为多维数据集的多维结构访问来自商业数据源并经过聚合和组织整理的数据,支持复杂的分析操作,能够

动态合成、分析和整合大量的多维数据,以支持有效的决策[15]。但网络结构不同于传统的关系型数据,网络中除了包含维度和事实外,还包含了丰富的拓扑结构,用户所要分析的对象不只包括实体节点,还包括实体间的相互联系。因此,传统的 OLAP 技术无法直接应用于多维网络分析。直到 2007 年,吴巍[16]试将传统 OLAP 分析拓展到面向连接的分析,提出了一种 Link OLAP 概念,通过将面向实体的分析延伸到面向链接的分析,Link OLAP 这一概念可以在某些存在大量基于链接信息的大规模复杂网络下提供比传统 OLAP 更杰出的解决方案,并且这一做法打破了传统 OLAP 系统中仅用单一的表格或文字的形式来表示网络的处理方式,直接将其进行可视化处理,提供了友好的可交互的可视化用户接口。Link OLAP 突破了以往传统 OLAP 系统中单调的二维表格表现方式,才得以对多维网络数据进行一些简单的多维分析。然而 Link OLAP 只是对传统 OLAP 的进一步拓展,并没有系统阐述如何对多维网络数据进行 OLAP。

Graph OLAP 概念是由 Chen Chen 等人[17]于 2008 年提出的,他们将 OLAP 技术引入到图数据的分析当中,并针对如何对图数据进行 OLAP 阐述了相关理论与概念。他们提出的 Graph OLAP 模型,将节点与边的维度划分为信息维与拓扑维,分别针对信息维与拓扑维设计了对应的 OLAP 操作,并在随后的研究中给出了相应优化策略与算法。针对信息维的操作被称为 I-OLAP 操作,这种类型的操作不会改变原始图的节点分布与对象类型,相关操作包括信息维的上卷、下钻、切片操作。与之类似,针对拓扑维的相关操作被称为 T-OLAP 操作,包括在拓扑维上的上卷、下钻、切片操作等。但与信息维 OLAP 不同,拓扑维的相关操作会改变网络的拓扑结构。基于 Graph OLAP 的概念,李川等人[18]对 Graph OLAP 中多维网络数据模型进行了完善,提出了双星模型。该模型分别针对节点和边构建事实表作为模型的核心,边事实表与节点事实表通过节点 ID 相互关联,边事实表周围围绕着若干信息维表,节点事实表周围围绕若干拓扑维表。在双星模型的基础上,李川等人分别设计实现了信息维与拓扑维对应的聚集算法,并开发了 Graph OLAPer 1.0 原型系统,相关实验证明该模型能够对科研合作网络进行有效分析。针对多维网络 OLAP 的研究,最初的研究成果大多围绕 Graph OLAP 的数据仓库模型以及算法设计进行考虑,随后一些研究者对这些研究内容进行了拓展,围绕图立方体模型进行了更为深入的探讨。Zhao Peixiang 等人[19]在对传统的数据仓库进行研究的基础上,提出了针对多维网络分析的 Graph Cube 模型,并引入了一个新的查询操作 Crossboid,可以支持将 OLAP 技术应用在大型多维网络上。将方体查询引入图数据分析上奠定了后续基于图数据立方体的 Graph OLAP 技术的研究方向。Wang Zhengkui 等人[20]在已有研究的基础上,提出了一种名为 Pagrol 的超图立方体模型,以聚合不同粒度和级别的属性图。在 Hyper Graph Cube 的基础上,Pagrol 提供了一个基于 MapReduce 的高效并行图 Cubing 算法 MRGraph-Cubing 来计算属性图的图形立方体,并采用了许多优化技术进一步推动了后续针对嵌套立方体结构的研究。Yin Mu 等人[21]为了解决多维异质网络分析的问题,在原始拓扑维和信息维的基础上引入了实体维,提出了 HMGraph OLAP 立方体模型,以挖掘多维复杂异构网络中不同实体之间的关系。然而,HMGraph OLAP 框架虽然提供了更多的维度和操作,但是并没有在并行框架中实现,因此在对大规模图数据的处理上稍显不足。随后,Wang Pengsen 等人[12]采取嵌套立方体结构设计了两步多维异构 TSMH 图立方体模型,引入元路径的概念,进一步完善了多维异质网络分析的理论基础,设计了元路径聚合算法和实体维度分层编码,提高了操作的效率,并应用 Spark 框架优化了物化算法。Dan Yin 等人[22]针对大规模异质网络的灵活分析聚合进行了更为深入的探讨,通过考虑属性和结构,他们提出了一种基于图熵的新函数来测量节点的相似性,并设计了一个启发式聚合算法,通过两阶段的聚合(信息聚合和结构聚合),可支持多维网络分析问题。Ewa Guminska 等人[23]将演化网络分析与 Graph OLAP 分析技术相结合,针对时序网络数据设计了 EvOLAP 立方体模型,将 Graph OLAP 技术引入网络演化分析中,支持对操作和历史数据的分析查询,并发现图形方案中的变化,解决了使用 OLAP 功能增强图形数据库的问题,能够直接在图形数据库上发布分析查询,而无须构建专用的传统数据仓库。Wararat Jakawat 等人[24]提出了"用立方体丰富图形而不是构建图形立方体"的想法,尝试引入图挖掘技术对多维网络数据进行预处理,以丰富原始数据中的维度信息,进而支持复杂的多维网络分析。Yin Dan 等人[25]在随后的研究中研究了异构信息网络上的立方体查询问题,更是针对如何进行更高效的立方体检索进行了讨论,提高了对多维异质网络分析的效率,并提出了一种新的异构信息网络立方体模型,它能够捕获属性和结构语义。随后,基于聚合图中属性依赖和路径依赖之间的两个有趣的依赖关系,Yin Pan 等人提出了一种用于部分立方体实现的贪婪算法。在 2019 年的研究中,Seok Kang 等人[26]为了使 Graph OLAP 操作在 Spark 环境下展现更加卓越的计算性能,利用 Spark 的优势,针对计算图立方体的部分做出了优化,提出了 GraphNaïve 和 GraphTDC 算法,还提出了生成多维表格的方法以及通过创建一个多维表格来表示图结构。

在这些研究中,网络数据的分析是通过对顶点和边聚合来进行的,以支持分析人员挖掘和理解网络数据中隐藏的信息。然而上述现有的针对 Graph OLAP 的研究工作主要集中在探讨如何在网络数据上进行 OLAP,如何构建图数据立方体模型,以及图数据立方体模型如何进行物化等,且被提出的操作大多继承自传统的 OLAP 技术,如上卷、下钻、切片、切块、top-K 查询等,分析方法与分析角度较为单一,在对多维网络数据进行更深层次的分析挖掘的能力上稍显不足。随着传统的图挖掘技术经过长期的研究发展,相关理论也在不断完善。常见的图挖掘算法有社区检测、子图挖掘、链路预测、中心性度量、K-core 分析等,这些算法大多以图论为基础,通过探究网络拓扑结构中隐藏的信息(如网络的无标度特性、小世界效应、聚类系数等)来描述网络的特征,尽管这些分析技术能够探究网络中节点与边内在的关联关系,但相关研究也指出[27],应用传统图挖掘算法对网络数据进行的分析挖掘通常具有一定的局限性。在多维网络分析领域,一些研究也尝试在 Graph OLAP 分析中引入部分图挖掘技术,尽管这些研究拓展了传统 Graph OLAP 分析的分析角度,但仅停留在将图挖掘算法作为 Graph OLAP 分析的预处理阶段,并没有针对如何将 Graph OLAP 技术与图挖掘技术有效结合进行更为深入的探讨,因此提出的框架分析能力十分有限,并不能完全发挥 Graph OLAP 技术与图挖掘技术的优势。

另外,在数据仓库(DW)、数据挖掘(DM)和 OLAP 技术基础上建立起来的联机分析挖掘(OLAM)技术的发展也存在许多阻碍。多年前,韩家炜[28-29]就在传统关系型多维数据分析领域中提出了 OLAP mining(多维数据挖掘)的概念,试图将 OLAP 技术与数据挖掘技术相结合,它的出现为企业管理和决策活动提供了一个新的工具,也为决策支持系统的研制提供了新思路。但这实际上是在 OLAP 系统的基础上,把数据分析算法、数据挖掘算法引入进来,以解决多维数据环境的数据挖掘问题。因此这时的 OLAM 实际上还是 OLAP 和 DM 的松散结合。之后,国内外研发人员在这方面展开了积极的工作,试图将 OLAP 与 DM 技术有机结合,形成真正的 OLAM 技术和产品。例如,曹蓟光[30]等人就对 OLAM 的概念进行了扩展,将其定义为联机分析挖掘处理(on-line analytical mining processing),其分析和挖掘的数据基础也扩大成包括多维数据模型和关系数据模型等在内的多种模型的异构环境,研究重点在如何实现 OLAP 与 DM 技术紧密集成。就目前来看,OLAM 的结构体系还没有统一的模式。国内一些文献在这方面做了一定的研究,提出了一些 OLAM 模型。例如,刘夫涛等人[31]认为 OLAM 体系结构和 OLAP 并没有本质区别,结构可以统一,并结合 Web 技术,提出了基于 Web 技术的 OLAM 模型。曹蓟光等人给出了 OLAM 概念模型、逻辑模型和物理模型,其中的概念模型指出了必须执行的功能以及这些功能之间的关系,逻辑模型把概念模型中所定义的结构映射到可用软件、过程和体系结构的环境中,它是基于技术类型对基本设计原则的细化,是连接概念模型和物理模型的桥梁。石磊等人[32]提出了基于影响域的 OLAM 模型,与之不同的是,曹蓟光等人将 OLAM 的体系结构分为 4 层:数据存储层、多维数据库层、OLAP/OLAM 层和用户接口层,如图 8.24 所示。这些都是对建立 OLAM 模型结构的可喜探索。总之,设计一种高效、优化的 OLAM 体系结构,是 OLAP、DM 和 DW 3 种技术完善集成的重要保证,也是支持 OLAM 系统提供灵活可靠决策功能的硬件基础,这已成为研究人员正在努力解决的重点问题之一。

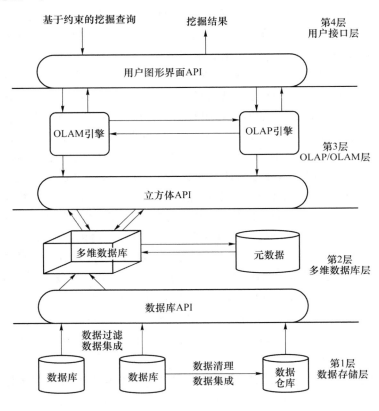

图 8.24　OLAM 体系结构图

8.4.3　基于路径-维度立方体的大规模多维网络分析框架

图 8.25 为 Graph OLAM 大规模多维网络分析框架,该框架从结构上划分为三个层次。

（1）存储计算层

框架的最底层为存储与计算层,该层为整个框架的运行提供分布式存储与并行计算能力。在集群上搭建的 HDFS 作为框架最底层的存储载体。

在系统存储部分,系统将数据划分为两种类型。一种数据是静态存储的网络数据,如原始网络的拓扑结构、网络中节点或边的维度属性、立方体中已经物化后的数据等,这些数据由于已经完成物化并不需要频繁修改,因此本系统中将这种类型的数据存储在 HBase 中或直接存储在 HDFS 中。同时由于 HBase 的宽表特性,每一行所对应的列数不固定,因此支持动态的增加和删减,便于维度 Graph OLAM 操作的实现。另一种数据为系统在运行时产生的临时网络片段,在运行一个 Graph OLAM 工作流时,一个操作产生的网络片段可能会被后续多个操作作为输入,为了提高系统的 IO 性能,本系统中架构了 Alluxio 平台,这些热数据将直接存储在 Alluxio 上,避免频繁读取数据产生硬盘 IO 消耗。在系统的分布式计算引擎部分,系统以 Spark 为核心,架构了 GraphX、SparkSQL 等框架,这些框架一方面为图数据挖掘算法提供了强大的分布式图并行计算能力,另一方面也为基于 Graph Cube 实现的相关操作、算法提供了并行计算能力。

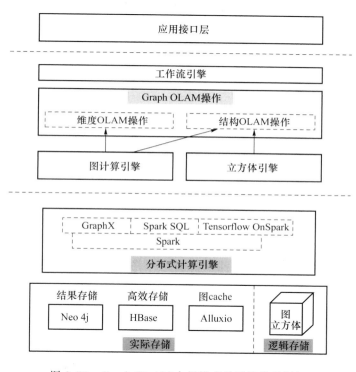

图 8.25　Graph OLAM 大规模多维网络分析框架

（2）分析引擎层

框架的中间部分为系统的分析引擎层。作为框架的核心,分析引擎层完成了各类 Graph OLAM 操作和工作流的相关实现。在存储计算层提供的分布式计算引擎的基础上,该层提供丰富的 Graph OLAM 操作。在这一层主要实现了两个引擎:

立方体引擎(cube engine)。通过立方体引擎,可以完成对图数据立方体的构造、路由以及查询,所有的聚合网络都通过该引擎进行构造和组织。另外,以立方体为基础的 Graph OLAM 操作的核心算法可通过该引擎实现,如关联维度上卷、下钻操作,关系路径上卷、下钻操作中的各种聚合算法。这些操作在对图数据立方体上进行查询的基础上进一步计算而获得快速的响应。

图计算引擎(computing engine)。图计算引擎负责基于分布式计算框架并行化地实现的图挖掘算法,如 PageRank 中心性操作、度中心性操作、PSCAN 社区发现操作、子图检索操作中的核心算法实现。该引擎提供已完成的内部实现的图挖掘算法,向上层暴露出算法的接口,便于上层进一步的调用和封装。

基于以上两个引擎,上层将实现的核心算法进一步封装为 Graph OLAM 操作,并在顶部实现了一个工作流引擎,实现了工作流中操作的提交与调度。

（3）应用接口层

框架的最顶层为应用接口层,框架将相关功能以接口的形式暴露给用户,用户可以更专注于图数据分析的分析逻辑,设计并提交工作流给分析引擎,而不用关心底层各个操作的具体实现。每个操作具体由哪个引擎实现,按照什么调度算法进行执行等问题由框架统一进行处理。

本章参考文献

[1]　Gonzalez J E，Xin R S，Dave A，et al. graphx: graph processing in a distributed dataflow framework [C]//OSPI' 14 Proceedings of 11th USENIX Conference on Operating Systems Design and Implementation. Berkeley:USENIX Assoication 2014.

[2]　Malak M S. Spark GraphX in Action[M]. [S. l.]:Manning Publications Co. ,2016.

[3]　BrinS , Page L . The anatomy of a large-scale hypertextual web search engine[J]. Computer Networks and ISDN Systems，1998，30(1-7):107-117.

[4]　Liu Yang , Wu Bin, Wang Hongxu, et al. BPGM: a big graph mining tool[J]. Tsinghua Science and Technology，2014，19(1):33-38.

[5]　卜尧，吴斌，陈玉峰，等. BDAP——一个基于 Spark 的数据挖掘工具平台[J]. 中国科学技术大学学报，2017(4):358-368.

[6]　韩忠明,吴杨,谭旭升,等.面向结构洞的复杂网络关键节点排序[J].物理学报,2015,64(5):429-437

[7]　Burt R S. Structural holes : the social structure of competition[M]. [S. l.]:Harvard University Press，2010.

[8]　杨博，刘大有，Liu Jiming,等. 复杂网络聚类方法[J]. 软件学报，2009，20(1):54-66.

[9]　骆志刚，丁凡，蒋晓舟，等. 复杂网络社团发现算法研究新进展[J]. 国防科技大学学报，2011，33(1):47-52.

[10]　Xie Jierui, Szymanski B K. Community detection using a neighborhood strength driven label propagation algorithm [C]//2011 IEEE Network Science Workshop. [S. l.]:IEEE,2001.

[11]　Real R，Vargas J M . The probabilistic basis of jaccard's index of similarity[J]. Systematic Biology，1996，45(3):380-385.

[12]　Wang Pengsen,Wu Bin,Wang Bai. TSMH graph cube: a novel framework for large scale multidimensional network analysis [C]// 2015 IEEE International Conference on Data Science and Advanced Analytics (DSAA). Paris:IEEE,2015.

[13]　张子兴. 基于分布式平台的 Graph OLAM 大规模多维网络分析挖掘系统的研究与实现[D].北京:北京邮电大学,2019.

［14］ Codd E F，Codd S B，Salley C T. Providing OLAP (on-line analytical processing) to user-analysts：an IT mandate［M］. ［S. l.］：Codd and Associates，1993.

［15］ Bachman M. GraphAware：towards online analytical processing in graph databases［Z］. 2013.

［16］ 吴巍. 复杂网络可视化与 Link OLAP［D］. 北京：北京邮电大学，2007.

［17］ Chen Chen，Yan Xifeng，Zhu Feida，et al. Graph OLAP：a multi-dimensional framework for graph data analysis［J］. Knowledge and Information Systems，2009，21(1)：41-63.

［18］ 李川，赵磊，唐常杰，等. Graph OLAPing 的建模、设计与实现［J］. 软件学报，2011，22(2)：258-268.

［19］ Zhao Peixiang，Li XiaoLei，Xin Dong，et al. Graph cube：on warehousing and OLAP multidimensional networks［C］// Proceedings of the 2011 ACM SIGMOD International Conference on Management of Data. ［S. l.］：ACM：2011.

［20］ Wang Zhengkui，Fan Qi，Wang Huiju，et al. Pagrol：parallel graph olap over large-scale attributed graphs［C］// 2014 IEEE 30th International Conference on Data Engineering. Chicago：IEEE，2014.

［21］ Yin Mu，Wu Bin，Zeng Zengfeng. HMGraph OLAP：a novel framework for multi-dimensional heterogeneous network analysis［C］// Proceedings of the Fifteenth International Work- Shop on Data Warehousing and OLAP. ［S. l.］：ACM，2012.

［22］ Yin Dan，Gao Hong. A flexible aggregation framework on large-scale heterogeneous information networks［J］. Journal of Information Science，2017，43(2)：186-203.

［23］ Guminska E，Zawadzka T. EvOLAP Graph-Evolution and OLAP-aware Graph Data Model［C］// International Conference：Beyond Databases，Architectures and Structures. ［S. l：s. n.］，2018.

［24］ Jakawat W. Graphs enriched by Cubes (GreC)：a new approach for OLAP on information networks［D］. Lyon：Université de Lyon，2016.

［25］ Yin Dan，Gao Hong，Zou Zhaonian，et al. Minimized-cost cube query on heterogeneous information networks［J］. Journal of Combinatorial Optimization，2017，33(1)：339-364.

［26］ Kang S，Lee S，Kim J. Distributed graph cube generation using Spark framework［M］// The Journal of Supercomputing. ［S. l.］：Springer，2019.

［27］ Riazi S，Norris B. GraphFlow：Workflow-based big graph processing［C］// 2016 IEEE International Conference on Big Data (Big Data). Washington：IEEE，2016.

［28］ Han Jiawei. OLAP mining：an integration of OLAP with data mining［M］//Patemining and Reverse Engineering. ［S. l.］：Springer，1997.

［29］ Han Jiawei，Chang K C C. Data mining for webintelligence［J］. Computer，2002，35(11)：64-70.

［30］ 曹蔺光、联机分析挖掘处理技术(OLAM)的研究［D］. 杭州：浙江大学，2001.

［31］ 刘夫涛，张雷，艾波. OLAM 以及基于 WEB 的 OLAM［J］. 计算机工程与应用，2000(9)：108-109.

［32］ 石磊，石云，刘欲晓，等. 基于影响域的 OLAM 模型的研究［J］. 郑州大学学报(自然科学版)，2000，32(2)：16-20.

第 9 章
网络科学应用

本章思维导图

随着研究的不断深入和现代信息技术的进步,网络科学在实际中的应用也越来越广泛。本章首先简要介绍了网络科学理论在在线社交网络分析领域的应用,包括虚拟社区发现、在线社交网络影响力分析和信息传播规律;其次,介绍了知识图谱的定义与架构构建技术以及应用。接着介绍了复杂网络的鲁棒性研究;再次,介绍了社会计算的兴起、发展以及其主要研究内容,并对用户画像做了简要的介绍;最后,结合网络科学在实际系统中的应用,分别介绍了学者画像系统应用实例、微博信息传播可视化工具,以及知识图谱搜索。本章思维导图如图 9.1所示。

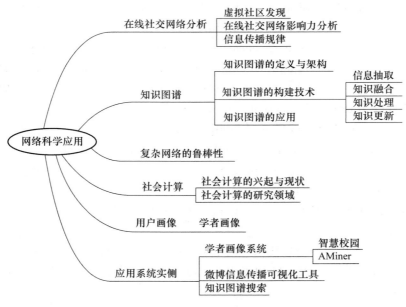

图 9.1 本章思维导图 9

9.1　在线社交网络分析

在线社交网络是一种在信息网络上由社会个体集合及个体之间的连接关系构成的社会性结构,包含关系结构、网络群体与网络信息 3 个要素,其中,社交网络的关系结构是社会个体成员之间通过社会关系结成的网络系统[1]。个体也称为节点,可以是组织、个人、网络 ID 等不同含义的实体或虚拟个体,而个体间的相互关系可以是亲友、动作行为、收发消息等多种关系。社交网络分析(social network analysis)是指基于信息学、数学、社会学、管理学、心理学等多学科的融合理论和方法,为理解人类和各种社交关系的形成、行为特点分析以及信息传播的规律提供的一种可计算的分析方法[2]。随着互联网的发展,网络结构所反映的地域性因素减弱,使得传统线下社交网络中的地域约束越来越弱了,跨地域的线上社会关系成社交网络的重要形式。基于互联网的社交网络已经成为人类社会中社会关系维系和信息传播的重要渠道和载体,对国家安全和社会发展产生着深远的影响:①社会个体通过各种连接关系在社交网络上构成"关系结构",包括以各种复杂关系关联而成的虚拟社区;②基于形成的社交网络的关系结构,大量网络个体围绕着某个事件而聚合,并相互影响、作用、依赖,从而形成具有共同行为特征的"网络群体";③基于形成的社交网络关系结构和网络群体,各类"网络信息"得以快速发布并传播扩散形成社会化媒体,进而反馈到现实社会,从而使得社交网络与现实社会间形成互动,并对现实世界产生影响。虚拟的社交网络和真实社会的交融互动对社会的直接影响巨大,所形成的谣言、暴力、欺诈、色情等不良舆论会直接影响国家安全与社会发展。社交网络分析理论已经有广泛的应用领域,如政治选举、反恐、商业智能、舆情监测等。以政治竞选为例:特朗普在 2016 年成功赢下大选后表示,他在 Facebook、Twitter 和 Instagram 等社交媒体上有很多粉丝,这是一种巨大的力量,他认为这种优势帮助他赢得了此次大选。特朗普还称:"他们(竞选对手)花的竞选资金远比我多,但社交媒体有着更大的威力。我认为在一定程度上我证明了这一点。"2008 年 9 月,为了赢得大选,奥巴马竞选团队打造了一个社交网络分析团队,并针对不同类型的人定向发布不同的施政主张,有人称呼奥巴马为第一位"社交网络总统"。接下来,本节将简要介绍在线社交网络分析领域几个重要的研究方向,包括虚拟社区发现、影响力分析和信息传播。

9.1.1　虚拟社区发现

虚拟社区发现是社交网络分析的必备功能。在社会学领域,社区是一群人在网络上从事公众讨论,经过一段时间,彼此拥有足够的情感之后,所形成的人际关系的网络。社交网络中存在关系不均匀的现象,有些个体之间关系密切,有些关系生疏,从而在常规的社区之上围绕某一个焦点又形成了联系更为密切的社区形式,这可以看作社交网络中的虚拟社区结构。

虚拟社区结构是在线社交网络的一种典型的拓扑结构特征。在新浪微博、Facebook 等在线社交网络中,通过挖掘社区可以发现用户联系的紧密情况,获得用户之间的社交关系以及社会角色,并进一步结合社区内用户观点、行为等分析,有助于理解网络拓扑结构特点、揭示复杂系统内在功能特性、理解社区内个体关系/行为及演化趋势。社区发现的研究工作具有很多现实意义,在个性化信息服务方面的表现极为突出,有效地发现社区结构后,可进一步地根据社区中成员的需求喜好、兴趣、位置区域和行为方式等,为他们推荐和提供特定的服务。如果将复杂网络模型转化为一张包含众多节点和连边的图,那么社团结构就是一张特殊的子图。它由一些相似的相互连接的顶点构成,并且保证同一社区内部的节点间连接密度要高于不同社区间的连接密度。寻找网络中存在的不相交社区结构的过程称为社区发现。一个展现网络中存在 3 个社区结构的简单例子如图 9.2 所示。社区发现是复杂网络分析中的热点研究问题,具有非常广泛的应用价值。它对了解系统的行为和个体的属性起着重要作用,为人们理解网络拓扑和功能结构提供帮助,为利用和改造网络提供支持。因此,如何找到网络中存在的社区结构成为专家学者们广泛关注的问题[3]。

目前,社区发现已经成为一个涉及计算机科学、语言学、物理学、生物学、社会学等研究领域的一门交叉研究课题。社区发现的研究工作在很多学科中具有实际应用意义。在计算机科学领域,社区发现可以用来确定并行处理中相似社团特征;在生物学领域,社区结构可以用来分析预测蛋白质的功能;在社会学领域,社区结构可以帮助分析社会人员的职业流动。总之,研究社区结构在交友社会关系推荐、广告精准投放、舆论情报预警和挖掘等应用领域都有重要的理论价值和应用意义。

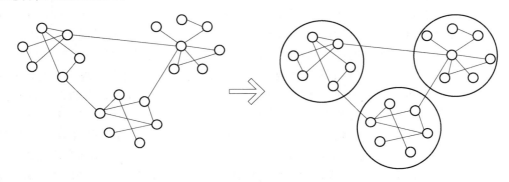

图 9.2　具有社区结构的网络示意图

随着对社区发现问题研究的日趋深入和具体,人们意识到网络中存在着节点同时属于多个社团的情况,即网络中社区结构具有一个重要性质——重叠性。一般而言,社会网络中,每个成员会因喜好的多样性同时隶属于多个自己感兴趣的团体;语义网络中,每个单词会因其具有的多个词义或词性而同时属于多个社区;科学家合作网中,有些研究者会同时涉及多个研究领域;计算机网络中,路由器会处在不同子网之间中,负责地址转换工作。正是由于这样特殊个体的存在导致网络中的社区结构出现了重叠的可能性。网络中那些同时隶属于不同社区的节点被称为重叠节点,和某些社区之间共享重叠节点的社区被称为重叠社区。图 9.3 给出了包含 4 个重叠社区结构的网络拓扑结构。对网络中存在的重叠社区进行研究可以得到大量极具价值的信息,对了解社区和社区之间的关系有着重要的意义,对重叠节点的研究有助于分析个体具有的多功能性,在控制病毒传播、路由优化和识别恐怖分子等方面具有深远意义。

对于网络中个体存在的多种身份,如果单纯地将网络划分成彼此独立不相交的若干社团结构,必然导致不精确的划分结果,非重叠的划分结果在一定程度上无法反映出真实的网络结构,从而影响对网络的深入分析和研究,因此,重叠社区发现的研究工作变得极为重要。网络结构中存在着重叠性的特点,这增加了网络社区结构研究工作的复杂程度,如何快速有效地挖掘网络中的重叠社区结构引起很多专家学者们的关注,重叠社区发现已经成为一个热点研究问题。

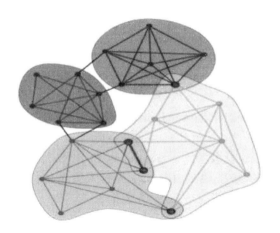

图 9.3　具有重叠社区结构的网络示意图

　　传统的社会网络分析方法专注于静态网络的研究,主要研究如何在网络中确定有意义的社团结构。但是在许多复杂网络中,实体间的交互随时间动态变化,而网络的变化必然导致其中的社区结构也随着时间有所变化。例如,动态网络中一个由球员组成的社区结构会由于有些原有球员离开,一些新球员加入,甚至球队解散而产生变化,社区结构会随着时间变小、变大甚至消失。又例如,一个政治团体里的成员在总统选举前的兴趣要高于总统选举之后的兴趣,成员们会根据兴趣变化改变曾经依赖的团体。这样随着时间变化而导致结构发生变化的社区就称为动态社区。图 9.4 给出了动态网络中一个社团在不同时刻下的变化状况的例子。

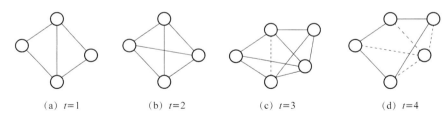

|(a) $t=1$|(b) $t=2$|(c) $t=3$|(d) $t=4$|

图 9.4　动态网络中一个社团在不同时刻下的变化状况

　　动态社区发现主要目标是发现不同时刻下的社区结构,主要研究的是发现动态社区结构的方法,以此来揭示网络中隐含的不断动态变化的社区结构。一般情况下,动态社区发现的前提是假设社区变化相对平缓(社区变化波动不大)并且网络变化中会含有核心稳定的社区结构。在节点及节点间连接关系会随着时间不断发生变化的动态网络中,如何有效地获取网络在各个时刻下的社区结构并发现每个社区的相对变化情况,对分析网络起到至关重要的作用。利用社区动态变化可以预测出疾病在人群中可能的传播趋势,利用变化社区中存在的稳定核心社区结构,并对其中的核心节点进行重点推荐,可以提高产品推广的成功率。总之,动态社区结构的发现对于了解网络中的结构特征、预测网络演变趋势、发掘网络中的危机事件具有重要研究前景和应用意义。网络存在的动态性增加了网络社区发现问题研究的复杂性,而针对静态网络的分析因为其不考虑动态网络中时间的参与而丢失了捕捉社区进化模式的机会,在一定程度上无法反映出网络中社区变化的动态性特点,影响网络分析结果的准确性。因此,关于动态社区发现的研究引发学者广泛关注,它已成为社区发现研究工作中一个热点问题。

9.1.2　在线社交网络影响力分析

影响力分析是社交网络分析的重要内容。社交影响力可以通过用户之间的社交活动体现出来,表现为用户的行为和思想等受他人影响发生改变的现象。自从 20 世纪 50 年代 Katz 和 Lazarsfeld 发现社交影响力在社会生活和决策确定等方面发挥重要作用至今,影响力分析在多个领域得到广泛应用,如推荐系统、社交网络信息传播、链路预测、病毒式营销、公共健康、专家发现、突发事件检测和广告投放等[4]。Domingos 和 Richardson 对用户影响力及其在营销网络中的传播规律首先展开探索,其后计算机学界投入大量精力到相关问题的研究之中。人们发现,具有广泛影响力的用户在创新采用、社会舆论传播和导向、群体行为形成和发展等方面具有重要作用,而且通过口口相传(word of mouth)的影响力传播方式,商业营销能以较低费用将新产品推广到整个社交网络,从而产生较大的社会影响和商业价值。

早期工作中,对影响力在社会活动中的表现和相关因素进行了探索和分析,对社交影响力的作用模式和产生机制进行了深入研究,发现了很多与影响力相关的社会现象及其深层原理。但是当时的研究样本空间较小,能够获取的数据量有限,急需大量客观数据的支持和验证。

随着 Web 2.0 技术的迅速发展和在线社交网络的迅速普及,研究人员首次有机会在海量交互信息和大规模社交网络中综合分析和研究用户之间的各种复杂关系。影响力研究转而以在线社交网络产生的丰富数据为支持,建立各种影响力分析模型和广泛使用多种量化技术,对用户本身体现出来的影响力、用户在线交互过程中表现的彼此影响、用户及其所在社团之间的相互作用以及影响力随时间的演化等诸多问题进行了研究和探讨,既验证和扩展了早期的很多假设和理论模型,同时也观察到更多有趣的现象和规律,而且在新的研究环境下发现了大量与社交影响力相关的科研问题和应用场景。异构网络中的影响力分析、资源受限的影响力传播、隐性影响力度量、群体影响力分析等问题都是当前的研究热点。

总体而言,在线社交影响力分析主要涉及三个方面的内容:

① 影响力自身的识别。由于影响力概念本身具有较强的因果性,因此如何从繁杂的因素中鉴别影响力和相关要素的区别与联系,就成为首先面临的问题。

② 社交影响力的度量。在对社交影响力定性识别的基础之上,面对复杂多变的社交关系,如何设计和选择既具有一定普适性,同时又能充分发掘社交网络特性的度量方法,是该领域的核心问题之一。

③ 社交影响力的动态传播。人们之间形成的社会关系和社交影响力在频繁地产生变化,而在线社交网络又加剧了这种变化的速度和范围,因此研究社交影响力的动态特性对分析社交网络演化、社会行为特征、信息传播模式等诸多问题都有重要价值。

社交影响力只有通过人们之间的交互活动才能够体现出来,例如,用户 A 在网上的发帖吸引了用户 B,使得 B 成为 A 的粉丝,即 A 对 B 产生了影响力。由于社交影响力的研究工作涉及众多学科和领域,对该术语的定义也有诸多版本。社交影响力的定义具有明显的因果性,而人们的思想、行为等产生变化的原因则是不胜枚举且因人而异,社交影响力只是其中之一。这就给社交影响力的建模和度量带来了很大挑战,同时也是造成社交影响力模型众多的重要原因。同样,在线社交网络中的影响力也与很多因素相关,目前大部分研究工作都是针对社交网络结构及其上的交互信息和用户行为特征进行量化和分析的,因此可以把能对信息传播过程或他人行为产生影响的个体视为具有社交影响力的个体。

社交网络中影响力度量的主要任务是分析和预测用户社交影响力的大小及演化规律,为基于社交影响力的研究和应用提供技术支持和理论依据。常用的影响力度量方法大致可以划分为基于网络拓扑结构的度量、基于用户行为的度量和基于交互信息的度量等类型。社交网络拓扑是用户在社交活动中残留下的"遗迹",从网络拓扑学角度体现了用户影响力的特征,而且社交网络结构的获取比较简单,基于网络拓扑结构的度量方法相对成熟,计算量较小。但是,网络拓扑无法刻画用户之间频繁的交互活动,而用户在社交活动中的行为变化能够更准确地反映用户社交影响力的产生和演变情况,用户的交互信息则能够进一步体现影响力产生及演化的细节。所以,在进行社交影响力分析时,既需要根据实际情况选择合适的度量手段,还可以综合使用上述方法,尽可能准确客观地刻画社交影响力的真实面貌。

社交影响力本质上具有动态属性,从参与社交活动开始,每个人在社会群体中的影响力都在随着他的言行和社会属性发生变化,也随着社交活动在社交网络中进行传播。此分析和研究社交影响力的动态传播过程对认识影响力的本质特性,理解社交网络的形成和演化,以及发现社交网络中信息的传播规律和人们的行为模式等诸多问题具有重要意义。Katz 和Lazarsfeld 提出的经典传播模型中,信息或者创新的传播首先从具有较强社会影响力的群体开始,再经由他们把信息和创新传播到更大范围的人群中去。由于具有较强影响力的用户在传播过程中起着非常重要的作用,同时又能对数量众多的用户产生直接或者间接的影响,因此称他们为意见领袖。意见领袖发掘是社交影响力分析的热点问题之一。人们从商业营销中也发现,少数客户可以对大多数顾客的购买行为产生影响,如果能够找到这部分有影响力的客户,设法使他们使用最新的产品,就能通过口口相传的病毒式传播方式,使得整个社交网络上的大部分用户都使用该产品。这种影响力作用和传播过程被归结为影响力最大传播问题,其以重要的理论意义和应用价值吸引了大量研究人员投入到该问题的探索之中。

随着在线社交网络的蓬勃发展和线上用户的急剧增长,以交友、信息共享等为目的的社交网络迅速成长为人们传播信息、推销商品、表述观点、产生影响力的理想平台。在线社交网络中的影响力分析和建模是社交网络分析的重要内容,通过分析人们相互之间的影响模式和影响力传播方式,既能够从社会学角度加深理解人们的社会行为,为公共决策和舆情导向等提供理论依据,又能促进政治、经济和文化活动等多个领域的交流和传播,具有重要的社会意义和应用价值。

9.1.3　信息传播规律

信息传播(英文为 information diffusion 或 information propagation)是人们通过符号、信号,传递、接收与反馈信息的活动,是人们彼此交换意见、思想、情感,以达到相互了解和影响的过程。社会网络信息传播特指以社交网络为媒介进行的信息传播过程[1]。

在线社交网络已经成为当今社会人们信息交流的重要渠道和载体。在线社交网络服务,如微博、微信等,允许用户建立自己的"媒体",对外发布、传播信息。这些信息包含了用户对当前社会各种现象以及诸多热点问题的看法,话题涉及经济、娱乐、科技、个人生活等各个方面。另外,在线社交网络的关注机制使得用户不再受时间、空间的限制,可以快捷地接收其他人的消息。在线社交网络已经显示出其在信息传播方面的强大影响力,例如,"马航 MH370""天津仓库爆炸"等事件发生时,人们在利用微博实时发布消息;美国总统大选期间人们在 Twitter上传递消息、表达观点等[5]。

社交网络中的信息传播具有以下特点[1]：首先，信息的发布和接收异常简便、迅速。用户可以通过手机等移动设备随时发布和接收信息；其次，信息传播呈现"核裂变"的方式，消息一经发布即刻被系统推送给所有关注者，一旦被其转发，又立刻传播到下一批关注者；再次，人人都有机会成为意见领袖，广大网民均可以在突发事件的产生、发酵、传播等环节起到重要作用；最后，呈现"自媒体"形态，无论是大明星还是普通市民都可以建立自己的"媒体"，在这个空间内自由发挥，对外制造、传播信息，同时也通过自媒体接收着来自四面八方的消息。总的来说，社交网络使信息可以更快捷、更大范围地传播，人们通过社交网络获得了更丰富的信息。

鉴于在线社交网络信息传播对人们生活、社会发展的影响，在线社交网络信息传播分析引起了学术界和工业界的广泛关注。人们尝试捕获、理解以及预测在线社交网络中的信息传播。这些工作能够使我们从信息传播的角度对社交网络的结构属性、群体属性以及突发事件遵循的规律等有进一步的认识。研究成果在市场营销、购物网站的信息推荐、社会舆论监控与引导等诸多领域都有着广泛的应用前景。例如，企业可以根据社交网络中信息传播的特点和规律来进行产品的推广销售，提高经济效益；社会团体和政府机构可以根据社交网络中信息传播的特点和规律来进行信息的发布，合理引导社会舆论，提高管理效率。

信息传播是一个备受关注的研究领域，引起了许多学科的研究兴趣，如生物学中对疾病传染情况的研究、社会学中大众传播研究、复杂网络中病毒的传播研究等。国家重点基础研究发展计划（973计划）项目"社交网络分析与网络信息传播的基础理论研究"设置了两个课题对信息传播规律进行研究，具体从计算机专业的角度出发，有以下问题：

① 如何刻画信息传播的流行程度。

② 如何对传播过程进行建模。

③ 基于现有传播结果，如何找到信息的源头。

目前有大量工作对上述问题进行研究，如信息传播的模式分析、参与人数的预测、用户转发行为建模、信息溯源等。这些工作多角度、多层次地对传播现象进行了考察，并取得了一定研究成果。

在线社交网络是一种由用户集合及用户之间的连接关系构成的社会性结构。用户基于相互认识、兴趣爱好相同或个人崇拜等因素，与其他用户建立关系，在社交网络上形成复杂的关系结构 。社交网络中的信息主要沿着用户间的关系结构进行传播。以微博服务为例，当用户发布消息时，该消息会被推送到其粉丝的页面上，当粉丝中有某用户转发了此消息时，该消息会进一步推送到该粉丝的粉丝页面，消息沿着"关注-粉丝"关系结构传播开来。通常使用图来表示在线社交网络，节点表示网络中的用户，边表示用户间的连接关系。因为社交网络中的连接关系有单向关系，如微博中的"关注-粉丝"关系等，又有双向关系，如人人网、微信等中的"好友"关系等，因此，在线社交网络结构图可进一步区分为有向图或无向图。在表示信息传播时，图中每个节点有两种状态：活跃态、非活跃态。活跃状态指用户接收了某个消息，否则为非活跃状态。如图9.5所示，白色节点处于非活跃态，非白色节点处于活跃态，虚线箭头表示用户间的关注关系，实线箭头表示信息的流向。

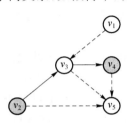

图9.5　在线社交网络信息传播示意图

宏观上，在线社交网络信息传播表现为信息量或参与人数等随时间的起伏，其在一段时间内呈现出"初显—爆发—衰退"的过程。现有研究通常使用流行度来衡量信息传播的效果。流行度指在一段时间内,操作在社交网络上的某种网络行为的数量度量,如帖子的点击率、微博的转发量等。对流行度进行分析,研究信息的流行程度如何,怎么随时间变化,何时爆发、顶峰、衰落等,有助于我们理解信息的传播情况,把握传播态势。微观上,社交网络信息传播呈现出信息从一个节点传到另一个节点的过程,形成一定信息级联。信息级联指用户传播其他用户的信息从而形成的一种传播结构。在用户众多且用户间关联关系复杂的网络上,信息是如何从一个或多个点传播至整个空间的?对该问题的解答,需要对信息级联现象进行分析,建立传播模型,理解传播过程。在线社交网络信息传播的研究中,除了预测信息的流行度和对传播过程建模外,如何去追溯信息传播的源头也是一个十分重要的基本问题。网络信息内容多样,这些信息的传播对现实世界产生影响。教育、科技等信息的传播给人们生活带来便利,而暴力、谣言等不良信息的传播会造成人们恐慌,甚至影响社会稳定。为定位不良信息的始作俑者,掌握信息的历史传播与演化过程,需要研究追溯传播源头的方法。信息溯源是通过对社交网络中信息的广泛采集,对特定信息加以追踪,从而找出其公开环境下的首发站点或者用户,理清传播脉络的一种技术手段。

9.2　知识图谱

9.2.1　知识图谱的定义与架构

伴随着 Web 技术的不断演进与发展,人们先后经历了以文档互联为主要特征的 Web 1.0 时代与数据互联为特征的 Web 2.0 时代,正在迈向基于知识互联的崭新 Web 3.0 时代。知识互联的目标是构建一个人与机器都可理解的万维网,使得人们的网络更加智能化。然而,万维网上的内容多源异质,组织结构松散,这给大数据环境下的知识互联带来了极大的挑战。因此,人们需要根据大数据环境下的知识组织原则,从新的视角去探索既符合网络信息资源发展变化又能适应用户认知需求的知识互联方法,从更深层次上揭示人类认知的整体性与关联性。知识图谱(knowledge graph)以其强大的语义处理能力与开放互联能力,为万维网上的知识互联奠定了扎实的基础,使 Web 3.0 提出的"知识之网"愿景成为可能[6]。

知识图谱于 2012 年 5 月 17 日被 Google 正式提出,其初衷是为了提高搜索引擎的能力,增强用户的搜索质量以及搜索体验。在维基百科的官方词条中,知识图谱是 Google 用于增强其搜索引擎功能的知识库。本质上,知识图谱是一种揭示实体之间关系的语义网络,可以对现实世界的事物及其相互关系进行形式化地描述。现在的知识图谱已被用来泛指各种大规模的知识库。

三元组是知识图谱的一种通用表示方式,即 $G=(E,R,S)$,其中,$E=\{e_1,e_2,\cdots,e_{|E|}\}$ 是知识库中实体集合,共包含 $|E|$ 种不同实体;$R=\{r_1,r_2,\cdots,r_{|R|}\}$ 是知识库中的关系集合,共包含 $|R|$ 种不同关系;$S(\subseteq E\times R\times E)$ 代表知识库中的三元组集合。三元组的基本形式主要包括实体 1、关系、实体 2 和概念属性、属性值等,实体是知识图谱中的最基本元素,不同的实体间存在不同的关系。概念主要指集合、类别、对象类型、事物的种类,如人物、地理等;属性主要指对象可能具有的属性、特征、特性、特点以及参数,如国籍、生日等;属性值主要指对象指定属性的值,如中国、1988-09-08 等。每个实体(概念的外延)可用一个全局唯一确定的 ID 来标

识,每个属性-属性值对(attribute-value pair,AVP)可用来刻画实体的内在特性,而关系可用来连接两个实体,刻画它们之间的关联。

知识图谱的架构主要包括自身的逻辑结构以及体系架构,分别说明如下。

① 知识图谱的逻辑结构。知识图谱在逻辑上可分为模式层与数据层两个层次,数据层主要是由一系列的事实组成,而知识将以事实为单位进行存储。如果用(实体1,关系,实体2)、(实体、属性,属性值)这样的三元组来表达事实,可选择图数据库作为存储介质,如开源的Neo4j、Twitter 的 FlockDB、sones 的 GraphDB 等。模式层构建在数据层之上,主要是通过本体库来规范数据层的一系列事实表达。本体是结构化知识库的概念模板,通过本体库而形成的知识库不仅层次结构较强,并且冗余程度较小。

② 知识图谱的体系架构。知识图谱的体系架构是其指构建模式结构,如图 9.6 所示。其中大虚线框内的部分为知识图谱的构建/更新过程,该过程需要随人的认知能力不断更新迭代。知识图谱主要有自顶向下(top-down)与自底向上(bottom-up)两种构建方式。自顶向下指的是先为知识图谱定义好本体与数据模式,再将实体加入知识库。该构建方式需要利用一些现有的结构化知识库作为其基础知识库,Freebase 项目就是采用这种方式,它的绝大部分数据是从维基百科中得到的。自底向上指的是从一些开放链接数据中提取出实体,选择其中置信度较高的加入知识库,再构建顶层的本体模式。目前,大多数知识图谱都采用自底向上的方式进行构建,其中最典型就是 Google 的 Knowledge Vault。

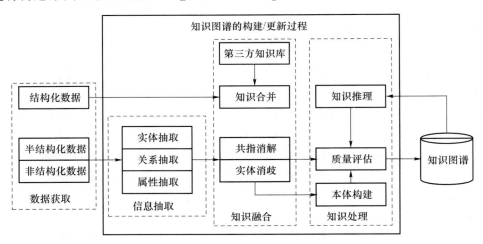

图 9.6　知识图谱的体系架构

9.2.2　知识图谱的构建技术

1. 知识图谱构建

采用自底向上的方式构建知识图谱的过程是一个迭代更新的过程,每一轮更新包括 3 个步骤[7]:

第一步为信息抽取,即从各种类型的数据源中提取出实体(概念)、属性以及实体间的相互关系,在此基础上形成本体化的知识表达。

第二步为知识融合,在获得新知识之后,需要对其进行整合,以消除矛盾和歧义,例如,某些实体可能有多种表达,某个特定称谓也许对应于多个不同的实体等。

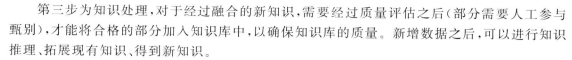

第三步为知识处理,对于经过融合的新知识,需要经过质量评估之后(部分需要人工参与甄别),才能将合格的部分加入知识库中,以确保知识库的质量。新增数据之后,可以进行知识推理、拓展现有知识、得到新知识。

（1）信息抽取（information extraction）

信息抽取主要是面向开放的链接数据,通过自动化的技术抽取出可用的知识单元,并以此为基础,形成一系列高质量的事实表达,为上层模式层的构建奠定基础。知识单元主要包括实体(概念的外延)、关系以及属性 3 个知识要素。

信息抽取是知识图谱构建的第一步,其中的关键问题是如何从异构数据源中自动抽取信息,得到候选知识单元。信息抽取是一种自动化地从半结构化和无结构数据中抽取实体、关系以及实体属性等结构化信息的技术。涉及的关键技术包括实体抽取、关系抽取和属性抽取。

① 实体抽取。早期的实体抽取也称为命名实体学习（named entity learning）或命名实体识 别（named entity recognition）,指的是从原始语料中自动识别出命名实体。由于实体是知识图谱中的最基本元素,其抽取的完整性、准确率、召回率等将直接影响到知识库的质量。因此,实体抽取是知识抽取中最为基础与关键的一步。

② 关系抽取。关系抽取的目标是解决实体间语义链接的问题,早期的关系抽取主要是通过人工构造语义规则以及模板的方法识别实体关系。随后,实体间的关系模型逐渐替代了人工预定义的语法与规则,但是仍需要提前定义实体间的关系类型。

③ 属性抽取。属性抽取主要是针对实体而言的,通过属性可形成对实体的完整勾画。由于实体的属性可以看成是实体与属性值之间的一种名称性关系,因此可以将实体属性的抽取问题转换为关系抽取问题。

（2）知识融合

通过信息抽取,实现了从非结构化和半结构化数据中获取实体、关系以及实体属性信息的目标,然而,这些结果中可能包含大量的冗余和错误信息,数据之间的关系也是扁平化的,缺乏层次性和逻辑性,因此有必要对其进行清理和整合。知识融合包括两部分内容:实体链接和知识合并。通过知识融合,可以消除概念的歧义,剔除冗余和错误概念,从而确保知识的质量。

① 实体链接（entity linking）。实体链接是指对于从文本中抽取得到的实体对象,将其链接到知识库中对应的正确实体对象的操作。实体链接的基本思想是首先根据给定的实体指称项,从知识库中选出一组候选实体对象,然后通过相似度计算将指称项链接到正确的实体对象。早期的实体链接研究仅关注如何将从文本中抽取到的实体链接到知识库中,忽视了位于同一文档的实体间存在的语义联系,近年来学术界开始关注利用实体的共现关系,同时将多个实体链接到知识库中,称为集成实体链接（collective entity linking）。

实体链接的一般流程是:

第一,从文本中通过实体抽取得到实体指称项。

第二,进行实体消歧和共指消解,判断知识库中的同名实体与之是否代表不同的含义以及知识库中是否存在其他命名实体与之表示相同的含义。

第三,在确认知识库中对应的正确实体对象之后,将该实体指称项链接到知识库中对应实体。

• 实体消歧（entity disambiguation）。实体消歧是专门用于解决同名实体产生歧义问题的技术。在实际语言环境中,经常会遇到某个实体指称项对应于多个命名实体对象的问题,例如,"李娜"这个名词(指称项)可以对应于作为歌手的李娜这个实体,也可以对应于作为网球运动员的李娜这个实体,通过实体消歧,就可以根据当前的语境,准确建立实体链接。

- 共指消解(entity resolution)。共指消解技术主要用于解决多个指称项对应于同一实体对象的问题。例如,在一篇新闻稿中,"Brack Obama""president Obama""the president"等指称项可能指向的是同一实体对象,其他的许多代词如"he""him"等,也可能指向该实体对象。利用共指消解技术,可以将这些指称项关联(合并)到正确的实体对象。

② 知识合并。在构建知识图谱时,可以从第三方知识库产品或已有结构化数据获取知识输入。例如,关联开放数据项目(link open data)会定期发布其经过积累和整理的语义知识数据,其中既包括通用知识库 DBpedia 和 YAGO,也包括面向特定领域的知识库产品,如 MusicBrasinz 和 DrugBank 等。

(3)知识处理

通过信息抽取,可以从原始语料中提取出实体、关系与实体属性等知识要素。再经过知识融合,可以消除实体指称项与实体对象之间的歧义,得到一系列基本的事实表达。然而,事实本身并不等于知识,要想最终获得结构化、网络化的知识体系,还需要经历知识处理的过程。知识加工主要包括三方面内容:本体构建、知识推理和质量评估。

① 本体构建。本体是对概念进行建模的规范,是描述客观世界的抽象模型,以形式化方式对概念及其之间的联系给出明确定义。本体的最大特点在于它是共享的,本体中反映的知识是一种明确定义的共识。虽然在不同时代和领域,学者们对本体曾经给出过不同的定义,但这些定义的内涵是一致的,即本体是同一领域内的不同主体之间进行交流的语义基础。本体是树状结构,相邻层次的节点(概念)之间具有严格的"IsA"关系,这种单纯的关系有助于知识推理,但却不利于表达概念的多样性。在知识图谱中,本体位于模式层,用于描述概念层次体系,是知识库中知识的概念模板。本体可以采用人工编辑的方式手动构建(借助本体编辑软件),也可以采用计算机辅助,以数据驱动的方式自动构建,然后采用算法评估和人工审核相结合的方式加以修正和确认。对于特定领域而言,可以采用领域专家和众包的方式人工构建本体。然而对于跨领域的全局本体库而言,采用人工方式不仅工作量巨大,而且很难找到符合要求的专家。因此,当前主流的全局本体库产品都是从一些面向特定领域的现有本体库出发,采用自动构建技术逐步扩展得到的。

② 知识推理。知识推理是指从知识库中已有的实体关系数据出发,经过计算机推理,建立实体间的新关联,从而拓展和丰富知识网络。知识推理是知识图谱构建的重要手段和关键环节,通过知识推理,能够从现有知识中发现新的知识。例如,已知(乾隆,父亲,雍正)和(雍正,父亲,康熙),可以得到(乾隆,祖父,康熙)或(康熙,孙子,乾隆)。知识推理的对象并不局限于实体间的关系,也可以是实体的属性值、本体的概念层次关系等。例如,已知某实体的生日属性,可以通过推理得到该实体的年龄属性。根据本体库中的概念继承关系,也可以进行概念推理,例如,已知(老虎,科,猫科)和(猫科,目,食肉目),可以推出(老虎,目,食肉目)。知识的推理方法可以分为两大类:基于逻辑的推理和基于图的推理。

③ 质量评估。质量评估也是知识库构建技术的重要组成部分。

- 受现有技术水平的限制,采用开放域信息抽取技术得到的知识元素有可能存在错误(如实体识别错误、关系抽取错误等),经过知识推理得到的知识的质量同样也是没有保障的,因此在将其加入知识库之前,需要有一个质量评估的过程。

- 随着开放关联数据项目的推进,各子项目所产生的知识库产品间的质量差异在增大,数据间的冲突日益增多,如何对其质量进行评估,对于全局知识图谱的构建起着重要的作用。引入质量评估的意义在于可以对知识的可信度进行量化,通过舍弃置信度较低的知识,可以保障知识库的质量。

2. 知识更新

人类所拥有的信息和知识量是随时间不断递增的,因此知识图谱的内容也需要与时俱进,其构建过程是一个不断迭代更新的过程。从逻辑上看,知识库的更新包括概念层的更新和数据层的更新。概念层的更新是指新增数据后获得了新的概念,需要自动将新的概念添加到知识库的概念层中。数据层的更新主要是新增或更新实体、关系和实体属性值,对数据层进行更新需要考虑数据源的可靠性、数据的一致性(是否存在矛盾或冗余等问题)等多方面因素。当前流行的方法是选择百科类网站等可靠数据源,并选择在各数据源中出现频率高的事实和属性加入知识库。知识的更新也可以采用众包的模式(如 Freebase 等),而对于概念层的更新,则需要借助专业团队进行人工审核。知识图谱的内容更新有两种方式:数据驱动下的全面更新和增量更新。所谓全面更新是指以更新后的全部数据为输入,从零开始构建知识图谱,这种方式比较简单,但资源消耗大,而且需要耗费大量人力资源进行系统维护。增量更新则是以当前新增数据为输入,向现有知识图谱中添加新增知识,这种方式资源消耗小,但目前仍需要大量人工干预(定义规则等),因此实施起来十分困难。

9.2.3　知识图谱的应用

知识图谱为互联网上海量、异构、动态的大数据的表达、组织、管理以及利用提供了一种更为有效的方式,使得网络的智能化水平更高,更加接近于人类的认知思维。目前,知识图谱已在智能搜索、深度问答、社交网络以及一些垂直行业中有所应用,成为支撑这些应用发展的动力源泉。

(1) 智能搜索。在智能语义搜索应用中,当用户发起查询时,搜索引擎会借助知识图谱的帮助对用户查询的关键字进行解析和推理,进而将其映射到知识图谱中的一个或一组概念之上,然后根据知识图谱中的概念层次结构,向用户返回图形化的知识结构(其中包含指向资源页面的超链接信息),这就是我们在谷歌和百度的搜索结果中看到的知识卡片。国外的搜索引擎以谷歌的 Google Search、微软的 Bing Search 最为典型。谷歌的知识图谱相继融入了维基百科、CIA 世界概览等公共资源以及从其他网站搜集、整理的大量语义数据,而微软的 Bing Search 和 Facebook、Twitter 等大型社交服务站点达成了合作协议,在用户个性化内容的搜集、定制化方面具有显著的优势。国内的主流搜索引擎公司,如百度、搜狗等,在近两年来相继将知识图谱的相关研究从概念转向产品应用。搜狗的知立方是国内搜索引擎行业的第一款知识图谱产品,它通过整合互联网上的碎片化语义信息,对用户的搜索进行逻辑推荐与计算,并将最核心的知识反馈给用户。百度将知识图谱命名为知心,主要致力于构建一个庞大的通用型知识网络,以图文并茂的形式展现知识的方方面面。

(2) 深度问答。问答系统是信息检索系统的一种高级形式,能够以准确简洁的自然语言为用户提供问题的解答。在深度问答应用中,系统同样会首先在知识图谱的帮助下对用户使用自然语言提出的问题进行语义分析和语法分析,进而将其转化成结构化形式的查询语句,然后在知识图谱中查询答案。对知识图谱的查询通常采用基于图的查询语句(如 SPARQL 等),

在查询过程中，通常会基于知识图谱对查询语句进行多次等价变换。例如，如果用户提问"如何判断是否感染了埃博拉病毒？"，则该查询有可能被等价变换成"感染埃博拉病毒的症状有哪些？"，然后再进行推理变换，最终形成等价的三元组查询语句，如(埃博拉，症状，?)和(埃博拉，征兆，?)等，据此进行知识图谱查询得到答案。深度问答应用经常会遇到知识库中没有现成答案的情况，对此可以采用知识推理技术给出答案。如果由于知识库不完善而无法通过推理解答用户的问题，深度问答系统还可以利用搜索引擎向用户反馈搜索结果，同时根据搜索的结果更新知识库，从而为回答后续的提问提前做出准备。目前，很多问答平台都引入了知识图谱，例如，华盛顿大学的 Paralex 系统和苹果的智能语音助手 Siri 都能够为用户提供回答、介绍等服务；亚马逊收购的自然语言助手 Evi（它授权了 Nuance 的语音识别技术）采用 True Knowledge 引擎进行开发，也可提供类似 Siri 的服务。国内百度公司研发的小度机器人、天津聚问网络技术服务中心开发的大型在线问答系统 OASK 专门为门户、企业、媒体、教育等各类网站提供良好的交互式问答解决方案。

（3）社交网络。社交网络 Facebook 于 2013 年推出了 Graph Search 产品，其核心技术就是通过知识图谱将人、地点、事情等联系在一起，并以直观的方式支持精确的自然语言查询，例如，输入查询式"我朋友喜欢的餐厅""住在纽约并且喜欢篮球和中国电影的朋友"等，知识图谱会帮助用户在庞大的社交网络中找到与自己最具相关性的人、照片、地点和兴趣等。Graph Search 提供的上述服务贴近个人的生活，满足了用户发现知识以及寻找最具相关性的人的需求。

9.3　复杂网络的鲁棒性

复杂网络的鲁棒性是指当网络遭遇到故意攻击或随机故障时，遭受随机故障（random failure）或蓄意攻击（intentional attack）后，网络仍然能保持一定的结构完整性以及维持功能的能力[8]。这里随机故障是指任意节点或者边以相同的概率发生故障，或者说一定比例的节点或者边被随机删除；蓄意攻击是指删除具有特定特性的节点和边，如度最大的节点。随机故障描述的是现实网络所自然遭遇的无法预测的故障，而蓄意攻击顾名思义描述的是人为的针对特定目标的定向毁坏。对于一个给定的网络，每次从该网络中移走一个节点，也就同时移走了与该网络节点相连的所有边。如果在移走少量节点后网络中的绝大部分节点仍然是连通的，那么就可称该网络的连通性对节点故障具有鲁棒性[9]。

根据复杂网络理论可将网络鲁棒性分为连接鲁棒性和恢复鲁棒性[10]。连接鲁棒性是指网络中的部分节点在遭受攻击失效后，剩余节点之间仍然能够继续保持连通的能力。网络的恢复鲁棒性是指当一个网络中部分关键节点被破坏后，网络处于崩溃状态时，能够通过某些简单的策略对消失的网络结构元素（包括边和节点）进行恢复的能力。

按照复杂网络鲁棒性的性质，可以分为静态鲁棒性和动态鲁棒性。网络的静态鲁棒性是指删除网络中的某些节点时，网络中不发生流量的重新分配，但是网络依然可以保持它的正常功能的能力。无标度网络对于随机攻击表现出良好的鲁棒性，对蓄意攻击表现出极度的脆弱性，相比之下，随机网络的抗毁能力和容错能力都较大。网络的动态鲁棒性指的是删除网络中的某些节点时，网络上的流量进行重新分配，网络在经过动态平衡后还可以维持其正常功能的能力。

复杂网络的鲁棒性研究在实践上具有重要意义,举例来说,如果通信网络遭受了随机故障,有一些边被断开了,则网络内任意两顶点之间的最短路径会发生改变,因此边的负载情况也会改变,任意边的介数也会发生改变,继而拥塞的发生条件也会随之改变,从而影响了数据传输过程的行为。在现实的生活中,我们希望复杂网络具有一定的鲁棒性,即对外界的各种干扰等扰动具备一定的抗干扰能力,特别是对外界一些小的节点故障扰动仍能保持网络本身的特性和稳定状态。真实复杂网络的某些节点(边)被移除后通过它们之间的连接关系有可能导致整个网络瘫痪,例如,2003 年,美国俄亥俄州由于三条电线烧断引发了北美大规模停电事故。为此我们需要对复杂网络的鲁棒性加以研究[11]。以全球最大的计算机网络因特网为例,现在人们的生活、工作、学习和交往都离不开因特网,如果因特网由于某些节点受到黑客攻击而发生故障,导致网络不能工作,整个社会将会是一片混乱。所以对复杂网络的鲁棒性研究有很强的现实意义。

9.4　社　会　计　算

9.4.1　社会计算的兴起与现状

现代信息技术赋予了传统社会经济活动前所未有的社会化、网络化内涵,极大地提升了效能。以在线论坛、博客和社会软件为代表的互联网新媒体在凝聚民心、降低事件危害以及还原事件真相等方面发挥了不可替代的积极作用。同时,信息技术大大降低了企业和消费者的交易成本,推动新型商业与工程管理模式不断涌现,促进了经济的繁荣。但是,信息技术的发展带来的社会化效应也增加了社会、经济与生产的复杂性,引发了许多新问题。以社会媒体为代表的网络信息传播不仅会激发和助推社会事件,还会使突发性群体事件更加不可预测,难以控制。这些新型社会问题对信息科学、社会科学和管理科学提出了从基础理论到计算方法和具体实施的综合需求。信息科学、社会科学和管理科学的传统方法已无法应对高度复杂、动态变化的网络化社会所带来的在建模、分析、管理和控制方面的种种挑战[12]。

在此背景下,社会计算作为一门独立的交叉学科正在兴起并迅速发展。社会计算已引起国内外学术界的高度重视。虽然英文中"social computing"一词早已出现,但多指"社会软件(social software)",如电子邮件系统或其他计算机支持协同工作软件(computer supported cooperative work,CSCW),而不是指面向社会活动、社会结构、社会过程、社会组织、社会功能等的计算方法研究和应用。我国学者于 2004 年提出了开展"社会计算"研究的倡议。社会计算旨在架起社会科学和计算技术间的桥梁,从基础理论、实验手段及领域应用等各个层面突破社会科学与计算科学交叉借鉴的困难。此后,国际上也开始关注此方面研究,2007 年底美国哈佛大学举办了计算社会学研讨会,2008 年 4 月美国军方在亚利桑那州立大学举办了社会计算、行为建模和预测国际研讨会。2009 年 2 月 Science 杂志发表了计算社会学文章,阐述利用网络数据研究群体社会行为及其演化规律,这标志着计算科学和社会科学的交叉融合正成为国际瞩目的前沿研究和应用热点[13]。2012 年,意大利国家科研委员会的孔特、英国萨里大学的吉尔伯特、意大利国家科研委员会的博内利、美国乔治梅森大学的乔菲-雷维利亚等 14 位著名学者联合发布了《计算社会科学宣言》,力图呼唤一场社会科学革命。《计算社会科学宣言》

从机遇、技术发展、方法创新、面临的挑战和预期的影响这五个方面全景式地说明了计算社会科学的发展现状及未来的研究方向[14]。德国斯普林格出版社于2014年1月出版的专著《计算社会科学概述：原理与应用》论述了计算社会科学作为一门新兴学科的基础框架。

近年来，美国许多高校成立了面向计算社会科学的研究机构。例如，哈佛大学量化社会科学研究中心（IQSS）致力于开发跨学科的研究平台，提供研究数据共享分析服务工具，培养交叉学科领域的学生；斯坦福大学计算社会科学中心隶属于斯坦福社会科学研究所，通过计算技术实现数据分析来为社会科学研究提供支持；密歇根大学的美国校际社会科学数据共享联盟（ICPSR）以收集和管理社会科学数据为主，开设多门数据分析方法类课程；宾夕法尼亚大学计算社会科学中心（SSC）致力于为人文社科的多个研究中心提供支撑，培养交叉学科领域的学生[15]。

9.4.2　社会计算的研究领域

① 个体与群体的社会建模。个体与群体的社会建模包括构建社会个体或群体的行为、认知和心理模型以及对社会群体的行为特点的分析，还有对社区结构、交互模式、个体间的社会关系等的建模。许多社会科学的理论模型都与个体和群体的社会建模相关。例如，社会心理学揭示社会认知与心理的形成机制及其发展的基本规律；社会动力学研究人类社会发展的动态过程及其演化规律；社会物理学研究社会稳定的机理以及人类行为模式与社会稳定的关系。从计算角度研究社会个体与群体的工作大多基于文本数据，近期工作的趋势是面向多媒体数据和群体行为特点进行分析与建模。社会网络是刻画个体间社会交往与互动关系的主要手段，社会群体的识别主要通过网络节点间的链接关系来发现潜在的社会群体。

② 社会文化建模与分析。社会文化建模与分析包括基于社会文化因素建模、基于智能体的人工社会建模、计算实验分析、人工社会系统与计算实验平台设计等。利用计算技术来研究文化冲突和变迁，分析不同文化背景的国家或组织的决策过程，探寻其行为所依赖的社会文化因素已成为社会计算建模的重要研究方向。由于社会事件的出现往往具有突发性和不可重复性，采用传统方法对其演化过程进行实验分析和评估十分困难。针对复杂社会系统的实验分析困境，我国学者提出以社会学基本模型为基础的"人工社会（artificial societies）＋计算实验（computational experiments）＋平行执行（parallel execution）"的

社会文化
建模与分析
拓展阅读

ACP方法。人工社会是一种自下而上的基于智能体的建模方法，适于动态刻画社会事件中的涌现行为。计算实验利用人工社会中实验的可设计性和可重复性特点，通过对人工系统设计不同的实验方案，按不同指标体系对复杂社会事件的演化规律进行可量化的实验分析。

③ 社会交互及其规律分析。社会交互及其规律分析针对人群交互行为的特点及社会事件演化规律进行分析，也包括社会网络结构、信息扩散和影响、复杂网络与网络动态性、群体交互和协作等的分析。计算社会学认为网络上的大量信息，如博客、论坛、聊天、消费记录、电子邮件等，都是现实社会的人或组织行为在网络空间的映射，网络数据可用来分析个人和群体的行为模式，从而深化我们对生活、组织和社会的理解。计算社会学的研究涉及人们的交互方式、社会群体网络的形态及其演化规律等问题。社会事件演化规律分析主要针对事件产生、发展、激化、维持和衰减的过程和机理进行分析评估。

④ 对社会数据的获取和规律性知识的挖掘，包括社会学习、社会媒体分析与信息挖掘、情

感及观点挖掘、行为识别和预测等。社会数据的主要形式包括文本、图像、音视频等,其除了包括网络媒体信息(包括博客、论坛、新闻网站等)外,还包括专用网络、传统媒体和应用部门的闭源数据等。为有效利用数据源所隐含的社会化信息的结构特征,研究者提出仿照物理学传感器的原理,构建社会传感网络,通过对重要节点信息的动态监控,实现对社会数据的全方位、分层次感知。基于社会数据的知识发现包括对社会个体或群体的行为和心理分析与挖掘,多种学习算法已用于预测组织行为。规划推理方法在行为预测的基础上,还可以识别行为的目标和意图等深层信息。社会群体心理分析主要面向文本信息(包括语音识别后转化成的文本),通过分析大量社会媒体信息,挖掘网民群体的观点及情感倾向。

⑤ 决策支持及应用。对社会计算在社会经济与安全等领域的应用包括向管理者和社会提供决策支持、应急预警、政策评估和建议等。近年来社会计算取得了长足的发展,并已得到广泛应用。由于网络社会媒体能够充分体现人们的价值取向和真实意愿,往往可以做出比传统媒体更为迅速、灵敏、准确的反应。开源信息在辅助决策支持和应急预警中发挥出重要作用。在社会与公共安全领域,中国科学院自动化研究所情报安全信息学研究团队与国家相关业务部门合作,基于 ACP 方法研发了大规模开源情报获取与分析处理系统,该系统可以对社会情报进行实时监控、分析、预警以及决策支持与服务,应用于相关部门的实际业务和安全相关领域的实战中。此外,由于社会系统的复杂性,大规模开展社会计算研究需要计算环境和平台支持,包括云计算平台及各种建模、分析、应用、集成工具和仿真环境等。

对人类发展历史的探索就是对世界本质规律、个人及社会自我价值进行持续探索的过程[16]。文艺复兴及随之而来的工业革命与科学革命将自然科学与人文社会科学割裂开来,而以物联网、云计算、大数据和人工智能技术为代表的新一代信息技术开始将二者重新互联,大大提高了人们感知、分析、理解、预测人类复杂经济社会规律的能力。计算科学与历史学、语言学、文学、艺术学、考古学、文物保护学、社会学、新闻传播学等发生化学反应,融合催生了很多新型交叉学科领域,包括全球范围内快速发展的数字人文(digital humanities)和计算社会科学(computational social science)。这些新兴的交叉学科在提高人文社会科学专家研究效率的同时为其提供了持续不断的新命题,大大拓展了其研究的广度和深度,甚至催生了全新的研究范式。同时,人文社会科学也为信息技术提供了理论、方法和技术的新型应用领域,在提出领域需求、困难挑战的过程中也为信息技术发展提供了技术创新、理论方法完善的新机会。

尽管计算社会科学近年来开始涌现出重要的研究成果,但计算社会科学这一交叉学科还处于起步阶段。从长远来讲,计算社会科学将来可能成为一门真正的科学,人类社会的复杂规律也许可以通过建模仿真和大数据分析发现。正如马克思 100 多年前的预言:“自然科学往后将会把关于人类的科学总括在自己下面,正如关于人类的科学把自然科学总括在自己下面一样,它将成为一门科学。”但是,由于人类社会的极端复杂性,社会科学和脑科学一样,可能是最“硬”的科学,需要相当长的时间才能啃下这块“硬骨头”[17]。

采用计算思维研究社会问题时很难做可以重复验证的科学实验。我们常说的新政策的先行“试验区”只是一种宏观的定性“实验”,一个地方的经验用到另一个地方很难百分之百地重演。近来社会科学研究中也出现了各种虚拟的“实验室”,但计算机模拟并不能精确无误地预测现实社会的未来。计算机模拟可能导出多种未来,可惜现在还不能提供在各种未来中做出正确选择的算法。

人是有思想意识的,一旦作为被研究对象的人知道与他有关的新信息和知识后,他可能做出与被研究时不同的反应,原先归纳的知识和规律也许会失效。在物理与化学等自然科学研究中,原子和分子不会介意我们发现了它们的秘密,不会因人类掌握了知识而改变其行为。研究人类社会获得的知识与"规律"往往不能说,说了就不准确了。

推进计算社会科学的关键是在社会科学领域普及计算思维,将社会科学问题变成可计算的问题,用定量的方法做决策分析和预测,提高决策的科学性。不管社会问题多复杂,大数据与人工智能技术在解决复杂性和不确定性上一定能大显身手。

9.5　用户画像

用户画像(user profiling)也可以称作用户打标签(user labeling)。用户建模(user modeling)是指通过获取构成用户模型的不同维度属性信息(如人口统计学特征、兴趣偏好和行为模式等)进行信息挖掘和分析应用的过程。在互联网时代,用户画像是实现精准化推荐和个性化服务的基石,在电子商务、社会网络分析以及互联网服务等众多领域有着广泛的应用。例如,在电子商务系统中,用户的历史购物习惯和偏好对商品的定向推荐和营销有着极其重要的作用;在社会网络中,用户的个人信息和社交交互数据能被用于好友推荐和社群发现;电信网络服务类行业依托用户属性实现个性化的订制服务[18]。

早于大数据分析与深度学习概念出现之前,用户画像已经成为商业智能、信息系统领域的重要研究方向。简单而言,挖掘出用户兴趣、偏好、人口统计学属性(性别、年龄等),才能为个性化推荐、精准营销、商业决策分析做出基本的数据支撑。20 世纪 90 年代以来,通过 CRM 系统、互联网等自动化技术,隐式地获取用户的反馈数据,以此进行用户画像的推断,成为主流方法途径。早期用户画像的研究工作集中在利用数据库、Web 2.0 技术记录的用户相关数字化踪迹,如用户行为日志、页面点击历史、商品交易记录、用户反馈数据等,以及发现、学习、表示用户的个人兴趣档案(interest profile)、偏好行为习惯档案(behavioral profile)。基于计算机辅助方式做用户画像,在覆盖面、准确性、效果方面都比线下调研要好上很多,同时节约大量人力成本,一定程度上体现了数据挖掘、人工智能技术的价值所在。一般而言,按照用户属性大致分类,如图 9.7 所示,用户画像的目标属性(targeted attribute)可以分为:①不会动态变化的事实性属性(factual user attributes);②会动态变化并需要更新的行为性属性(behavioral user attributes)。传统的用户兴趣、意图、个性、行为习惯等画像信息的理解在搜索引擎、推荐系统、点击率预测等传统信息检索、数据挖掘任务中已经存在了很久。经过多年的发展研究,表示用户画像信息的数据结构包括了加权的词汇向量、带有层级结构的类别树、带有从属信息的实体网络、用户消费项目自身内容等。

伴随着移动互联网、4G 通信技术的日益渗透,特别是 2010 年以来,人类社会跨入社交媒体时代。特别地,社交媒体平台(social media platforms),如 Facebook、QQ、微博、微信等,作为人们线下社交关系的线上映射,吸引了很多人参与其中。社交媒体平台在覆盖几乎所有互联网用户之后,创造了一个人与人之间积极互联、信息高度过载的新媒体世界。以大数据技术普及为契机,人与人之间复杂信息的通信、交换、处理能力都获得大幅提升:数以 10 亿计的用户在时间线(timeline)或者朋友圈(social circle)中发表状态更新,转发新闻事件,同时在好友间互动访问、传播信息、分享知识。大量用户产生的数据沉淀在社交媒体上,形成了人人互联、规模庞大、开放共享的社交大数据。因为社交大数据的出现,用户画像技术的研究也在沉寂近10 年之后重新赢得广泛关注。用户画像的基本目标虽然不变,但用以作为模型输入的用户相关数据却转变为社交数据（或者说自媒体数据）。一般而言，如图 9.7 所示，社交数据（social data）包括四大类可用数据：①用户自身的人口统计学信息（self-reproted demographics）；②用户产生内容（user-generated content）；③社交互动、行为（social interactions/behaviors）；④社交网络结构（social network structure）。伴随着社交大数据，特别是具有开放特性的微博、Twitter 类型社交数据的蓬勃发展，用户画像技术的各个子领域得到广泛的关注。用户画像技术从简单的人口统计学属性、行为习惯、购买偏好的推断，扩展到地点、兴趣、个性等多个维度。社交网络理论和社交数据挖掘方法成为用户属性推测的另外一个驱动方法。

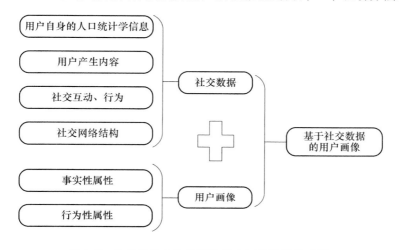

图 9.7　社交媒体大数据下的用户画像数据构成[18]

　　开放互联网中的学者画像工作是近年来的研究热点问题之一。学者画像的目标是提取学者各维度的属性信息进行信息挖掘和分析应用。学者画像技术是大型智库实现专家发现、学术影响力评估等功能的关键。在开放互联网中，学者画像面临数据量大、数据噪音和数据冗余等新挑战，这使得传统的用户画像理论、模型和方法无法直接无缝地移植到开放互联网环境下的用户画像系统中。

　　科学技术的发展带来了大量的学术数据，对于学术数据的挖掘越来越受到研究者的关注，很多学术系统都致力于学术信息挖掘的研究，如 Libra、Rexa、DBLife 等。学术信息挖掘的主要研究内容有各种学术数据的结构化组织，用元数据记录各种数据，如论文、研究者、会议等，学术信息的结构化组织中论文的结构化组织相对容易，技术也比较成熟，例如，Citeseer、DBLP 等都提供论文的结构化数据，列出了论文的作者、题目、发表的会议、引用的参考文献。研究学者也是学术信息的重要数据，是学术数据挖掘的重要研究方向，同时也是搭建学术社会网络的基石。

　　学者画像的基本目标是为每个学者建立档案，包含学者的各种属性：基本信息（如名字、照片、工作单位、职位等）、联系信息（如电话、通讯地址、Email 等）、教育经历（如毕业学校、所获学位的专业和时间等）、发表的论文以及研究兴趣。对于学者画像而言，有些画像信息（如基本信息、联系信息、教育经历等）可以从其主页或者 Web 网页中获取，有些画像信息（如发表的论文等）需要从在线数字图书馆（如 DBLP、ACM 等）整合得到，其他信息（如研究兴趣等）需要从已收集的信息中挖掘分析得到。

　　学者画像的数据模式示例如图 9.8 所示。完成学者画像的数据标注需要从非结构化的数据中抽取目标信息,如地址、职位、所在机构、联系方式等不同类别的属性信息。经过统计分析发现,学者信息的各个属性之间有依赖关系,有的属性之间存在强依赖关系。举例来说,科研学者的名字可以帮助识别其照片,因为照片的命名往往是其本人的姓或名。在描述个人的教育经历时,例如,科研学者获得了博士学位(PhD),那么获得博士学位的专业(PhDmajor)、获得博士学位的日期(PhDdate)很可能出现在同一句话中或者一个列表中。用户画像需要从非结构化数据中抽取目标信息,如地址、职位、所在机构、联系方式等,这往往依赖信息抽取方法及相关模型来实现。信息抽取方法与模型是实现学者画像的理论基础。在本书的 9.5.1 节,将介绍 2 个学者画像系统的实例。

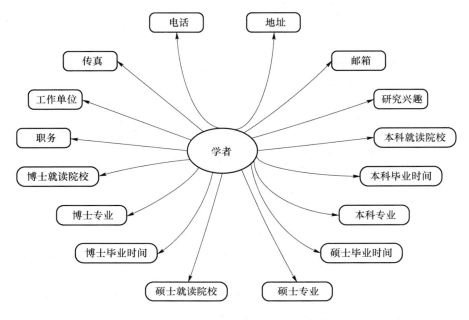

图 9.8　学者画像的数据模式示例[19]

9.6　应用系统实例

9.6.1　学者画像系统

1. 智慧校园

用户画像是对真实用户的抽象描述方式,通过构建多维度标签属性来描述用户或用户群的兴趣、特征、行为及偏好,从而为产品优化、精准营销、个性化服务等提供数据支撑。近年来,国内外学者在用户画像领域做了大量的工作,并取得了一定的研究成果,这在学术界与产业界都具有重大意义。谷歌学术、百度学术、万方数据知识服务平台、中国知网、DBLP、Aminer、C-DBLP、科搜、Web of Science、Engineering Village、ACM Digital Library 等平台均构建了自己的学者画像系统。

"智慧校园"是由北京邮电大学计算机学院数据科学与服务中心研发的学者画像系统。本系统架构层次从低层到高层共分为三层，即数据支撑层、文本挖掘层、数据可视化层。数据支撑层是系统架构的最底层，包括数据的采集和存储。数据源分为开源数据和闭源数据两种，数据采用 Neo4j 数据库存储。文本挖掘层用来完成系统中重要的数据处理任务，包括实体识别与融合、关系发现、关键词抽取、社团发现等，对学者和机构进行建模。数据可视化层是系统与用户交互的核心，以功能模块的方式展示学者信息、发表论文、研究关键词、研究趋势、关系网络、学术谱系、六度搜索路径、关键人物的发现与替代、机构社团关系等。具体架构如图 9.9 所示。

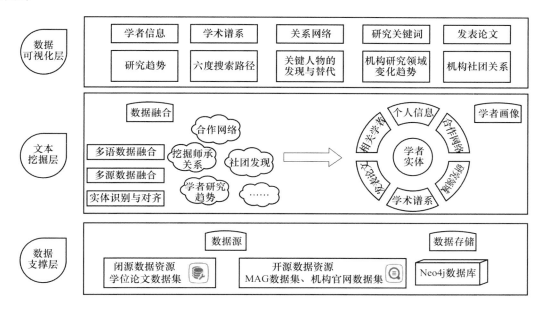

图 9.9　系统层次架构设计

该系统依托的数据包括闭源数据和开源数据两种类型：闭源数据为北京邮电大学高校硕士生及博士生毕业论文数据集中的致谢部分；开源数据包含两个数据集，即 MAG（microsoft academic graph）数据集和机构官网数据集。

①高校硕士生及博士生毕业论文致谢数据集是 1997—2015 年硕士、博士学位论文致谢章节的集合。每个实体为一篇毕业论文，我们从中可以获取到论文题目、作者姓名、作者所在高校、作者所在专业、指导老师姓名、论文关键词、论文致谢部分内容，其中包含了大量的人物信息及人物实体之间的关系，其语言为中文。

② MAG 数据集是微软学术提供的关于论文的数据集，其中，每个实体为一篇论文，我们从中可以获取到论文题目、作者姓名、作者所在单位、论文发表年份、关键词、研究领域信息。

③ 机构官网数据集包括机构官网中对学者个人信息的描述和涉及机构的新闻公告信息。

该系统不仅提供了学者检索、学者发表论文、学者合作关系等学者画像系统基本功能，还通过抽取和分析机构官网、学者发表论文数据、学位论文数据等多源数据，深入挖掘学者的详细个人信息、研究领域、学术关键词、学术谱系、六度搜索路径等信息，为科研评价和决策提供了更多可信赖的依据。如图 9.10 所示，这是北京邮电大学陈俊亮院士的多层学术谱系，从中可以看出，陈俊亮指导的学生王柏作为导师指导了另一批学生。

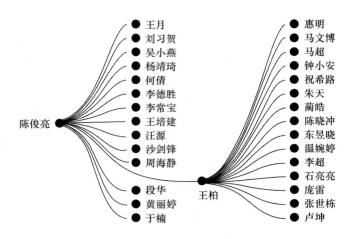

图 9.10　学术谱系示意图

2. AMiner

AMiner 是一个学术科技大数据分析与挖掘系统，其主页如图 9.11 所示。AMiner 自动从开放互联网中抽取学者信息，建立了 1.36 亿的学者档案及科技智库，为科研人员及机构提供了学者搜索/推荐、专家发现、成果评价、技术发展趋势分析等知识服务及核心技术支持[20]。

图 9.11　AMiner 主页

　　AMiner 系统的核心模型与算法包括基于话题的影响力分析模型（自动生成实体之间基于不同话题层次的影响力强度）、概率因子图模型〔用于识别网络中不同类型的关系（如师生关系,合作关系等）〕,以及基于社会知识图谱的学者研究兴趣分析、学者多维度评价等核心算法。AMiner 系统的应用层提供了多种知识服务,包括支持按权威度、地域、语种、性别等过滤条件的专家发现,按 H-index、论文数、引用数、活跃度、社交性、领域多样性等学者成果多维评价、学者历年研究兴趣发展变化趋势分析,以及学者语义信息抽取、学者档案管理、权威机构搜索、话题发现与趋势分析、基于话题的社会影响力分析、即时社会关系图搜索、文献与审稿人推荐、学者的线上社交以及交互式文献阅读等多种功能及知识服务。

9.6.2　微博信息传播可视化工具

　　微博引发传统信息传播模式的巨大变革。在信息传播内容上,微博信息包含视频、文字、图像等多媒体数据;在传播结构中,微博信息传播蕴含用户之间的社交关系;在传播行为中,微博信息传播突出以用户为中心;在传播效果评价中,微博信息传播实现从专业评价指标到用户认同度和执行力的转移。同时,智能移动设备（如智能手机、智能手环、智能手表）的普及改变了大众的网络社交行为方式,突破了地理位置的束缚,社交网络用户可以随时随地传播任何内容和形式的信息,其影响范围与应用领域涉及电子商务、电子政务、社会信息安全等多方面[21]。

　　微博在给用户带来更方便、快捷、全面的体验和服务的同时,微博用户的虚拟性、传播的爆发性等因素也引发了一系列新的问题。例如,近些年,在社会信息安全领域,网络谣言借助微博平台得以迅速传播,谣言散布者身份的虚拟性增加了源头监管的难度,导致公共事件频繁发生,妨害社会稳定。因此,对微博用户和信息传播进行直观、清晰、实时、自动化地分析与理解,还原稍纵即逝的微博传播场景,识别用户类型,展示传播过程,感知传播舆情,预测传播趋势是提升微博信息传播洞察力,增大微博传播影响力的重要方法。

　　由于受到传播媒体的单一性、传播方向的单向性、媒体受众的被动性等因素的制约和实验室环境的限制,基于传统传播学理论的研究方法难以适用于微博用户描述和微博传播方式的研究。微博信息内容的异构性、传播渠道的多样性、传播速度的迅猛性、影响效果的广泛性等特性,使得仅使用人工分析或采样分析等传统信息传播分析方法不仅效率低下,而且难以做到对微博传播趋势的实时掌握。因此,关注微博数据的展示、理解和传播趋势的微博信息传播可视化分析技术越来越受到人们的重视。

　　目前,国外的微博类社交网络可视化技术的主要研究对象是 Twitter、Facebook 等社交媒体。新浪微博提供的 API 接口可以方便研究人员读取微博数据,国内微博信息传播可视化技术的研究大多集中在新浪微博社交平台。微博信息传播可视化研究领域中主要围绕可视化效果展示、传播过程分析、传播舆情分析与传播趋势分析这四个热点内容展开。

　　目前,微博信息可视化工具按照其所依附的平台主要可分为三类:

　　（1）基于软件应用的微博可视化工具

　　这类可视化工具包括 Gephi、Rapid Miner、Mahout、Pajek、SocialAction、GraphViz、NodeXL、Cytoscape、R 等。这些软件可用于大数据分析,并且提供了图形包。因此,可以利用这些软件进行数据可视化分析,但是由于这些软件功能强大,使用复杂,普通用户难以操作。

（2）基于网页应用的微博可视化工具

国内的微博可视化工具以这种形式的可视化工具为主，如一找微分析、知微网、微指数和一找微舆情等。

（3）基于智能移动终端的微博可视化工具

微指数开发了基于移动终端的新浪微博信息传播可视化分析工具，其主要功能包括微博传播的热词趋势、实时趋势、地域解读和属性分析。

9.6.3　知识图谱搜索

紧随谷歌提出知识图谱后，国内外的其他互联网搜索引擎公司也纷纷构建了自己的知识图谱，如搜狗的"知立方"、微软的 Propose 和百度的"知心"。"The world is not made of strings，but is made of things（世界不是由字符串组成，而是由实体组成）"，Google 的阿米特·辛格尔博士是采用这句话来介绍他们的知识图谱的，这里的"things"是和传统的互联网上的网页相比较的；知识图谱的目标在于描述真实世界中存在的各种实体和概念，以及这些实体、概念之间的关联关系。知识图谱可以看成是一张巨大的图，图中的节点表示实体或概念，而图中的边则由关系构成。由此可知，知识图谱并不是本体的替代品，相反，它是在本体的基础上进行了丰富和扩充，这种扩充主要体现在实体层面。本体中突出和强调的是概念以及概念之间的关联关系，而知识图谱则是在本体的基础上，增加了更加丰富的关于实体的信息。本体描述了知识图谱的数据模式（schema），即为知识图谱构建数据模式相当于为其建立本体[22]。

在知识图谱中，每个实体和概念都使用一个全局唯一的确定 ID 来标识，这个 ID 即对应目标的标识符（identifier），这种做法与一个网页有一个对应的 URL、数据库中的一条记录有一个特定的主键相似。同本体中的结构一样，知识图谱中的概念与概念之间也存在各种关联关系；同时，知识图谱中的实体之间也存在着同样的关系。实体可以拥有属性，用于刻画实体的内在特性，每个属性都是以 AVP 的方式来表示的。

知识图谱的出现进一步敲开了语义搜索的大门，搜索引擎提供的已经不只是通向答案的链接，还有答案本身[23]。例如，在谷歌上搜索"葛优的年龄"，不仅列出了相关的网页文档检索结果，还在网页文档的上方给出了搜索的直接精确答案，并且列出了相关的人物"冯小刚""姜文"和"张艺谋"以及他们各自的年龄；同时，还在右侧以知识卡片（knowledge card）的形式列出了"葛优"的相关信息，包括出生年月、出生地点、配偶、参演电视剧、家长、兄弟姐妹和相关的电影信息等。知识卡片为用户所输入的查询条件中所包含的实体或搜索返回的答案中提供的结构化信息，是特定于查询的知识图谱。这些检索结果看似简单，但这些场景背后蕴含着极其丰富的信息：首先，搜索引擎需要知道用户输入中的"葛优"代表的是一个人；其次，需要同时明白"年龄"一词代表什么含义；最后，还需要在后台有丰富的知识图谱数据的支撑，才能回答用户问题。

通过上述例子我们知道知识图谱在搜索引擎中的应用，显然通过知识图谱我们可以获得比较全面的搜索结果。虽然知识图谱在搜索引擎中率先应用，但是随着知识图谱的普及，它也逐渐应用在我们的日常生活中。例如，很多朋友在进行互联网金融投资时，为了避免碰到平台自融的陷阱，我们一般会通过工商查询系统查看股东关系，很多平台股东会在多个公司交叉持股。为了能够更方便地对股东交叉持股的关系有清晰的了解，此时使用知识图谱来表示持股信息就是一个很好的方法。通过预先查询特定股东参股的公司，然后根据实际持股信息绘制知识图表，这样股东持股信息就一目了然了。显然利用知识图谱可以将一些关系复杂、书面语言难以描述的关系清晰地表达出来。

本章参考文献

[1]　方滨兴，等. 在线社交网络分析[M]. 北京：电子工业出版社，2014.

[2]　方滨兴，贾焰，韩毅. 社交网络分析核心科学问题，研究现状及未来展望[J]. 中国科学院院刊，2015(2)：187-199.

[3]　周旭. 复杂网络中社区发现算法研究[D]. 长春：吉林大学，2016.

[4]　吴信东，李毅，李磊. 在线社交网络影响力分析[J]. 计算机学报，2014，37(4)：735-752.

[5]　胡长军，许文文，胡颖，等. 在线社交网络信息传播研究综述[J]. 电子与信息学报，2017，39(4)：794-804.

[6]　徐增林，盛泳潘，贺丽荣，等. 知识图谱技术综述[J]. 电子科技大学学报，2016，45(4)：589-606.

[7]　刘峤，李杨，段宏，等. 知识图谱构建技术综述[J]. 计算机研究与发展，2016，53(3)：582-600.

[8]　郭东超. 复杂网络拓扑结构的鲁棒性与动力学过程研究[D]. 北京：北京交通大学，2014.

[9]　毛凯. 复杂网络结构的稳定性与鲁棒性研究[J]. 计算机科学，2015，42(4)：85-88.

[10]　徐野. 复杂互联系统与网络鲁棒性研究[M]. 北京：电子工业出版社，2015.

[11]　王玉伟. 基于边攻击的复杂网络静态鲁棒性研究[D]. 沈阳：沈阳航空航天大学，2018.

[12]　毛文吉，曾大军，柯冠岩，等. 社会计算的研究现状与未来[J]. 中国计算机学会通讯，2011(12)：8-12.

[13]　Lazer D，Pentland A，Adamic L，et al. Computational social science[J]. Science，2009，323(1)：721-723.

[14]　Conte R，Gilbert N，Bonelli G，et al. Manifesto of computational social science[J]. The European Physical Journal Special Topics，2012，214(1)：325-346.

[15]　王腾蛟，陈郁馨，陈薇. 计算社会科学的兴起与发展[J]. 中国计算机学会通讯，2018(4)：10-13.

[16]　张加万. 数字人文与计算社会科学[J]. 中国计算机学会通讯，2018(4)：8-9.

[17]　李国杰. 计算社会科学是块"硬骨头"[J]. 中国计算机学会通讯，2018(4)：7.

[18]　郭光明. 基于社交大数据的用户信用画像方法研究[D]. 北京：中国科学技术大学，2017.

[19]　袁莎，唐杰，顾晓韬. 开放互联网中的学者画像技术综述[J]. 计算机研究与发展，2018，55(9)：79-95.

［20］ Tang Jie，Zhang Jing，Yao Limin，et al. ArnetMiner：extraction and mining of academic social networks［C］// Proceedings of the ACM SIGKDD International Conference on Knowledge Discovery and Data Mining. ［S. l. ］；ACM，2008.

［21］ 麦丞程，陈波，周嘉坤.微博信息传播可视化分析工具研究［J］.网络新媒体技术，2016，5（2）：8-18.

［22］ 胡芳槐. 基于多种数据源的中文知识图谱构建方法研究［D］.上海：华东理工大学，2015.

［23］ 杨秀章.搜索引擎和知识图谱那些事［EB/OL］.（2015-07-16）［2019-03-28］. https：// blog. csdn. net/ eastmount/article/details/46874155.